新工科智能制造工程专业系列教材

人工智能技术及应用

主编 常 成

西安电子科技大学出版社

内 容 简 介

本书着重叙述人工智能技术的基础知识、工作原理和发展概况,并通过对各种人工智能算法的介绍,讲解人工智能技术在工程领域中的各种实际应用。本书共分为 9 章,主要内容包括人工智能概述、人工智能算法基础知识、遗传算法、粒子群算法、蚁群算法、人工鱼群算法、神经网络算法、模糊系统、专家系统等。本书不仅涵盖基本的理论知识,还通过相应的实际案例将算法应用于工程实践,并对未来人工智能技术的发展进行了展望。

本书内容深入浅出、通俗易懂,具有较强的实践性和先进性,可作为普通高等学校人工智能、智能制造工程、智能科学与技术等相关专业的本、专科教材,亦可作为人工智能产业相关工程技术人员的参考用书。

图书在版编目(CIP)数据

人工智能技术及应用 /常成主编. —西安:西安电子科技大学出版社,2021.4(2022.4 重印)

ISBN 978 - 7 - 5606 - 5890 - 2

Ⅰ.①人… Ⅱ.①常… Ⅲ.①人工智能 Ⅳ.① TP18

中国版本图书馆 CIP 数据核字(2020)第 201570 号

策划编辑	明政珠
责任编辑	杨 薇
出版发行	西安电子科技大学出版社(西安市太白南路 2 号)
电 话	(029)88242885 88201467 邮 编 710071
网 址	www.xduph.com 电子邮箱 xdupfxb001@163.com
经 销	新华书店
印刷单位	陕西天意印务有限责任公司
版 次	2021 年 4 月第 1 版 2022 年 4 月第 2 次印刷
开 本	787 毫米×1092 毫米 1/16 印 张 15.25
印 数	1001~3000 册
字 数	353 千字
定 价	38.00 元

ISBN 978 - 7 - 5606 - 5890 - 2/TP

XDUP 6192001 - 2

* * *如有印装问题可调换* * *

序
XU

世界正面临百年不遇的经济转型，第四次工业革命热度空前。新一代信息技术和新一代人工智能与制造业的深度融合，正在引发深远的变革。全球范围内制造业的革命性发展趋势，推动形成新的生产方式、产业形态、商业模式。为了在世界制造业格局变化中占据有利地位，德国在 2011 年提出"工业 4.0"，美国提出"工业互联网"。为主动应对新一轮科技革命与产业变革，"中国制造 2025"等一系列国家战略陆续被提出，其主攻方向就是智能制造，它是我国实施制造强国战略第一个十年的行动纲领。

随着"工业 4.0"的提出，各国争相开始人才筹备、高校开始课程改革，智能制造专业应运而生。根据《教育部关于公布 2017 年度普通高等学校本科专业备案和审批结果的通知》(教高函〔2018〕4 号)公告，我国高校 2018 年首次开设智能制造工程专业，培养专业人才。那么该如何尽早实现工业强国呢？高等学校人才培养模式、课程设置情况、成熟教材的开发就变得尤为重要，需要尽快改善该专业的教育及人才培养面临的诸多问题，抓住新工科的背景与机遇进行人才的培养。我们应在影响中国产业的智能制造能领域中，巧借"中国制造 2025"东风占领"智"高点，为中国"智造"制造机会。该系列教材围绕这一核心进行编写，重点强调理论与实践相结合，科学经典和案例精髓相结合。

当前，以智能制造为代表的新业态正在蓬勃发展。在推动智造转型的过程中，急需一大批掌握核心技术、具有现代工匠精神的新型高技能人才的支撑。智能制造企业需要的是实用型、高层次、复合型人才，该系列教材正是顺应新工科发展的趋势，顺应时代发展的潮流而编写的。

再尖端的高科技，从设计图纸最终变为产品，还得靠技术人才去加工、去制造。国家需要"大国工匠"，企业需要高素质、高技能的员工。解决技术人才短缺问题，根本途径在于加快智能制造人才的培养。人才的培养需要科学的培养方案和系统的课程、成熟的教材对知识的顺利传达。该系列教材重点突出了工程实用性和可操作性。

该系列教材还提供了各种智能制造工艺的程序编制综合实例、自动系统程序编制等内容，可以使读者在不断的实际操作中，更加牢固地掌握书中讲解的内容。该系列教材的设计，采取循序渐进的原则，旨在使学生通过相关内容的学习掌握智能制造的基础理论和专业技能，具备利用智能制造技术解决工程领域实际问题的能力，为日后进入智能制造行业从事相关工作打下坚实基础。

在我国社会发展的繁荣时期，我们每个人都在为中华民族伟大复兴而努力奋斗，新工科智能制造工程系列教材的研发正是为了国家战略和人才的培养的需要，为我国创新发展注入了鲜活血液。我们对该系列教材的系统性和实用效果充满期待！

教 授

天津大学数字化制造与测控技术研究所 所长

天津市智能制造与设备维护技术协会 会长

天大精益智能制造创新研究院 院长

2021 年 3 月

新工科智能制造工程专业系列教材编委会

前言
OIANYAN

人工智能是研究、开发如何模拟、延伸和扩展人的智能的一门新的技术科学，被认为是21世纪三大尖端技术之一。基于人工智能的人脸识别、指纹识别、自动规划、智能搜索、机器视觉、智能控制等相关技术已经应用到日常生活和工农业生产的各个领域。人工智能是一门集合自然科学和社会科学的交叉学科，涉及数学、计算机科学、信息论、控制论、心理学等诸多学科。由于人工智能技术的兴起，对于相关人才的培养也迫在眉睫。近几年，人工智能、智能制造工程、智能科学与技术等"新工科"专业在各高校开设，但随着知识的日新月异和社会需求的不断变化，在专业课程和教材建设方面尚不完善。

本书秉持"新工科"专业人才培养理念，根据对人工智能本、专科人才培养的要求和专业课程教学的需要，从人工智能、智能制造工程、智能科学与技术等专业学生的特点和实际出发而编写。本书内容深入浅出、通俗易懂，不仅有对基础理论知识的讲解，还引入一些最新、最先进的工程实际案例，将理论转化为实践。学生通过对本书的学习可以掌握人工智能技术的基础理论和专业技能，具备利用人工智能技术解决工程领域实际问题的能力，为日后进入人工智能行业从事相关工作打下坚实基础。

本书着重叙述人工智能技术的基础知识、工作原理和发展概况，并通过对各种人工智能算法的介绍，讲解人工智能技术在工程领域中的各种实际应用。本书主要内容包括人工智能概述、人工智能算法基础知识、遗传算法、粒子群算法、蚁群算法、人工鱼群算法、神经网络算法、模糊系统、专家系统等。另外书中配以相应的工程案例，将理论知识转化为工程实际，增强学生的专业实践能力。

本书由邯郸学院机电学院常成老师编写，邯郸学院机电学院智能制造工程教研室的老师们在本书编写的过程中提供了一些有力的帮助，在此表示衷心的感谢。

本书引用了一些网络上的资料，由于时间仓促，无法追溯到作者，相关作者可与编者联系，在此先对这些作者表示深深的谢意。由于编者学识有限，书中难免存在不足之处，敬请读者批评指正。

编　者

2020 年 4 月

目录
MULU

第一章　人工智能概述

　　基因工程技术、纳米科学技术、人工智能技术被称为21世纪三大尖端技术。人工智能（Artificial Intelligence，AI）是计算机科学领域的重要分支，通过计算机模拟人的思维过程和智能行为，包括学习、记忆、推理等，整个计算机系统可如人脑一般独立思考，并针对具体问题提供最佳的解决方案。近年来，人工智能技术已广泛应用在数字金融、电子商务、远程教育、智慧医疗等领域，人们日常生活中常见的人脸识别、智能家居、智能个人助理都涉及人工智能技术。虽然人工智能的发展引发了哲学、伦理方面的诸多争议，但都不可磨灭其在社会生产发展和人类生活改善方面做出的巨大贡献。

1.1　人工智能的定义及发展

1.1.1　人工智能的定义

　　"人工智能"很难有一个准确的定义，随着人工智能技术的发展，其定义也在不断完善。1956年，在美国汉诺斯镇召开的Dartmouth（达特茅斯）会议最早提出了"人工智能"这一词汇，此次会议聚集了约翰·麦卡锡、马文·闵斯基、克劳德·香农、艾伦·纽厄尔和赫伯特·西蒙等数学与信息计算领域的知名专家学者，讨论的主题是利用机器模仿人类，使其能够具备人脑处理问题的能力，这一年也被称为"人工智能元年"。

　　美国麻省理工学院教授帕特里克·温斯顿将人工智能定义为：研究如何使计算机完成之前只有人类能做的工作。也就是说，让计算机能像人类那样感知、理解、预测、处理和解决问题。美国斯坦福大学教授尼尔逊这样定义人工智能：人工智能是研究知识表示、知识获得和知识运用的学科，即让计算机也具有学习知识、使用知识和拓展知识的能力。

　　人工智能是以对人类模仿为核心，开发一套具备人类感知、思考、行动等高度智能水平的自动化机器系统，以及对其理论、方法和技术进行研究的新兴科学领域。首先，人工智能依靠模拟人类的视觉、听觉、触觉等准确感知外界刺激，如人脸识别、语言识别和触觉感应等。其次，系统获取信息后能够像人一样独立地、理性地进行思考，完成理解、记忆、认知、判断、推理、证明、求解、设计、规划、决策、校验等一系列人类思维活动，如专家系统、自动规划、智能搜索等。最后，执行如人类一般智能化、创造性的动作，在有限条件和复杂环境下采取最优的行动，如无人机、智能机器人、水下探测器等。

　　人工智能是一门多向交叉学科，其研究涉及数学、计算机科学、神经学、经济学、哲学等领域，研究内容涵盖机器学习、模式识别、神经网络、复杂系统、知识处理等。由于对人工智能有着不同的定义和认识，因而形成了不同的研究体系。Tom Mitchell、Steve Muggleton等人主张用逻辑推理的方法研究人工智能，将人的认知与思维过程看成是一种符号运算，通过对逻辑符号的操作模拟人的智力活动。Geoff Hinton、Yoshua Bengio等人建立了人工神经网络模型，将人脑神经元网络进行抽象，通过联结构建运算模型，以此模拟人脑工作机制。John

Holland、Hod Lipson 等人基于生物进化理论，根据人类遗传学观点，利用"优胜劣汰、适者生存"的遗传算法搜索问题最优解，以获得最优解决方案。Peter Hart、Vladimir Vapnik 等人认为主体与环境交互过程中产生智能行为，建立主体与环境间的反馈模型，采用动作分解、并行处理的方法对非结构化的复杂环境进行求解。

1.1.2　人工智能的发展

1950 年，数学家图灵最早提出了用机器模拟人类计算和逻辑思维过程的观点，被誉为"人工智能之父"。自 1956 年 Dartmouth 会议首次提出了"人工智能"的概念，人工智能开始进入人们的视野，由此进入了人工智能第一次发展浪潮。在这一时期，以机器证明为核心的逻辑主义学派占据主导地位，在数学定理证明、逻辑程序语言、产生式系统方面取得了一系列成果。数学家对定理进行证明时，往往需要经过归纳、演绎、推理等过程，逻辑主义学派将逻辑证明思想贯穿整个过程之中，即将人的智能化行为通过计算机逻辑程序语言完成。柯尔麦伦纳于 1972 年提出的 Prolog(Programming in Logic)语言是最具代表性的计算机逻辑程序语言，它是一种基于逆向规则的演绎推理技术，程序易于编写和阅读，具有自动模式匹配、回溯、递归等功能，在关系数据库的基础上建立以模拟人类记忆、归纳、推理为思想的智能数据库。产生式系统以事物间的因果关系为基础，分为综合数据库、产生式规则、控制系统三部分，具有格式固定化、知识模块化、影响间接化、机器可读化的特点。

人工智能第二次发展浪潮以连接主义流派的盛行为标志，科学家通过对人脑神经元网络抽象而建立起人工神经网络模型，通过模拟人类大脑神经网络感知、记忆和思维能力，实现对信息的传递、加工和处理。人工神经网络最早由 Marrin Minsky 和 Seymour Papert 于 1969 年提出，不过他们也同时指出以感知器为基本组成单元的人工神经网络存在较大的局限性，无法对问题实现智能化处理，这一论述在一定程度上阻碍了人工神经网络的研究，更使得人工智能进入发展低潮期。虽然在这一时期 BP 神经网络算法和 Hopfield 神经网络算法相继被发明，但均没有得到足够的重视。直到 1986 年，Rumelhart 和 McClelland 在《平行分布处理：认知的微观结构探索》中对 BP 神经网络算法进行了系统和完整的阐述，并将平行分布处理思想引入到多层神经网络学习中，不断修正网络的权重分布，最后达到知识的内化。这一理论的提出标志着人工智能进入发展的第二次浪潮，以人工神经网络为代表的连接主义主导了这一时期的研究动向。

人工智能发展的第三次浪潮源于深度学习(Deep Learning，DL)的兴起。深度学习是对人工神经网络技术的深入发展，最早由 Hinton 等人提出，通过对底层网络特征的组合以形成抽象的高层网络特征，可在大数据环境下学习有效特征表示，并将其用于信息的分类、回归和检索。深度神经网络包含多个隐含层，具有优异的特征学习能力，对这种类型神经网络的学习即为深度学习。目前已将深度学习的思想应用在人脸识别、语音识别、目标检测、无人驾驶等技术领域。

1.1.3　人工智能的争议

斯蒂芬·霍金认为计算机可以进化到与人类大脑同样的智能化水平，并且计算机进化的速度远远高于人类，因此人类最终会被计算机和人工智能技术所取代。霍金认为人工智能是人类最大的竞争者，人类或将处于竞争劣势，甚至成为最后的失败者，由此构成对人类社会的极大威胁。的确，在人工智能飞速发展的今天，人类一方面享受着人工智能带来的诸多便利，另一方面也面临着人工智能对自身能力的挑战。人工智能已应用到各个领域，帮助和替代人类完成了一系列高难度、高复杂性的工作，势必会对人类一些现有职业造成影响。2016 年和 2017 年，AlphaGo 相继打败了围棋世界冠军李世石和柯洁，这更加引发了对于人工智能的新一轮争议。

持反对观点的人认为 AI 技术剥夺了人类的工作机会，造成一些企业，特别是制造业的大批工人被解雇，可能造成严重的社会问题。更有甚者，受到一些科幻文艺作品的影响，认为正如其描述的那样，人类终究有一天会被智能机器人所淘汰。这些观点似乎显得不那么理性，或许有些杞人忧天，毕竟人工智能技术发展还处于不成熟阶段，一些产品还处在概念和研发阶段，并未广泛投入日常应用。至于人类与 AI 爆发大规模战争，更是不切合实际的幻想。但也有一批反对者较为理性，主要是从伦理和立法角度考虑 AI 能否享有与人一样的权利，比如：通过 AI 创作出的文学艺术作品，其版权和著作权如何保障；无人驾驶汽车在行驶过程中出现车祸，事故责任方如何认定；体育运动员在竞技比赛中使用应用了 AI 技术的鞋子、衣服等装备，是否违反体育精神；对于 AI 医疗在病患治疗过程中出现的风险状况，谁来承担相应责任等。这样的担忧不无道理，在人工智能技术进入新一轮热潮的同时，也应充分考虑其所引发的一些社会问题，通过立法手段保障 AI 技术的顺利发展与应用。2017 年召开的阿西洛马会议达成了人工智能领域的 23 条原则，号召全世界在发展人工智能的同时都能遵守相应的道德伦理原则。2018 年，日本发布《以人类为中心的人工智能社会原则》，既肯定了人工智能对人类的贡献，又强调其对社会造成的一些不良影响，并将人工智能限制在利于人类社会发展的框架内。中国在 2017 年发布了《新一代人工智能发展规划》，要求对人工智能在部分领域初步建立伦理规范和政策法规。

持支持观点的人坚信科技改变生活，人工智能推动了社会的进步与发展：原本需要耗费大量人力的工作，现在只需一台机器即可完成；人工智能可替代人类完成高危、恶劣环境下的任务；此外，人工智能在改善人类生活质量、提高生产效率、优化技术体系、促进产业转型等方面做出了巨大贡献。他们同时认为 AI 对于人类的威胁是不必过分担忧的，AI 的出现是人类的需求，其发展也伴随着社会前进的步伐，并且受到人类的控制，一些复杂程度和难度较高、风险较大的工作有必要让 AI 机器人去完成，比如水下探测、地震救援等。同样，一些人为影响因素显著且高度智能化的工作就必须由人类亲自完成，或者不可缺少人类的指导与监督，比如外科手术、飞机驾驶等。

自人工智能概念产生的那天起，对其就争议不断。其实，任何事物都有其两面性，科学技术亦是如此。AI 技术不能单纯以利益需求为目的，应结合人类与社会发展的实际，体现融合、包容、创新、可持续的基本理念，同时在尊重人类、科学应用、保障安全的制度框架内，完善监督机制，健全法律体系，使得人工智能朝着合理健康的方向发展。

1.2 人工智能的应用

1.2.1 早期人工智能技术的应用

人类社会早期就有"以物代人"的思想，试图用实物代替人类的劳动，因此出现了早期的农业生产工具，但都是从减轻人类体力劳动的角度进行思考的。中国和古希腊神话里刻画的各种神仙角色，他们具有高于人类的思维意识，可以未卜先知，神通广大、无所不能，在那个思想观念落后、科技不发达的时代，其寄托了人们对于智能化的无限期待。

人类前两次工业革命，开启了机器取代人力的时代，虽大大提高了生产效率，减轻了工人劳动负担，但仍脱离不了人为操控，智能化水平稍低，依旧只是作为人类的劳动工具。1936年，英国数学家图灵创立了"图灵机模型"，提出用计算机模拟人类的计算行为；1943年，美国神经生理学家麦卡锡和皮茨发明了人工神经网络模型，建立了仿生学的人工智能理念；1950年，美国数学家香农发表了有关计算机下棋的论文；1952年，塞缪尔开发了第一套计算机下棋程序，用计算机模拟人类思维功能已成为现实；1955年，纽厄尔开发的Logic Theorist程序成功证明了多个数学定理，将AI应用在定理证明领域；1956年，达特茅斯会议正式提出了"人工智能"这一概念，从此开启了人工智能研究的序幕。

人工智能的第一次和第二次浪潮，AI技术尚处于研究和试验阶段。1961年，恩格尔伯格发明了工业机器人Unimate，并投入到通用电气公司使用；1963年，美国计算机科学家詹姆斯·斯拉格开发的SAINT程序可初步解答基本的微积分问题；1965年，人们开发了基于模式匹配原理的机器人ELIZA，可与人类进行简单的语言交流；1972年，布坎南团队开发了MYCIN专家系统，尝试用于细菌感染疾病的诊断与治疗，诊疗准确率高达70%；1973年，日本早稻田大学研发了仿人机器人WABOT－1，能完成行走、上下台阶、握手等人类动作；1976年，雷伊·雷蒂研究团队开发了语言识别系统Hearsay I和Harpy，并于1984年承接自动驾驶项目Navlab，为日后语言识别技术和自动驾驶技术奠定了坚实基础；1986年，首辆无人驾驶汽车由德国计算机科学家恩斯特·迪曼斯研制完成，并取得现场实验的成果；1997年，IBM开发的"深蓝"击败了世界象棋冠军卡斯帕罗夫。

1.2.2 现代人工智能技术的应用

进入21世纪，随着《黑客帝国》《人工智能》等科幻电影的上映，人工智能不再只是科学家们研究的科研项目，而逐渐被人们所熟知，并开始影响人类的日常生活。

如今，第四次工业革命正在到来，随着物联网、云计算、大数据、5G移动互联网的应用与发展，AI已成为重要的技术手段。中国人工智能发展虽起步较晚，但已将其定位为我国重要的战略部署。我国在对人工智能进行研究的同时，一系列AI技术与产品相继问世，被应用到金融、工业、农业和日常生活的诸多领域。百度公司自2014年启动"无人驾驶汽车"研发计划，2018年，百度Apollo无人驾驶汽车在港珠澳大桥试跑，可独立完成多种高难度、智能化的运行动作。在2018年世界人工智能大会上，科大讯飞现场展示了讯飞翻译机AI实时同传技术，标志着中国在语言识别和机器翻译领域的领先地位。讯飞翻译机2.0作为新一代人工智能翻译产品，一方面可对语音和图像进行识别，另一方面可实现中文与多种外文的即时互译，并支持中国各地方言的识别与翻译。阿里人工智能实验室于2017年发布了AI智能语音终端设备天猫精灵X1，将中文语音指令转化为实际行为，可实现智能家居、生活助手、语音购物等智能人机交互体验。基于人脸识别技术的支付宝刷脸支付已广泛应用在大型商场、连锁超市、便利店、旅游景区等场所，与扫码支付相比更加便捷、高效。

在工业4.0的大背景下，AI将与工业物联网、工业大数据、工业云服务相互集成，建立起工业人工智能系统。AI 首先将采集到的生产运行数据存储并上传到云平台，同时对其进行可视化分析，用于检测设备异常、提供节能降损方案等。然后利用 AI 技术实现对生产设备的自我监测、自我诊断、自我修复、自我优化。最后基于工业大数据进行分析处理，对未来的生产运营状况进行科学预测，为进一步的发展规划提供依据。诸如智慧工厂系统，即采用传感技术、通信技术、工控技术，以 RFID-MES、VMS、ERP、大数据统一决策系统为核心，实现产品加工的生产信息化、管理精细化、调度统一化。2017 年，阿里云计算平台被引入到保利协鑫的生产线，其强大的云计算能力，将良品率提高了 1%。德国西门子公司研发的双臂机器人，不需要借助任何编程语言，即可直接识别人类的语言指令，只需将人类需求告知给它，即可选取最佳方案完成指定任务。通用电气公司与纽约电力管理局合作，建成全球首个全数字化电力公司，利用 GE 的工业互联网平台 Predix，监测、分析、预测电力系统的运行，并对其可靠性进行科学评估。IBM 的 PMQ 大数据分析预测解决方案可对设备性能和使用状况实时分析，美国惠普飞机发动机公司利用该系统将空中停机预警准确率提高到了 97%。

目前，人工智能的应用还停留在特定领域和辅助功能，没有完全摆脱人类的操控，一些应用还处于"试水期"，且存在难以预估的风险，加之立法的不完善，很多行业对其还持观望态度。

1.2.3 未来人工智能技术的应用

"人工智能"不再是陌生的词汇，虽然争议不断，但阻挡不了新一代人工智能的发展和突破。未来的人工智能技术，如图像识别、语音识别、虹膜识别、专家系统、智能感知、智能控制、自动求解等，都将应用在各个领域，如 AI+医疗、AI+安防、AI+教育、AI+金融等，并可独立完成相关任务，智能化水平远超人类。

同样，AI 的应用离不开物联网、5G 通信、云计算等技术的发展。在打造智慧城市的过程中，利用 5G 提供的通信服务，在物联网方面，电力公司、燃气公司、自来水公司、热力公司等可实现 AI 抄表服务，不仅能实时采集用户使用信息、精准远程抄表、智能远程阀控、监控与上报异常状况，还能依靠大数据分析平台提供管理方案，为用户提供更优质的服务。环保部门根据监测点安装的 AI 监控终端采集的数据，进行云计算分析，随时掌握 PM2.5 等指标变化情况，并获得最优决策方案。公路上奔驰的汽车可实现人工驾驶与自动驾驶的无障碍切换，引入共享经济理念，在手机 App 上输入车型、座数、地点等需求，即有距离最近的"共享无人驾驶汽车"行驶至乘客面前，将其载往目的地，同样的无人驾驶技术还可应用于飞机、高铁、轮船等交通工具。安全问题是影响一座城市生活舒适度的重要因素，AI 安防系统在实时防护、楼宇对讲、出入口控制、防盗报警、防爆安检方面均可达到高度智能化水平。一个小区的出入口配备具有车牌识别、目标分类、人脸识别、人流统计的智能系统，不仅能对本小区居民和外来访客进行有效辨别，还可将出入信息即时上传到大数据平台，并与公安系统联网，发现可疑逃犯或犯罪嫌疑人时将立即报警并将信息反馈给公安机关。小区内监控可记录、整理和分析某辆车或某个人的实际运动轨迹。楼宇对讲采用面部识别、指纹识别、语音识别等方式，可将访客信息即时发送至相应住户的手机 App，若住户不在家，可通过手机操作实现远程开门。家长不再为各学校教育水平的差异和课下无人辅导而烦恼，学生可通过 AI 教育系统浏览全国各重点学校的视频课程、教学资料、并与任课教师一对一交流,还有 AI 机器人教师 24 小时在线为学生答疑解惑,提供最新、最全的教育资源,还有老师也可利用该系统进行课堂管理、辅助教学、批改作业、师生交流等。百姓看病,不会为大医院挂号难、医疗资源紧缺而发愁,AI 医疗系统将配备在各社区医疗中心,实现对患者的智能诊断和远程看护。

人工智能发展的步伐不会停滞,各个国家已对 AI 技术达成了共识,就是改善人类生活方式,提高生产力水平,推动社会智能化进程。与此同时,相应的法律规范和政策措施也要同步跟进,让人工智能在一个科学合理的框架内健康稳步发展。

1.3 小   结

本章阐明了以下几个问题:

(1) 人工智能的定义。随着 AI 技术的发展,其定义也在不断更新和完善。

(2) 人工智能是一门多向交叉学科,涉及多个研究领域。

(3) 人工智能发展的三次浪潮。

(4) 人工智能发展过程中遇到的争议。

(5) 人工智能技术早期、现代和未来的应用领域。

习   题

1. 人工智能的发展经历了哪几个时期?

2. 当今社会对人工智能的争议主要集中在哪些方面?

3. 请结合你的日常生活,列举人工智能技术在人类生活中的应用情况。

第二章 人工智能算法基础知识

知识是人类在实践中长期积累的经验，是人类对自然、社会以及思维的现象和本质认识的观念的总和。在人工智能系统中，知识是专家系统区别于其他计算机系统的重要指标。人工智能问题的求解是以知识为基础的，而知识的表示则为其关键问题。如何将获得的知识在计算机内部进行合理的描述与存储，以便更加有效地利用知识，即为知识的表示，知识的表示同时也是人工智能算法的基础。本章首先对知识的基本概念、特性、分类、表示进行介绍，然后对问题搜索求解的相关概念和方法进行阐述，最后重点叙述各种知识表示方法，包括产生式系统、状态空间法、问题规约法、谓词逻辑法、语义网络法和其他表示方法。

2.1 知 识 概 述

2.1.1 知识的概念

知识是人类对其所处客观世界运动规律的认识、理解与经验。知识的形成是一个较为复杂的过程，一般要经历信息提炼、信息概括和信息关联几个步骤。知识的正确与否是与客观环境密切相关的，当环境条件发生变化时，知识也将被更新和取代。比如牛顿运动定律，仅适用于宏观、低速和弱力的场合。

在人工智能领域，知识划分为事实知识、规则知识、控制知识和元知识。事实知识是与研究对象有关的知识；规则知识是在问题中与事物动作建立起因果关系的知识；控制知识是有关问题求解过程中的知识；元知识是构成知识的基本单位，包含知识的使用规则、解释规则等。

2.1.2 知识的特性

知识是一些信息的关联，那么信息的正确性也将影响知识的确定性，因此信息具有确定性和不确定性之分。客观世界是复杂多变的，知识也只有在特定的环境条件下才得以成立，即具有相对正确性，如 $1+1=2$ 是在十进制条件下成立的，而在二进制条件下就不成立。知识的不确定性是由获取信息的随机性、模糊性、经验性和不完全性所导致的，如掷硬币问题，正反面出现构成随机事件；描述一匹马跑得很快，对于速度的刻画较为模糊；渔民捕鱼，对时间和方位的选择在很大程度上依赖于个人经验，甚至毫无规律可言；元宵节猜灯谜，谜面提供的信息太简略和不完整，导致答案各异。

人类获得知识之后，就要对其进行记录、描述、表示和利用。为了描述知识，人类创造了语言和文字，并依靠书籍、图像、视频等手段将其记录下来，文学、影视、音乐、绘画等艺术形式的出现也是为了将知识更好地展示和传播下去。知识最终被人类利用并用来改造社会，推动文明和生产力的进步。同时，通过计算机等机器设备也可对知识加以利用，人工智能技术即是在此背景下提出的，让机器如人类一般学习、表示和利用知识。

2.1.3　知识的分类

知识的分类方式有很多，按照定理证明过程可分为事实性知识、过程性知识和控制性知识；按照知识结构可分为逻辑性知识和形象性知识；按照知识特性可分为确定性知识和不确定性知识；按照知识作用范围可分为常识性知识、专业性知识和领域性知识。

2.1.4　知识的表示

知识表示是一种计算机能够处理的用于描述知识的数据结构。知识表示有外部和内部两种表示模式，外部模式是一种外在的形式化描述，内部模式是一种内在的存储化描述。机器利用知识解决问题的前提就是知识表示，因而知识表示是实现人工智能的关键环节。

人工智能领域的知识表示，目的是使其能够让计算机易于处理和理解。知识表示应满足以下要求：便于知识的获取；保证获取知识的正确性与有效性；便于知识管理和维护；便于机器对知识的理解与利用。知识表示的一般方法有状态空间法、总结归纳法、语义网络法和谓词逻辑法等。

2.2　问题搜索求解

2.2.1　搜索的概念及过程

针对一个问题应选择合适的求解方法。问题求解的基本方法有搜索法、规约法、归结法和推理法等。其中，搜索法（即搜索策略）是最常用的求解方法。

搜索中需要解决的问题包括是否一定有解、是否会陷入死循环、搜到的解是否最优、对空间和时间的消耗程度等。搜索首先将初始状态或目标状态作为当前状态开始出发；然后逐个扫描操作算子集合，将适用于当前状态的操作算子作用于当前状态而得到新的状态，并建立指向其父节点的指针；最后检查新生成的状态是否满足结束条件，若满足则得到问题的一个解，并沿着有关指针从结束状态反向到达初始状态，得到一个解的路径，否则将新状态作为当前状态返回至第二步重新进行搜索。

2.2.2　搜索的分类

按搜索方向的不同，搜索策略可分为正向搜索、反向搜索和双向搜索。正向搜索是指从初始状态，即问题给出的条件出发，利用操作算子进行状态转换，最终到达目标状态，又称为数据驱动。反向搜索是指从目标状态，即问题想达到的目的出发，看产生该目的需用哪些操作算子，以及应用操作算子产生目的时需要的条件，又称为目的驱动。双向搜索是指正向搜索和反向搜索同时进行，直到两条搜索路径在某处汇合为止。

按搜索原理的不同，搜索策略可分为盲目搜索和启发式搜索。盲目搜索是指事先不具备待求解问题的任何相关知识，依次或随机调用操作算子进行的搜索。启发式搜索是指事先考虑待求解问题领域可应用的知识，动态调用操作算子，优先选择适合的操作算子，有针对性地进行搜索。

随着人工智能算法的发展，常将其应用到传统搜索策略中，对搜索过程进行一定程度的优化。基于 AI 算法求任一解的搜索策略有爬山法、深度优先法、限定范围搜索法、回溯法、最好优先法等。基于 AI 算法求最优解的搜索策略有大英博物馆法、宽度优先法、分支界定法、最佳图搜索 A* 法、动态规划法等。基于 AI 算法求与或关系解图的搜索策略有 AO* 法、极大极小法、$\alpha - \beta$ 剪枝法和启发式剪枝法等。

2.3 产 生 式 系 统

2.3.1 产生式系统概述

自然界中的知识单元可构成前提与结论间的因果关系，比如若通过了"执业医师考试"，那么就具备行医的资格，这样的表示方法称为产生式系统。不需要前提条件的产生式，则表示产生式事实。

产生式系统由三个基本结构：综合数据库、产生式规则和控制系统组成。综合数据库用来表述问题状态或有关事实；前提和结论构成了一条规则，若干条规则构成了数据库；控制系统对规则进行解释，规定了可用规则的选择原则以及规则的推理方向，并指导问题的求解过程。

产生式系统具有格式固定化、知识模块化和机器可读化的特点。产生式系统的格式一般由"if...then..."的形式组成，即前提产生结论，如 if 全班同学的考试成绩都在 60 分（百分制）以上，then 全班考试及格率为 100%。知识的模块化结构可让知识库的修改与完善变得更加容易。由于机器的可读性，可较容易地完成机器识别、语法及语义检查等。

用产生式系统求解问题就是把问题的描述转化为产生式系统的三个组成部分，基本过程包括匹配、选择和执行，如图 2-1 所示。

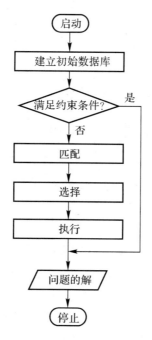

图 2-1 产生式系统求解问题流程图

2.3.2 产生式系统的控制策略

状态转换是通过规则实现的，即从规则集合中选择合适的规则并作用于状态，不断选择满足条件的问题状态，最后到达目标状态，规则的选择是依靠广义选取函数实现的，由该函数构成了问题求解算法的控制策略。因此，产生式系统的问题求解其实就是一种规则搜索过程。不同的控制策略能够产生不同的解，控制策略的好坏也将直接影响到问题求解的效率。

控制策略可分为不可撤回方式和试探方式两种。不可撤回方式是利用问题给出的局部知识来决定规则的选取，无须考虑将已用过的规则撤回，最具代表性的是爬山算法。爬山这一过程可看作是从山底的初始状态到山顶的目标状态，其控制策略可用高度随位置变化的函数 $H(P)$ 来刻画，而这是一种不可撤回的方式。令人所在的初始状态为 P_0，他行走的方向有向东、向西、向南和向北四种，这四条规则分别定义为 Δx，$-\Delta x$，Δy，$-\Delta y$，接下来用函数 $H(P)$ 计算沿不同方向运动后高度的变化，分别为

$$\Delta z_1 = H(\Delta x) - H_0, \ \Delta z_2 = H(-\Delta x) - H_0, \ \Delta z_3 = H(\Delta y) - H_0, \ \Delta z_4 = H(-\Delta y) - H_0$$

然后比较 Δz 的大小，选取最大的攀登方向，到达新的位置 P，接着从 P 开始重复上述过程，直到攀登到山顶达到目标状态为止。爬山算法的流程如图 2-2 所示。

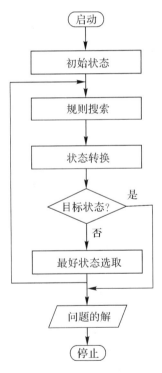

图 2-2 爬山算法流程图

不可撤回方式存在一个缺点，当达到某一状态后，虽然未达到目标状态，但又搜索不到比该状态更好的状态，比如局部极大点，它比相邻状态点都要好，但并非目标状态；如平顶点，它与相邻点状态均相同；如山脊点，若状态搜索方向与山脊走向不一致，则会停留在山脊处，如图 2-3 所示。因此，当采用不可撤回方式解决登山问题时，需选择具有单极值的测试函数。

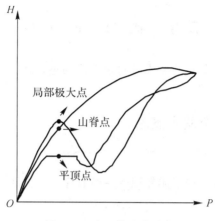

图 2 - 3 爬山算法特殊点

试探方式分为回溯方式和图搜索方式。回溯方式是在选择一条规则的同时建立一个回溯点，当计算出现问题而无法求解时，能够使状态返回到回溯点状态上，重新选取另一条可用的规则。图搜索方式是将问题求解过程转化为图论的知识来表述，即状态图表示法，把状态变化的整个过程用图结构记录下来，从图中搜索出含有解路径的子图。

2.3.3 产生式系统的类型

产生式系统可分为方向型产生式系统、可交换型产生式系统和可分解型产生式系统三种。

方向型产生式系统又可分为正向、反向和双向系统。正向是从初始状态指向目标状态，即使用正向规则。反向是将目标状态作为初始综合数据库来进行反方向求解，最后指向初始状态，即使用反向规则。双向是同时使用正向和反向来求解问题，此时综合数据库分为初始状态描述和目标状态描述两部分，规则库也分为正向规则和反向规则两部分。

可交换型产生式系统需满足以下三个基本条件：

（1）对于某状态数据库的规则集合，当利用其中某条规则后产生新的数据库，原有的规则集合仍然适用。

（2）对于满足目标条件的某个数据库，当应用规则后产生新的数据库，则仍然满足原目标条件。

（3）当对某一状态数据库应用规则序列后得到新的数据库，若可应用规则集合中规则的次序发生了变化，则仍然可得到问题的解集合。

可分解型产生式系统是指将初始数据库进行分解，然后对每个分解的数据库施加相应规则进行问题求解，如此交替进行下去，直到每个分解数据库均达到各自目标状态为止。可见，过程主要对初始状态数据库和目标状态数据库进行了分解，使得整个问题分解成多个子问题分别求解。

2.3.4 产生式系统的求解方法

产生式系统问题求解方法有状态空间法和问题规约法两种。状态空间法是穷举出待求问题的各种可能状态，通过对状态空间的搜索求得问题的解。问题规约法是将一个大问题分解为诸多子问题，通过对各子问题的解答搜索最终得到原问题的解。

2.4　状态空间法

状态空间法是利用状态空间的形式对问题进行描述，并搜索其解决方案过程的一种方法，是知识表示的基本方法。

2.4.1　状态空间法的几个基本概念

1. 状态

状态是用来表示系统状态和事实知识的一组有序变量的集合：

$$S=[s_0,s_1,\cdots,s_n]^{\mathrm{T}} \tag{2-1}$$

式中，元素 $s_i(i=0,1,\cdots,n)$ 为状态变量。用 s_i 的一组值表示一个具体的状态：

$$s_k=[s_{0k},s_{1k},\cdots,s_{nk}]^{\mathrm{T}} \tag{2-2}$$

2. 算符

当状态中某些变量发生变化时，将会使问题从一种状态转变为另一种状态，引起变化的因素称为算符，变化的过程称为操作，操作算符分为走步、过程、规则、数学算子、运算符号和逻辑符号等。操作这一过程可以用一组函数来表示：

$$O=\{o_1,o_2,\cdots,o_m\} \tag{2-3}$$

3. 状态空间

组成某个问题的全部状态和一切可用算符的集合称为状态空间。状态空间由初始状态集合 S、算符集合 F 和目标状态集合 G 三部分构成，即可用一个三元组的形式表示：

$$\Omega=(S,O,G) \tag{2-4}$$

4. 状态图

在图论领域，对问题状态进行描述即为状态图表示法。状态图涉及以下几个基本概念：节点用来表示状态、事件和时间关系的汇合，也是各个通路的交点；弧线将各个节点连接起来；弧线方向从某个节点指向另一个节点，即构成有向图；弧线的起始节点 n_i 称为父节点，弧线的终止节点 n_j 称为子节点。由若干个节点构成序列 $(n_1,n_2,\cdots,n_j,\cdots,n_k)$，当 $j=2,3,\cdots,k$ 时，若对每一个父节点 n_{j-1} 都存在对应的一个子节点 n_j，则该节点序列称为从节点 n_1 到节点 n_k 的路径，路径长度为 k。同理，若节点 n_i 到节点 n_j 存在至少一条路径，则称 n_j 是 n_i 的可到达节点。状态转换的算符操作问题即转为路径搜寻的过程。在路径搜寻的过程中需要付出一定的代价，即状态转换过程中消耗的时间、精力等量化值。代价用 $c(n_i,n_j)$ 表示，即连接节点 n_i 和节点 n_j 的所有弧线的代价求和。寻优问题就可等效为搜寻两节点间具有最小代价的路径。代价有显示表示和隐示表示两种表示方式。显示表示是列出了父节点与其对应的子节点，以及连接这两个节点的弧线代价，该表示方法具有一定的局限性，对于较大型图和具有无限节点集合的图不适用。隐示表示是已知起始父节点集合和子节点算符，当算符作用于某一父节点时，可产生该父节点对应的全部子节点，以及连接节点各弧线的代价。问题的求解就是搜索状态空间求得算符序列的过程，从图论的角度，就是使隐示图最大程度显示化的过程。

5. 问题的解

对状态空间的问题求解就是从问题的初始状态 S_0 经过算符操作 O 最后到达目标状态 G 的过程，即 $S_0 \xrightarrow{O_1} S_1 \xrightarrow{O_2} S_2 \cdots \xrightarrow{O_k} G$，也可将其看成是状态空间的搜索问题，在这一过程中所采用的算符序列就是问题的一个解：

$$O = \{O_1, O_2, \cdots, O_n\} \tag{2-5}$$

2.4.2　用状态空间表示问题

利用状态空间对问题求解的步骤如图 2-4 所示。首先定义状态描述形式；然后利用该描述形式将所有问题状态表示出来，同时可确定出问题的初始状态集合和目标状态集合；最后通过定义的算符进行操作以完成状态的更新，如果产生的新状态不是最后的目标状态，那便再次进行算符的操作与状态的转换，如此往复，直至得到目标状态为止。此时所得到的算符序列即为所求问题的解。

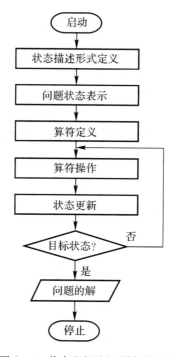

图 2-4　状态空间法问题求解步骤

例 2-1　汉诺塔问题。

将两个盘子 A、B 放在三根柱子 1、2、3 上，初始状态是 A、B 叠放在柱子 1 上，其中 A 在上，B 在下；目标状态是 A、B 叠放在柱子 3 上，也是 A 在上，B 在下，如图 2-5 所示。操作须遵守的规则是：每次仅能移动一个盘子，不允许出现大盘叠放在小盘之上的现象。

（1）汉诺塔问题状态描述：

$$S_i = (S_{iA}, S_{iB}) \tag{2-6}$$

式中：S_{iA} 表示盘子 A 所在的柱子号；S_{iB} 表示盘子 B 所在的柱子号。问题的初始状态集合 $S_1 = (S_{1A}, S_{1B})$，问题的目标状态集合 $S_9 = (S_{9A}, S_{9B})$。

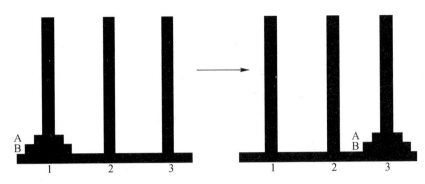

图 2-5 汉诺塔问题

（2）汉诺塔问题所有可能状态：

$$\begin{cases} S_1=(1,1)，S_2=(1,2)，S_3=(1,3) \\ S_4=(2,1)，S_5=(2,2)，S_6=(2,3) \\ S_7=(3,1)，S_8=(3,2)，S_9=(3,3) \end{cases} \tag{2-7}$$

（3）算符定义。将 $A(i,j)$ 定义为盘子 A 从 i 号柱子移动到 j 号柱子，将 $B(i,j)$ 定义为盘子 B 从 i 号柱子移动到 j 号柱子。由此可列出所有可能的算符组 F：

$$\begin{cases} A(1,2),A(1,3),A(2,1),A(2,3),A(3,1),A(3,2) \\ B(1,2),B(1,3),B(2,1),B(2,3),B(3,1),B(3,2) \end{cases} \tag{2-8}$$

问题的状态空间即为：(S,F)。

（4）汉诺塔问题求解。利用状态空间图对该问题进行求解，如图 2-6 所示。

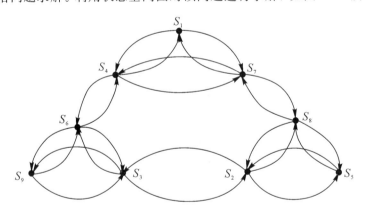

图 2-6 汉诺塔问题状态空间图

由状态空间图可知，从 S_1 到 S_9 所构成的任一通路都是问题的解。如 $S_1 \rightarrow S_4 \rightarrow S_6 \rightarrow S_9$，对应的算符操作是 $A(1,2)$、$B(1,3)$、$A(2,3)$，路径长度为 3；再比如 $S_1 \rightarrow S_7 \rightarrow S_8 \rightarrow S_5 \rightarrow S_2 \rightarrow S_3 \rightarrow S_9$，对应的算符操作是 $A(1,3)$、$B(1,2)$、$A(3,2)$、$A(2,1)$、$B(2,3)$、$A(1,3)$，路径长度为 6。同样可找出其他的算符操作，即可得到不同的解空间。

思考题：将二阶汉诺塔拓展为三阶汉诺塔，如何利用状态空间法进行求解？

例 2-2 猴子香蕉问题。

在一个封闭的房间内，有一只猴子、一个箱子和一束香蕉，香蕉悬挂在房间的天花板上，如图 2-7 所示。猴子在地面无法直接抓取到香蕉，那么它该如何运动才能拿到香蕉呢?

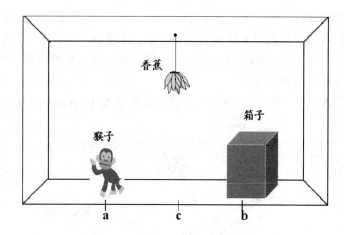

图 2-7 猴子香蕉问题示意图

(1)构造综合数据库:

$$S = (S_1, S_2, S_3, S_4) \qquad (2-9)$$

式中:S_1 代表猴子所在的水平位置;S_2 代表猴子与箱子的位置关系,$S_2 = 1$ 为猴子在箱子顶上,$S_2 = 0$ 为猴子在箱子下面;S_3 代表箱子所在的水平位置;S_4 为猴子抓取香蕉的结果,$S_4 = 1$ 为猴子抓到了香蕉,$S_4 = 0$ 为猴子未抓到香蕉。

初始状态集合为(a,0,b,0),目标状态集合为(c,1,c,1)。

(2)构造规则库:

① 猴子水平位置移动(goto):

$$(S_1, 0, S_3, 0) \rightarrow (S_1', 0, S_3, 0) \qquad (2-10)$$

式中,S_1' 为移动后猴子的位置信息。

② 猴子推动箱子(pushbox):

$$(S_1, 0, S_1, 0) \rightarrow (S_3', 0, S_3', 0) \qquad (2-11)$$

式中,S_3' 为移动后箱子的位置信息。

③ 猴子爬上箱顶(climbbox):

$$(S_1, 0, S_1, 0) \rightarrow (S_1, 1, S_1, 0) \qquad (2-12)$$

④ 猴子拿到香蕉(grasp):

$$(c, 1, c, 0) \rightarrow (c, 1, c, 1) \qquad (2-13)$$

(3)利用状态空间图求解,如图 2-8 所示。

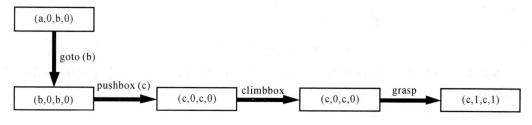

图 2-8 状态空间图求解猴子香蕉问题

因此,从初始状态到目标状态的操作序列为

$$\{goto(b), pushbox(c), climbbox, grasp\} \qquad (2-14)$$

例 2-3 旅行问题。

某自驾游驴友从北京市出发，准备前往太原市、郑州市、合肥市、济南市旅行，要求每座城市都要访问到且只允许访问一次，最后回到北京市。为了节约经费，严格控制油耗，如何规划好一条最短的旅行路径呢？

(1) 旅行问题表示。由图 2-9 可知，问题的初始状态为(A)，问题的目标状态为(A ＊＊＊＊ A)。

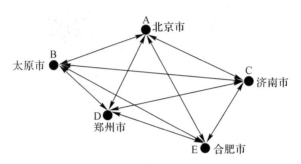

图 2-9 旅行问题示意图

(2) 规则集构造。当访问完一座新城市后，其状态集为(A＊)，只要在规则的作用下能够转换为新状态，则这条规则即为可用规则。

(3) 利用启发图搜索法求解，如图 2-10 所示。

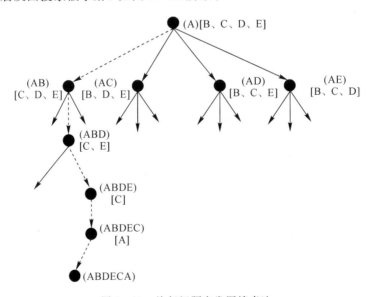

图 2-10 旅行问题启发图搜索法

在图中可画出多种旅行方案，通过总路程的比较，可得出最佳规划方案，即(ABDECA)，搜索过程如图中的虚线指示箭头所构成的路径所示。

例 2-4 硬币翻转问题。

有三枚硬币，分别处于正面朝上、反面朝上、正面朝上的状态，每次只允许翻动其中的一枚硬币，那么在连续翻动三次以后，是否会出现三枚硬币全部正面朝上或者反面朝上的状态呢?

(1)硬币翻转问题状态描述。用一个三元组(q_1,q_2,q_3)来描述这个问题的状态,硬币正面朝上定义为1,硬币反面朝上定义为0,则全部可能状态为

$$\begin{cases} Q_1=(0,0,0),\ Q_2=(0,0,1),\ Q_3=(0,1,0),\ Q_4=(0,1,1) \\ Q_5=(1,0,0),\ Q_6=(1,0,1),\ Q_7=(1,1,0),\ Q_8=(1,1,1) \end{cases} \qquad (2-15)$$

(2)算符操作定义:

$$O=\{O_1,O_2,O_3\} \qquad (2-16)$$

式中,O_1是对第一枚硬币q_1的操作,即将其翻转一次,同样,O_2是对第二枚硬币q_2的操作,O_3是对第三枚硬币q_3的操作。

(3)硬币翻转问题状态空间:

$$\langle\{Q_6\},O,\{Q_1,Q_8\}\rangle \qquad (2-17)$$

(4)绘制状态空间图,如图2-11所示。

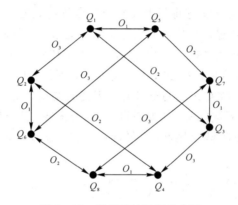

图2-11　硬币翻转问题状态图

(5)问题求解。问题的解序列为

$$\begin{cases} \{O_1,O_2,O_1\},\ \{O_1,O_1,O_2\},\ \{O_2,O_1,O_1\},\ \{O_2,O_2,O_2\} \\ \{O_2,O_3,O_3\},\ \{O_3,O_2,O_3\},\ \{O_3,O_3,O_2\} \end{cases} \qquad (2-18)$$

一般用OPEN表和CLOSED表来记录状态图搜索过程中的节点考察情况,如图2-12所示。OPEN表用来登记已经生成但尚未考察的节点;CLOSED表用来记录已经考察过的节点和节点间的关系,其存放的正是在一定搜索策略下的搜索树。

OPEN表

节点	父节点编号

CLOSED表

编号	节点	父节点编号

图2-12　OPEN表和CLOSED表

2.4.3　盲目搜索

搜索时无须考虑与待求解问题相关的任何信息,只是按既定顺序逐个考察节点,这种搜索方法定义为盲目搜索,由于与具体问题无关,故具有一定的通用性。上面讲解的状态空间图法就是一种最经典的盲目搜索方法。

例 2-5 九宫格问题。

有一个 3×3 的九宫格，有 1、2、3、…、8 共 8 个数码和一个空格随机摆放在其中的格子里，如图 2-13 所示，如何操作才能使其由初始状态变为目标状态呢?

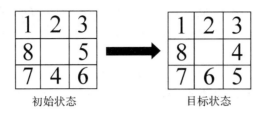

初始状态　　　　　　　　目标状态

图 2-13　九宫格问题

1. 广度优先搜索算法

广度优先搜索按照节点在树上的位置逐层向下进行搜索，又称为横向搜索，是用 OPEN 表的队列形式来表示的，它将新生成的子节点放在表的后面，以便考察先生成的节点。若问题的解存在，则通过广度优先搜索算法一定能够找到问题的最优解。

广度优先搜索算法的流程如图 2-14 所示。首先把初始状态节点 S_0 放入 OPEN 表中，若 OPEN 表为空，则搜索停止；若 OPEN 表为非空，则将 OPEN 表的第一个节点 N 移出并放入到 CLOSED 表中。如果 N 为目标节点，则搜索结束，用 CLOSED 表中的返回指针找出 S_0 到 N 的路径即为问题的解；否则判断 N 能否拓展，若能则将其所有子节点配上指向 N 的返回指针放入 OPEN 表的尾部，并转向第二步，若 N 不能拓展，则直接转向第二步操作。

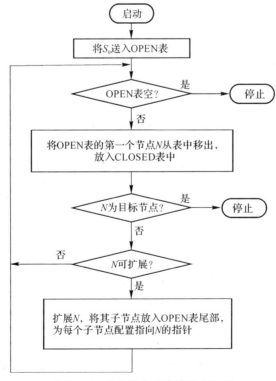

图 2-14　广度优先搜索算法流程图

利用广度优先搜索算法求解例 2-5 的九宫格问题，如图 2-15 所示。其 OPEN 和
CLOSED 表如表 2-1 所示。

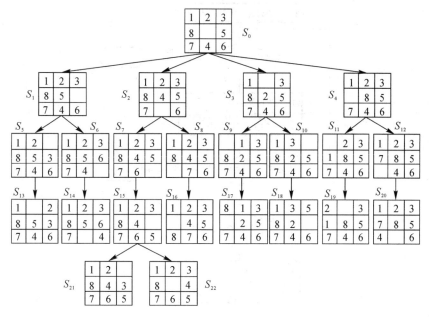

图 2-15　广度优先搜索算法求解九宫格问题

表 2-1　广度优先搜索算法求解九宫格问题的 OPEN 表和 CLOSED 表

重复	OPEN 表	CLOSED 表
0	S_0	[]
1	$[S_1, S_2, S_3, S_4]$	$[S_0]$
2	$[S_2, S_3, S_4, S_5, S_6]$	$[S_1, S_0]$
3	$[S_3, S_4, S_5, S_6, S_7, S_8]$	$[S_2, S_1, S_0]$
4	$[S_4, S_5, S_6, S_7, S_8, S_9, S_{10}]$	$[S_3, S_2, S_1, S_0]$
5	$[S_5, S_6, S_7, S_8, S_9, S_{10}, S_{11}, S_{12}]$	$[S_4, S_3, S_2, S_1, S_0]$
⋮	⋮	⋮

2. 深度优先搜索算法

深度优先搜索的方向是一直向下的，又称为纵向搜索。首先从子节点集合中选出接下
来需要考察的节点，然后沿着纵深方向进行，直到到达叶子节点或深度极限时，才返回到
上一级节点并沿着另一方向继续搜索，一般也能找到最优解。

与广度优先搜索不同的是，深度优先搜索的 OPEN 表的栈结构是后进先出的，即将新
生成的子节点放到 OPEN 表的前面，以便后生成的节点能够被优先考察。深度优先搜索的
算法流程如图 2-16 所示。与广度优先搜索过程不同的是，深度优先搜索将 N 扩展后，把
子节点放入的是 OPEN 表的首部，体现出"后进先出"的堆栈结构。

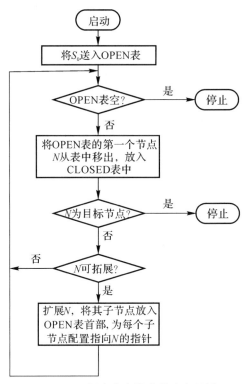

图 2-16　深度优先搜索算法流程图

利用深度优先搜索算法求解例 2-5 的九宫格问题，如图 2-17 所示。

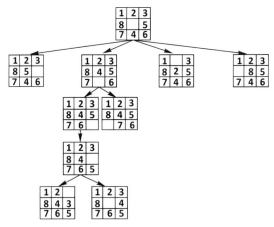

图 2-17　深度优先搜索算法求解九宫格问题

类比广度优先搜索算法，其 OPEN 表和 CLOSED 表如表 2-2 所示。

表 2-2　深度优先搜索算法求解九宫格问题的 OPEN 表和 CLOSED 表

重复	OPEN 表	CLOSED 表
0	S_0	[]
1	$[S_1, S_2, S_3, S_4]$	$[S_0]$
2	$[S_5, S_6, S_2, S_3, S_4]$	$[S_1, S_0]$

续表

重复	OPEN 表	CLOSED 表
3	$[S_7, S_8, S_5, S_6, S_3, S_4]$	$[S_2, S_1, S_0]$
4	$[S_9, S_{10}, S_7, S_8, S_5, S_6, S_4]$	$[S_3, S_2, S_1, S_0]$
5	$[S_{11}, S_{12}, S_9, S_{10}, S_7, S_8, S_5, S_6]$	$[S_4, S_3, S_2, S_1, S_0]$
⋮	⋮	⋮

3. 迭代加深优先搜索算法

深度优先搜索算法对于深度的选择至关重要，为克服深度优先搜索算法的缺陷，需要对其深度限值 H_m 加以选取。若 H_m 选得太小，则可能得不到解；若 H_m 选得太大，则搜索效率将受到影响。因此，提出基于迭代加深思想的有界深度优先搜索算法。

迭代加深指的是当在 H_m 内搜索不到解时，可将 H_m 增加一个深度增量 ΔH，即此时的深度限值为 $H_m + \Delta H$，这样每次都对限值进行扩展，直到搜索到解或遍历整棵树，保证了算法的完备性。特殊情况是 $\Delta H = 1$，这时为广度优先搜索。

迭代加深优先搜索算法的流程如图 2-18 所示。

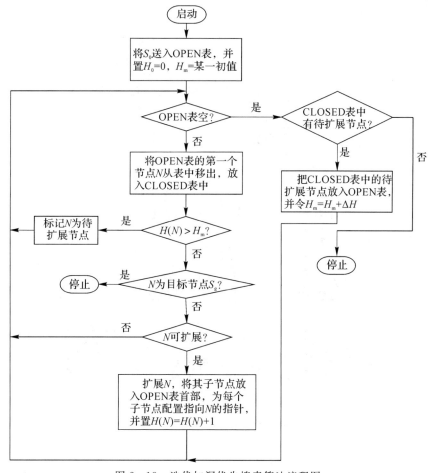

图 2-18　迭代加深优先搜索算法流程图

具体步骤如下：

（1）把初始状态节点 S_0 放入 OPEN 表中，并令 $H_0=0$，H_m 为任意值，$G=$ NULL。

（2）判断 OPEN 表是否为空，若为空，则考察 CLOSED 表中是否有待扩展节点：

① 若没有扩展节点，则判断 G 表是否为空，若为空，则搜索结束，否则取出 G 表最后面的节点 S_g，S_g 即为所求最优解，搜索结束；

② 若有扩展节点，则把 CLOSED 表中的待扩展节点放入 OPEN 表，并令 $H_m=H_m+\Delta H$，转回第(2)步。

（3）若 OPEN 表为非空，则将 OPEN 表中的首节点 N 放入 CLOSED 表中，并进行顺序编号 n。

（4）接下来判断 $H(N)$ 是否大于 H_m，若成立，则标记 N 为待扩展节点，转回第(2)步。

（5）否则继续判断 N 是否为目标节点 S_g，若是，则 S_g 即为所求最优解，搜索结束。

（6）若不是目标节点，则判断节点 N 能否扩展，若能，则扩展 N，将其子节点放入 OPEN 表首部，为每个子节点配置指向 N 的指针，并置 $H(N)=H(N)+1$，转回第(2)步。

（7）若节点 N 不能扩展，则直接转回第(2)步。

利用迭代加深优先搜索算法求解例 2-5 的九宫格问题，令深度限制 $H_m=4$，如图 2-19 所示。

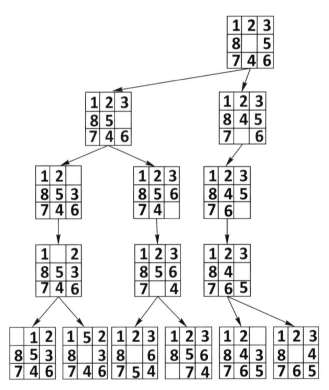

图 2-19　迭代加深优先搜索算法求解九宫格问题

4. 状态组合爆炸

对于例 2-5 九宫格中的 8 个数码问题，其可能状态就有 9！＝362 880 种，对于 15 个数码问题，其可能状态就有 15！＝1 307 674 368 000 种。可见，随着数码个数的增加，存在的状态总数也将呈指数级增加，将会耗费计算机大量的内存空间、增加运算时间，问题求解效率也会受到很大程度的影响。因此，盲目搜索算法易出现状态组合爆炸现象，不宜求解计算量较大的问题。

2.4.4 启发式搜索

1. 基本思想

一般把与求解问题自身特性相关的控制性知识称为启发性知识，包括解的特性、解的分布规律和求解技巧等，利用启发性知识进行搜索的方法就是启发式搜索，它是对盲目搜索过程的简化。在进行启发式搜索的过程中，需要将启发性知识形式化，常用启发（估价）函数来表示，通过函数值来比较每次选择的价值好坏。

启发式搜索的基本思想就是在状态图搜索的基础上，用启发函数的值来指导搜索过程，确定节点的扩展顺序，这相当于状态空间搜索中的算符操作算子，能够从状态空间中找到最有希望到达问题解的路径。与广度优先搜索不同的是，启发式搜索会优先顺着有启发性和具有特定信息的节点搜索下去，由这些节点可构成到达目标的最优路径。因此，启发式搜索的特点就是重排 OPEN 表，选择最优希望的节点扩展下去。

首先假定有一个启发函数 f，约定 f 取值最小时表示最优节点，以此为依据对节点进行扩展，如节点 n 的 $f(n)$ 取值最小，该节点为下一个要扩展的节点，然后对其后继节点采用同样的方法计算并比较函数值，即为搜索指明方向，直到下一个要扩展的节点是目标节点终止。

运用启发式搜索一般会出现以下两种情况：

（1）对于模糊性问题，可能找不到一个确定的解。

（2）对于状态空间特别大的问题，在搜索过程中生成的扩展状态数会随着搜索深度而呈指数增长，计算效率往往较低。

启发式搜索算法可根据搜索过程中选择扩展节点的范围，分为全局择优搜索算法和局部择优搜索算法。在全局择优搜索中，每当需要扩展节点时，总是从 OPEN 表的所有节点中选择一个启发函数值最小的节点进行扩展。在局部择优搜索中，每当需要扩展节点时，总是从刚生成的子节点中选择一个启发函数值最小的节点进行扩展。

2. 启发（估价）函数

启发（估价）函数 $f(n)$ 的目的是估计待搜索节点的"有希望"程度，并在 OPEN 表中以此给它们排序。$f(n)$ 是从初始节点出发，经过 n 节点，最终到达目标节点整个路径的最小代价估计值，其一般形式为：

$$f(n) = g(n) + h(n) \qquad (2-19)$$

其中：$g(n)$ 为从初始节点到节点 n 的实际代价；$h(n)$ 为从节点 n 到目标节点的最优路径的估计代价。当 $g(n)$ 的比重相对较大时，倾向于宽度优先搜索方式，若 $f(n)=g(n)$，则称为等代价搜索；当 $h(n)$ 的比重相对较大时，意味着启发性能较强，若 $f(n)=h(n)$，则称为贪婪搜索。

启发式搜索的关键就是设计启发函数 $f(n)$，以上文的 8 个数码九宫格问题为例，最简单的启发函数是取一格局与目标格局相比，对应位置不符的数码数目，即 $f(S_0)=3$；较好的启发函数是各数码到目标位置所需移动的距离总和，即 $f(S_0)=4$。

启发函数设计的目标是利用有限的知识做出最精确的估价，会直接影响搜索的效果。设计一个好的 $f(n)$ 更多的还是依靠经验，需要有大量的历史数据作为依托。

3. A 算法

按状态与目标的接近程度作为启发式估计来对 OPEN 表的状态进行排序，每一轮循环考虑的是 OPEN 表中最有希望的状态，这种搜索策略叫最佳优先搜索。A 算法就是使用估价函数的最佳优先搜索。

对启发函数 $f(n)=h(n)+g(n)$ 来说，A 算法就是设计出一个合适的 $h(n)$，然后按照 $f(n)$ 值的大小对待扩展状态的次序进行排列，每次选择 $f(n)_{min}$ 进行扩展。此时的 OPEN 表记录的是所有已生成而未扩展的状态，CLOSED 表记录的是扩展过的状态。进入 OPEN 表的状态是根据 $f(n)$ 的大小插入到表中的合适位置，每次从表中优先取出 $f(n)$ 最小的状态进行扩展。A 算法的流程图如图 2-20 所示。

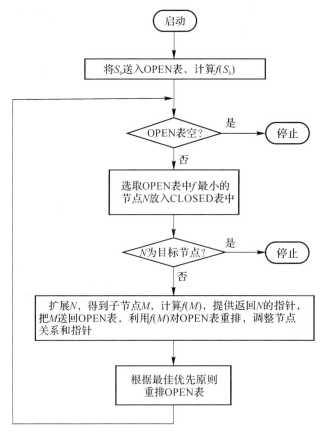

图 2-20 A 算法的流程图

利用 A 算法求解例 2-5 的九宫格问题，如图 2-21 所示。

启发函数：$f(n)=h(n)+g(n)$。

$h(n)$ 为状态深度，每步取为单位代价；$g(n)$ 取为节点 N 在九宫格内的数码位置与目标节点相比不同的个数，这里 $g(S_0)=3$。

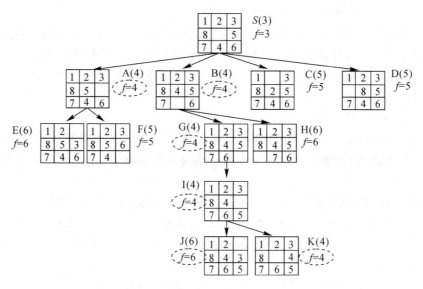

图 2-21　利用 A 算法求解例 2-5

OPEN 表和 CLOSED 表如表 2-3 所示。

表 2-3　A 算法求解九宫格问题的 OPEN 表和 CLOSED 表

重复	OPEN 表	CLOSED 表
0	S(3)	[]
1	[A(4), B(4), C(5), D(5)]	[S(3)]
2	[B(4), C(5), D(5), F(5), E(6)]	[S(3), A(4)]
3	[G(4), C(5), D(5), F(5), E(6), H(6)]	[S(3), A(4), B(4)]
4	[I(4), C(5), D(5), F(5), E(6), H(6)]	[S(3), A(4), B(4), G(4)]
5	[K(4), C(5), D(5), F(5), E(6), H(6), J(6)]	[S(3), A(4), B(4), G(4), I(4)]
6	[C(5), D(5), F(5), E(6), H(6), J(6)]	[S(3), A(4), B(4), G(4), I(4), K(4)]
	K(4) 为目标状态，搜索结束	

4. A* 算法

A* 算法是对启发函数加上一些限制后得到的一种启发式搜索算法。假设 $f^*(n)$ 是从初始状态节点 S_0 出发，经过节点 N，最终到达目标状态节点的最小代价值，启发函数 $f(n)$ 则是 $f^*(n)$ 的估计值。$f^*(n)$ 由两部分组成：一部分是由初始状态节点 S_0 到节点 N 的最小代价值，记为 $g^*(n)$；另一部分是由节点 N 到目标节点的最小代价值，记为 $h^*(n)$。综上，则有 $f^*(n) = h^*(n) + g^*(n)$。如果某个问题有解，那么利用 A* 算法对其进行搜索一定能得到问题的最优解。而对于 $f(n) = h(n) + g(n)$，$h(n)$ 是对 $h^*(n)$ 的一个估计值，$g(n)$ 是对 $g^*(n)$ 的一个估计值。因此，针对 A 算法中的 $g(n)$ 和 $h(n)$，分别对其加以限制，一方面，$g(n)$ 是对 $g^*(n)$ 的估计，且 $g(n) > 0$；另一方面，$h(n)$ 是对 $h^*(n)$ 的估计，且 $h(n) \leqslant h^*(n)$，这样得到的算法即为 A* 算法。

A* 算法具有可采纳性、单调性和信息性的特点。

对任一状态空间图，若搜索算法能在有限步骤内找到一条从初始状态节点到目标状态节点的最佳路径，并可在该路径上结束搜索，则称该搜索算法具有可采纳性。

定理 1：对一个有限状态空间图，若从初始状态节点 S_0 到目标状态节点 S_g 存在路径，则 A* 算法一定能够成功结束。

定理 1 的证明：

(1) 证明算法肯定会结束。由于该搜索图为有限状态空间图，若算法能找到解，则一定能够结束；若算法找不到解，就会因为 OPEN 表变成空表而结束。因此，A* 算法一定能够结束。

(2) 证明算法肯定会成功结束。设至少存在一条从初始状态节点到目标状态节点的路径，记为 $[S_0, S_1, S_2, \cdots, S_k, S_{k+1}, \cdots, S_g]$，搜索开始时，$S_0$ 在 OPEN 表中，当路径中任一节点 S_k 离开 OPEN 表后，其子节点 S_{k+1} 也必然进入 OPEN 表中，那么在 OPEN 表变为空表之前，目标状态节点 S_g 也一定会出现在 OPEN 表中，所以，A* 算法一定会成功结束。

引理 1：在 A* 算法结束前的任一时刻，OPEN 表中总是存在某个节点 S_k，其是从初始状态节点 S_0 到目标状态节点 S_g 的最佳路径上的节点，同时满足启发函数 $f(S_k) \leqslant f^*(S_0)$。

引理 1 的证明：

设从初始状态节点 S_0 到目标状态节点 S_g 的最佳路径为 $[S_0, S_1, S_2, \cdots, S_k, S_{k+1}, \cdots, S_g]$。搜索开始时，初始状态节点 S_0 在 OPEN 表中，当其离开 OPEN 表而进入 CLOSED 表后，子节点 S_1 进入 OPEN 表。因此，在搜索结束之前，在 OPEN 表中一定存在最佳路径上的节点 S_g。则有启发函数为：

$$f(S_g) = h(S_g) + g(S_g) \tag{2-20}$$

同时，由于 S_g 在最佳搜索路径上，则有：

$$g(S_g) = g^*(S_g) \tag{2-21}$$

从而有

$$f(S_g) = h(S_g) + g^*(S_g) \tag{2-22}$$

又因为 A* 算法满足如下关系式：

$$h(S_g) \leqslant h^*(S_g) \tag{2-23}$$

故有如下的关系式：

$$f(S_g) \leqslant h^*(S_g) + g^*(S_g) = f^*(S_g) \tag{2-24}$$

又因为在最佳搜索路径上，所有节点的 f^* 值都应相同，所以有

$$f(S_g) \leqslant f^*(S_0) \tag{2-25}$$

定理 2：若存在从初始状态节点 S_0 到目标状态节点 S_g 的路径，则 A* 算法必然能够结束在最佳路径上。

定理 2 的证明：

(1) 证明 A* 算法一定能够在某个目标状态节点上结束。由定理 1 可知，对于任意一个有限状态空间图，A* 算法都能找到目标状态节点而结束搜索。

(2) 证明 A* 算法只能在最佳路径上结束。假设 A* 算法未能在最佳路径上结束，而是终止在某个目标状态节点 S_m 处，有

$$f(S_m) = g(S_m) > f^*(S_0) \tag{2-26}$$

由引理 1 可知，在 A* 算法停止搜索之前，一定存在最佳路径上的节点 S_g 在 OPEN 表中，且有如下的关系式：

$$f(S_g) \leqslant f^*(S_0) < f(S_m) \tag{2-27}$$

这时 A* 算法一定会选择 S_g 来扩展节点，而不会选择 S_m，从而也不会去测试目标状态节点 S_m，此时与假设矛盾，所以 A* 算法只能在最佳路径上结束搜索。

推论 1：在 A* 算法中，对任何被扩展的节点 S_i，都有 $f(S_i) \leqslant f^*(S_0)$。

推论 1 的证明：由于 S_i 是由 A* 算法选做扩展的节点，因此 S_i 一定不是目标状态节点，并且搜索没有结束。由引理 1 可知，在 OPEN 表中存在节点 S_k，满足 $f(S_k) \leqslant f^*(S_0)$，若 $S_i = S_k$，则有 $f(S_i) \leqslant f^*(S_0)$。否则扩展后的节点 S_i 有 $f(S_k) \leqslant f(S_i)$，故 $f(S_k) \leqslant f^*(S_0)$ 成立。

A* 算法的单调性是指在整个搜索空间具有局部可采纳性，即一个状态和任一个子状态之间的差由该状态与其子状态之间的实际代价所限定。在 A* 算法中，每当扩展一个节点 S_i 时，都要检查其对应的子节点是否已在 OPEN 表或 CLOSED 表中。对已在 OPEN 表中的子节点，需决定是否调整指向其父节点的指针；对已在 CLOSED 表中的子节点，除了需决定是否调整其指向父节点的指针外，还需决定是否调整其对应子节点的后继节点的父指针，这就在一定程度上增加了搜索的代价。若能保证当扩展一个节点时就已找到了通往该节点的最佳路径，就无须再去检查其后继节点是否已在 CLOSED 表中，这是因为 CLOSED 表中的节点都已找到了通往该节点的最佳路径。为了满足这一要求，需要对启发函数 $h(n)$ 增加单调性限制。

如果启发函数满足 $h(S_g) = 0$，且对任一节点 S_i 及其任意子节点 S_j 都有 $0 \leqslant h(S_i) - h(S_j) \leqslant c(S_i, S_j)$，其中的 $c(S_i, S_j)$ 是 S_i 到 S_j 的边代价，此时，称 $h(n)$ 满足单调性限制。

A* 算法的信息性是指在两个 A* 启发策略的 h_1 和 h_2 中，若对搜索空间中的任一状态 n 都有 $h_1(n) \leqslant h_2(n)$，则称启发策略 h_2 比 h_1 有更多的信息性。一般来说，在满足 $h(n) \leqslant h^*(n)$ 的前提条件下，若 $h(n)$ 值越大，说明其携带的启发信息越多，A* 算法在搜索时扩展的节点就越少，搜索的效率就越高。

定理 3：设两个 A* 算法 A1* 和 A2*，它们分别满足如下条件：

$$\begin{aligned} A1^* &: f_1(n) = g(n) + h_1(n) \\ A2^* &: f_2(n) = g(n) + h_2(n) \end{aligned} \tag{2-28}$$

如果 A2* 比 A1* 有更多的启发性信息，即对所有的非目标节点有如下关系式：

$$h_2(n) > h_1(n) \tag{2-29}$$

则表示在搜索过程中，被 A2* 扩展的节点也必将被 A1* 扩展，即 A2* 扩展的节点集合是 A1* 扩展的节点集合的子集。

定理 3 的证明：利用数学归纳法证明。

(1) 对搜索深度 $d(S_n) = 0$ 的节点，即 S_n 为初始状态节点 S_0，若 S_n 为目标状态节点，则 A1* 和 A2* 都不扩展 S_n，若 S_n 不是目标状态节点，则 A1* 和 A2* 都要扩展 S_n。

(2) 假设对 A2* 搜索树中 $d(S_n) = k$ 的任意节点 S_n，结论成立，即 A1* 也扩展了这些节点。

(3) 用反证法证明 A2* 搜索树中 $d(S_n) = k+1$ 的任意节点 S_n，若其被 A2* 扩展，则也要由 A1* 进行扩展，过程如下：假设 A2* 搜索树上有一个满足 $d(S_n) = k+1$ 的节点 S_n，

A2* 扩展了该节点，但 A1* 没有对其扩展，即 $h_1(S_n) < h_2(S_n)$。根据假设（2）可知，A1* 扩展了 S_n 的父节点，因此，S_n 必然在 A1* 的 OPEN 表中。因为 A1* 没有扩展 S_n，则根据推论 1，有如下关系式：

$$f_1(S_n) \geqslant f^*(S_0) \tag{2-30}$$

即有如下关系式成立：

$$g(S_n) + h_1(S_n) \geqslant f^*(S_0) \tag{2-31}$$

或有如下关系式成立：

$$h_1(S_n) \geqslant f^*(S_0) - g(S_n) \tag{2-32}$$

同时，由于 A2* 扩展了 S_n，因此有如下关系式：

$$f_2(S_n) \leqslant f^*(S_0) \tag{2-33}$$

则有

$$g(S_n) + h_2(S_n) \leqslant f^*(S_0) \tag{2-34}$$

也就有如下关系式：

$$h_2(S_n) \leqslant f^*(S_0) - g(S_n) \tag{2-35}$$

因此有

$$h_1(S_n) \geqslant h_2(S_n) \tag{2-36}$$

这与假设相矛盾，假设不成立，命题得证。

用 A* 算法求解例 2-5 的九宫格问题，如图 2-22 所示，所得的最优路径为 $[S(3)$，$A(4)$，$B(4)$，$G(4)$，$I(4)$，$K(4)]$，步数为 4。

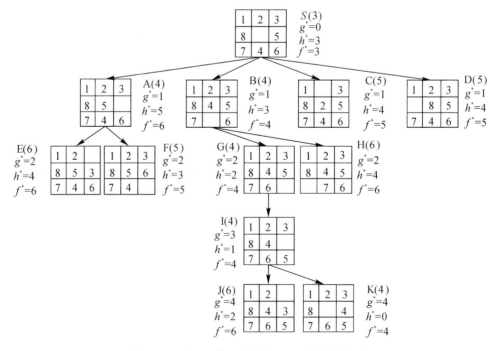

图 2-22 用 A* 算法求解例 2-5 的九宫格问题

A 算法在满足一定条件下可成为 A* 算法，并搜寻到问题的最优解。其充分条件是：

（1）搜索树上存在从初始状态节点到目标状态节点的最佳路径。

（2）有限的问题阈。

（3）从任一节点转移到其对应的子节点，需要付出的代价应大于零。

（4）启发函数中的 $h(n) \leqslant h^*(n)$。

（5）$h(n)$ 具有相容性，以确保 $f(n)$ 的递增性。

其中 $h(n)$ 的相容性是指对问题的任意两个状态 S_1 和 S_2，有如下条件成立：

$$h(S_1) \leqslant h(S_2) + c(S_1, S_2) \tag{2-37}$$

式中，$c(S_1, S_2)$ 是指从 S_1 状态转移到 S_2 状态所需付出的代价。

满足式（2-37）的关系，则称 $h(n)$ 具有相容性。

当 $h(n)$ 相容时，则有如下关系式成立：

$$
\begin{aligned}
f(S_1) &= g(S_1) + h(S_1) \leqslant g(S_2) + h(S_2) + c(S_1, S_2) \\
&= g(S_2) + h(S_2) = f(S_2)
\end{aligned}
\tag{2-38}
$$

由式（2-38）可知，在 $h(n)$ 相容的条件下，有 $f(S_1) \leqslant f(S_2)$ 成立，即 $f(n)$ 是递增函数。

2.5 问 题 规 约 法

问题规约法是另外一种基于状态空间的问题描述与求解方法，是先将原问题分解为若干子问题的集合，然后分别去对子问题进行求解，如此循环下去。其实质是从要解决的目标问题出发，建立反向推理过程，通过问题的分解，最终把初始问题规约为一个本原问题（不能再分解或变换且直接可解的子问题）的集合。问题规约的表示有三个组成部分：初始问题描述、问题分解操作符和本原问题描述。

问题规约的描述可采用表列、树、字符串、矢量、数组等数据结构，也可采用状态空间三元组 (S, O, G) 的形式。

2.5.1 问题规约图

我们一般用一个类似于图的结构来表示把问题规约为后继问题的替换集合，这一结构叫问题规约图，或称为与或图。与图是把复杂的原问题分解为若干个子问题，形成"与"树结构，或图是把原问题变换为若干个易于求解的新问题，形成"或"树结构，如图 2-23 所示。

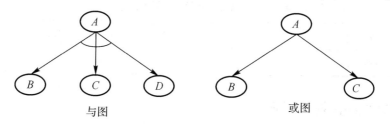

图 2-23 与图和或图示意

问题规约图是将与图和或图相结合，形成"与或图"，如图 2-24 所示。图中 A 为父节点，其分解为各个子节点 (N, M, H)，每个子节点再进一步分解为对应的子—子节点 (B, C)、(D, E, F)、(G)。(N, M, H) 是只要解决某个问题就可解决其父辈问题的节点集合，称之为"或节点"。(B, C) 和 (D, E, F) 是只有解决所有子问题，才能解决其父辈问题的节点集合，称之为"与节点"。(B, C)、(D, E, F)、(G) 是对应于原问题的本原节点，称之为"终叶节点"。

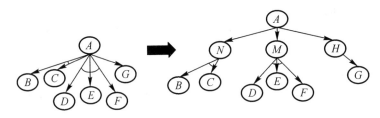

图 2-24 问题规约的与或图示意

2.5.2 节点的可解性

问题规约图中的节点按照问题解的情况分为可解节点和不可解节点。终叶节点由于和本原问题相关联,故一定是可解节点。对于非终叶节点,若其含有"或后继子节点",只有当它们至少有一个可解时,此非终叶节点才是可解的;若其含有"与后继子节点",只有当它们全部可解时,此非终叶节点才是可解的。没有后继子节点的非终叶节点为不可解节点;若非终叶节点的全部后继子节点均不可解,并且含有"或后继子节点",此终叶节点为不可解节点;若非终叶节点的后继节点至少有一个为不可解,并且含有"与后继子节点",此终叶节点为不可解节点。

例 2-6 图 2-25 所示为一问题规约图,请找出其中的可解节点和不可解节点。

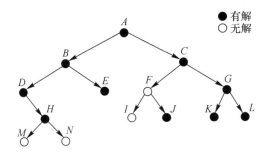

图 2-25 例 2-6题图

可解节点和不可解节点的分类如表 2-4 所示。

表 2-4 例 2-6题可解与不可解节点的分类

可解节点	B、C、D、E、G、J、K、L
不可解节点	F、H、M、N、I

2.5.3 问题规约图构成原则

问题规约图中的每一个节点代表待解决的单一问题或问题集合,其中的起始节点对应于原始问题,终叶节点对应于本原问题。对于把算符作用于问题 A 的每种可能情况,都把问题变换为一个子问题集合,用从 A 父节点指向后继节点的有向弧线表示,若集合中至少有一个子问题有解,则问题 A 就有解,所有的这些子问题的节点即为"或节点"。对于代表两个或两个以上子问题集合的每个节点,有向弧线从此节点指向此问题集合中的各个节点,必须所有子问题都有解的情况下,这个子问题的集合才有解,此时所有这些子问题节点即为"与节点",

常用小圆弧来对"与节点"和"或节点"加以区分。当只有一个算符可作用于问题 *A* 时,并且这个算符产生具有一个以上子问题的某个集合时,可对该问题规约图进行简化操作。

例 2-7 试用问题规约图来表示并求解例 2-1 提出的二阶汉诺塔问题。

根据条件构造问题规约图,如图 2-26 所示。

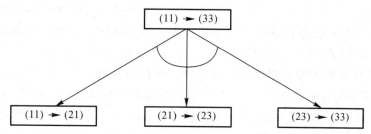

图 2-26 二阶汉诺塔问题规约图

将二阶汉诺塔问题拓展为三阶,如图 2-27 所示。

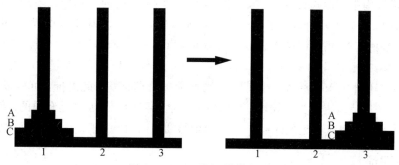

图 2-27 三阶汉诺塔问题

根据条件构造问题规约图,如图 2-28 所示。

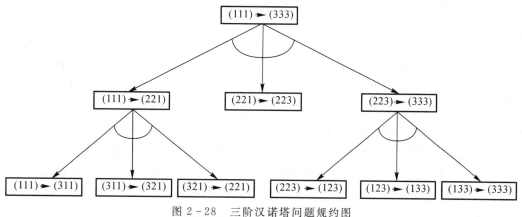

图 2-28 三阶汉诺塔问题规约图

2.6 谓 词 逻 辑 法

2.6.1 命题逻辑与谓词逻辑

命题逻辑和谓词逻辑是最早用于人工智能的两种基本逻辑方式,常用于对知识的形式化表示和对数学定理的证明。

命题是用来表示人类进行思维活动时的一种判断，有真（T）命题和假（F）命题之分，例如"2＞1"即为"T 命题"，"地球是方的"即为"F 命题"。一个命题不能既为真又为假，但可以在一定限制条件下为真或假，例如"1＋1＝10"在二进制条件下为"T 命题"，在十进制条件下为"F 命题"。命题逻辑是将客观世界的各种事实用逻辑命题的形式表示出来，但其只能进行命题间关系的推理，而无法解决与命题结构和成分有关的推理问题，如命题 P：张华是张明的哥哥。此命题无法表述出张华和张明是兄弟关系，因此命题逻辑具有很大的局限性，不适合表示复杂的问题。

谓词逻辑是命题逻辑的发展，可看作是命题逻辑的一种特殊表达形式。在谓词逻辑中，命题用 $P(x_1, x_2, \cdots, x_n)$ 的谓词形式来表示，其中 P 为谓词名，表示个体的性质、状态或个体间的关系，一般首字母用大写形式表示。$x_1, x_2, \cdots, x_n$ 为个体，也是命题的主语，表示独立存在的事物或某个抽象的概念。若个体为常量，则首字母用大写形式表示；若个体为函数或变量，则全部字母用小写形式表示。例如命题"李国是老师"，谓词逻辑形式表示为：Teacher(Li Guo)。再如命题"$x＞100$"用谓词逻辑表示为：More$(x,100)$，其中的 x 即为变量。又如命题"张明的哥哥是医生"，用谓词逻辑表示为：Doctor(brother(Zhang Ming))，其中的 brother() 即为一个函数。在 n 元谓词 $P(x_1, x_2, \cdots, x_n)$ 中，若任一个体均为常量、变量和函数，则称为一阶谓词；若某个个体本身又是一个一阶谓词，则称为二阶谓词，以此类推，可构成多阶谓词形式。个体变元的取值范围称为个体域，个体域可以是无限的，也可以是有限的。例如 $P(x)$ 表示"x 是整数"，其个体域是无限的；若 $P(x)$ 表示"x 是小于 10 的正整数"，其个体域是有限的。

2.6.2 谓词演算

谓词逻辑的基本组成包括谓词符号、变量符号、函数符号和常量符号，并用括号和逗号隔开，变量符号、函数符号、常量符号又称为项。其中，谓词符号表示定义域内的对应关系；变量符号是实体不明确性的体现；函数符号表示从论域内的一个实体到另一个实体的映射；常量符号代表论域实体。由若干谓词符号和项组成的谓词演算称为原子公式。例如机器人在 A 房间内，可表示为原子公式：Inroom(Robot,RA)，式中的 Inroom 为谓词符号，Robot 和 RA 为项中的常量符号。定义原子公式值的真或假就表示某种语义，例如 Inroom(Robot,RA) 为真，而机器人在 B 房间内 Inroom(Robot,RB) 则为假。变量符号决定了原子公式取值的确定性，无变量的原子公式取值是确定的，而有变量的原子公式取值是不确定的。

谓词演算中有一些连词和量词。连词有合取、析取、蕴含和非。合取是用符号"∧"将几个公式连接起来而构成的公式，例如 Like(I,Reading)∧Like(I,Writing)，意思是我既喜欢阅读，又喜欢写作。析取是用符号"∨"将几个公式连接起来而构成的公式，例如 Play(I,Bad min ton)∨Play(I,Table Tennis)，意思是我打羽毛球或乒乓球。蕴含是用符号"⇒"将几个公式连接起来而构成的公式，用来表示"如果—那么（IF - THEN）"的关系。例如 Run(I,Faster)⇒Win(I,Champion)，意思是如果我跑得快，那么我就是冠军。非是用符号"∼"和"—"将几个公式连接起来而构成的公式，表示否定或相反关系，例如∼Inroom(Robot,RB)，意思是机器人不在 B 房间内。

量词分为全称量词和存在量词。全称量词的符号是"∀"，意思是任一个，比如命题 $(\forall x)P(x)$ 为真，表示当且仅当对论域中的任一 x，都有 $P(x)$ 为真；命题 $(\forall x)P(x)$ 为假，表示当且仅当至少存在论域中的一个 x，使得 $P(x)$ 为假。存在量词的符号是"∃"，意思是存在，比如命题 $(\exists x)P(x)$ 为真，表示当且仅当至少存在论域中的一个 x，使得 $P(x)$ 为真；命题 $(\exists x)P(x)$ 为假，表示当且仅当对论域中的所有 x，都有 $P(x)$ 为假。全称量词和存在量词出现的次序不同将会对命题的意思造成影响，例如命题 $(\forall x)(\exists y)(\mathrm{Soldier}(x) \wedge \mathrm{Captain}(y,x))$，意思是"每个士兵都有一个队长"；对于命题 $(\exists y)(\forall x)(\mathrm{Soldier}(x) \wedge \mathrm{Captain}(y,x))$，意思是"有一个人是所有士兵的队长"。

2.6.3　谓词公式

如果一个公式中的某个变量是经过量化的，即与辖域内的量词同名，则称这个变量为约束变量，否则称为自由变量。例如 $(\exists x)(P(x,y) \rightarrow Q(x,y)) \vee R(x,y)$，命题中 $(\exists x)$ 为辖域，$P(x,y)$ 和 $Q(x,y)$ 中的 x 是约束变量，$R(x,y)$ 中的 x 是自由变量，所有的 y 都是自由变量。如果公式里面的所有变量都受到约束，则称这个公式为句子。

用 $P(x_1,x_2,\cdots,x_n)$ 表示一个谓词演算的原子公式，或称原子谓词公式，其中，P 为 n 元谓词，$P(x_1,x_2,\cdots,x_n)$ 为客体变量或变元。用连词可将原子谓词公式组合成复合谓词公式，称为分子谓词公式。

例 2-8　用谓词逻辑描述下图中两个图形的位置关系，如图 2-29 所示。

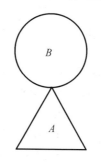

图 2-29　例 2-8 图

首先需要定义谓词：

$\mathrm{Support}(x,y)$：表示 x 放置在 y 的上方；

$\mathrm{Circular}(y)$：表示 y 是圆形；

$\mathrm{Triangle}(x)$：表示 x 是三角形。

其中，x 和 y 是个体变量，个体域为 $\{A,B\}$，那么上述图形位置关系可用分子谓词公式来表示：

$$\mathrm{Support}(B,A) \wedge \mathrm{Circular}(B) \wedge \mathrm{Triangle}(A) \qquad (2-39)$$

谓词公式具有永真性、可满足性、不可满足性和等价性。谓词公式的永真性是指如果谓词公式 P 对个体域 D 上的任何一个解释都取得真值 T，则称 P 在 D 上是永真的；同理，如果 P 对 D 上的任何一个解释都取得真值 F，则称 P 在 D 上是永假的。谓词公式的可满足性是指至少存在一个解释使得 P 在此解释下的真值为 T，则称 P 是可满足的，否则，则称 P 是不可满足的。谓词公式的等价性是指对于 P、Q 两个谓词公式，其共同个体域为 D，若对 D 上的任一解释，P、Q 都有相同真值，则称 P、Q 在 D 上等价，记为 $P \Leftrightarrow Q$。对于谓词公式 P 和 Q，若 $P \rightarrow Q$ 永真，则称 P 永真蕴含 Q，其中 P 为 Q 的前提，Q 为 P 的结论，记

为 $P \Rightarrow Q$。

谓词公式有以下定律：

(1) ：$(\neg P) \Leftrightarrow P$；

(2) $P \lor Q \Leftrightarrow \neg P \rightarrow Q$；

(3) $\neg(P \lor Q) \Leftrightarrow \neg P \land \neg Q$，$\neg(P \land Q) \Leftrightarrow \neg P \lor \neg Q$；

(4) $P \land (Q \lor R) \Leftrightarrow (P \land Q) \lor (P \land R)$，$P \lor (Q \land R) \Leftrightarrow (P \lor Q) \land (P \lor R)$；

(5) $P \land Q \Leftrightarrow Q \land P$，$P \lor Q \Leftrightarrow Q \lor P$；

(6) $(P \land Q) \land R \Leftrightarrow P \land (Q \land R)$，$(P \lor Q) \lor R \Leftrightarrow P \lor (Q \lor R)$；

(7) $P \rightarrow Q \Leftrightarrow Q \rightarrow \neg P$；

(8) $\neg(\exists x)P(x) \Leftrightarrow (\forall x)[\neg P(x)]$，$\neg(\forall x)P(x) \Leftrightarrow (\exists x)[\neg P(x)]$；

(9) $(\forall x)[P(x) \land Q(x)] \Leftrightarrow (\forall x)P(x) \land (\forall x)Q(x)$；

(10) $(\forall x)[P(x) \lor Q(x)] \Leftrightarrow (\forall x)P(x) \lor (\forall x)Q(x)$；

(11) $(\forall x)P(x) \Leftrightarrow (\forall y)P(y)$，$(\exists x)P(x) \Leftrightarrow (\exists y)P(y)$。

例 2-9 用谓词逻辑表示。

(1) 氧气是一种纯净物，但它不是一种化合物。

① 谓词定义：

PSubstance(x)：x 是一种纯净物；

CCompound(x)：x 是一种化合物。

② 个体代入：

$$\text{PSubstance}(O_2), \quad \text{CCompound}(O_2)$$

③ 谓词连接：

$$\text{PSubstance}(O_2) \land \neg \text{PCompound}(O_2)$$

(2) 如果 A 是正数，B 是负数，则 A 比 B 的值大。

$$(\text{Positive}(A) \land \text{Negative}(B)) \rightarrow \text{Length}(A, B)$$

(3) 所有的整数都是有理数。

$$(\forall x)(N(x) \rightarrow \text{Rational } N(x))$$

(4) 不是所有的小数都是无理数。

$$(\exists x)(\text{Decimal}(x) \rightarrow \neg \text{Irrational } N(x))$$

2.6.4 置换与合一

置换是用变元、常量和函数来替换变元，使得在谓词公式中不再出现有该变元。将有限集合 $\{y_1/x_1, y_2/x_2, \cdots, y_n/x_n\}$ 定义为置换，其中的 $y_1, y_2, \cdots, y_n$ 称为项。y_i/x_i 表示用 y_i 项替换 x_i 变元，这里的 y_i 不能和 x_i 选的相同，也不能让 x_i 出现在另一项 y_j 中。用 Es 表示谓词公式 E 用置换 s 后得到的公式的置换，如下面的例子所示。

定义谓词公式 $E[m, f(n), A]$ 的置换为

$s1 = \{p/m, q/n\}$；$s2 = \{g(w)/m, B/n\}$；$s3 = \{d/m, B/n\}$；$s4 = \{B/m, g(w)/n\}$

对应可得到的 Es 分别为

$$E[m, f(n), A]s1 = E[p, f(q), A]$$

$$E[m, f(n), A]s2 = E[g(w), f(B), A]$$

$$E[m,f(n),A]s3 = E[d,f(B),A]$$
$$E[m,f(n),A]s4 = E[B,f(g(w)),A]$$

置换具有可结合性和不可交换性。可结合性是指两个置换合成在一起作用于某个谓词公式，与其分别作用于谓词公式所得到的结果是一样的，即 $(Es1)s2=E(s2)s1=E(s1s2)$，也可将其推广为 $(s1s2)s3=s1(s2s3)$。不可交换性是指两个置换的顺序交换后，其作用是不一样的，即 $s1s2\neq s2s1$。

合一是指寻找对变量进行置换的项，以使得多个谓词公式能够一致。若用 s 作用于公式集合 $\{E_i\}$ 中的每个元素，则称 $\{E_i\}s$ 为置换例的集合，即 $\{E_i\}$ 是可合一的，其中的 s 称为合一者，它的作用就是令 $\{E_i\}$ 单一化。例如公式集合 $E=\{E_1(x,y,f(x)),E_2(a,g(b),c)\}$，它的一个合一者是 $s=\{a/x,g(b)/y,f(a)/c\}$。如果 s 是 $\{E_i\}$ 的一个合一者，存在某个 s'，可使得 $\{E_i\}s=\{E_i\}gs'$ 关系成立，则称 g 为 $\{E_i\}$ 的最通用合一者。例如对于谓词公式集合 $E=\{P(x,f(y),B,P(x,f(B),B)\}$ 的最通用合一者是 $g=\{B/y\}$。

2.6.5 谓词逻辑法的优缺点

通过谓词逻辑来表示问题更接近于人们的直观理解，对知识的表示更加明确化；由于其真值只有 T 和 F，故保证了表示与推理的精确性；知识表示与知识处理过程相互分开，知识之间也是相对独立的，具有灵活性和模块化的特点。但该方法本身也存在着一些缺陷：一方面其只能表示确定性知识，无法表示非确定性、过程性和启发式知识，因此当知识量庞大时，就易发生组合爆炸的现象；另一方面其在进行过程中丢掉了知识表达内容中的语义信息，导致系统效率大大降低。

2.7 语 义 网 络 法

语义网络是用节点和弧线所组成的一种对知识的图解表示，分为词法、结构、过程和语义四个部分。词法表示词汇表中的符号；结构表示符号排列的约束条件；过程指的是访问过程，用来建立、修正描述及解答问题；语义用来确定与知识描述相关意义的方法。

语义网络法能将实体与其结构、属性间的因果关系，以及需要回答的问题以一种直观、简明的方式表达出来，借助节点与弧线间的连接，通过联想的方式实现系统的解释；同时，将与知识有关的属性和联系均组织在同一个节点中，易于学习。但是语义网络法也存在一定的缺陷：一方面其对结构没有约定，推理过程可能无效；另一方面其节点间线状、网状、递归状的结构形式使得知识的存储与检索比较复杂。

2.7.1 二元语义网络

网络中的节点表示实体，用有向弧线将各节点连接以表示各节点间的关系，用两个节点和一条弧线的组合表示一个事实。例如小明是一名大学生，大学生是学生中的一种类型，学生都有学籍；小明顺利完成学业，获得了本科学历。将上述知识用二元语义网络表示如图 2-30 所示。

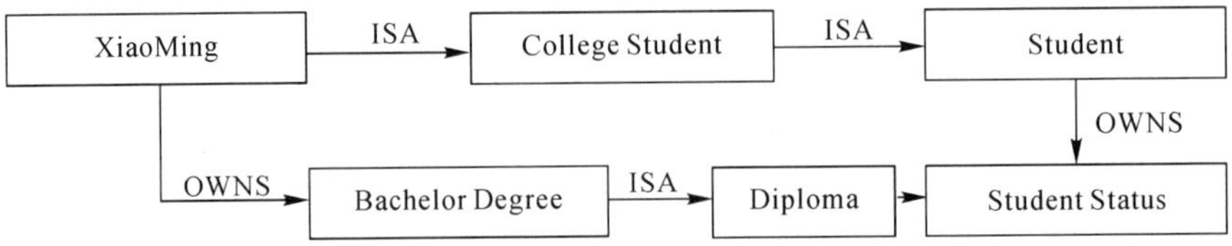

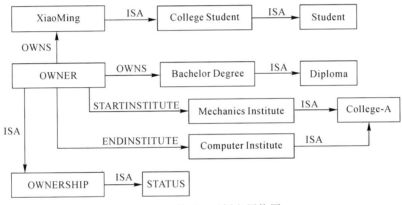

图 2-30 二元语义网络图

上例用二元语义网络图表示了个体间的包含与占有关系，但对于一些复杂的事实却无法表示。比如小明从 A 大学的机械学院转到计算机学院学习，用上一节讲到的谓词逻辑表示为：ISA (XiaoMing, College-A, Mechanics Institute, Computer Institute)。Simmons 和 Slocum 对二元语义网络进行了扩展，此时的节点既能表示单个个体，又能表示由若干个体组成的整体，同时可表示情况和动作。每一个情况节点至少存在一组向外的事例弧，称为事例框，用来说明与该事例有关的变量。如上面选取的事例，用语义网络图表示如图 2-31 所示。

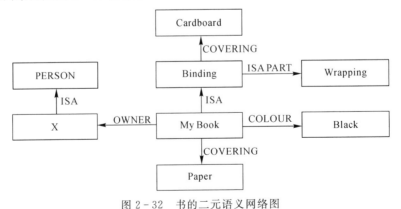

图 2-31 扩展二元语义网络图

使用语义网络时，要事先确定节点的目的，否则语义网络就只用来表示一个特定的物体或概念，那么对于复杂的多事例，就需要很多的语义网络。在用语义网络处理问题时，一般选取一组语义基元来表示知识，以对知识进行简化，并用图解法构建其各基元间的联系，如书的语义网络图如图 2-32 所示。

图 2-32 书的二元语义网络图

2.7.2 多元语义网络

在解答问题时，一般将谓词逻辑和语义网络进行等效处理。由于节点之间的连接是二元的，所以语义网络表示的也只是二元关系。对于多元实例，可用一组二元关系的组合或合取来表示，即将多元关系 $P(X_1,X_2,\cdots,X_n)$ 转换成 $P_1(X_{11}X_{12}) \wedge P_2(X_{21}X_{22}) \wedge \cdots \wedge P_n(X_{n1},X_{n2})$。如 A 大学的男女比例是 3∶1，用谓词逻辑表示为 Sex(Man,Woman,(3∶1))，用语义网络图表示如图 2-33 所示。

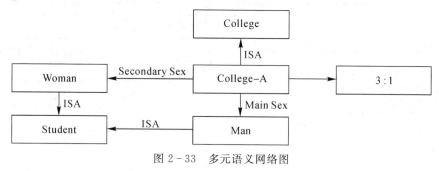

图 2-33　多元语义网络图

2.7.3　语义网络的推理

与谓词逻辑不同的是，语义网络没有统一的表示法。首尾部节点通过弧线连接在一起，构成链式结构，链的尾部节点为值节点，每一种类型的链称为槽。如"我的汽车"这一实例，语义网络中有 3 个链，构成了 ISA 和 COLOUR 的两个槽，如图 2-34 所示。

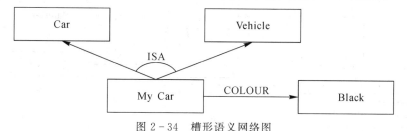

图 2-34　槽形语义网络图

语义网络的推理有继承和匹配两个过程。继承是对事物描述从概念节点或类节点传递到实例节点，有"值继承""如果需要继承"和"缺省继承"三种模式。语义网络中一般用 ISA 链和 AKO 链来表示继承关系，其中的 AKO(A-KIND-OF)表示"是某种"链，"值继承"模式提供了将知识在层与层之间传递的途径，将链放入值侧面中。"如果需要(IF-NEEDED)继承"，即如果需要得知某未知槽值，可通过数学计算、物理推导等方式得到，将计算和推导程序放入 IF-NEEDED 侧面中；"缺省继承"是指槽值具有不确定性，一般加上"缺省"的字样，将缺省值放入槽的 DEFAULT 侧面中。当实例是由若干部分组成时，应当寻求到通往目标值的由各实例部件组成的合适路径，这一过程称为匹配推理。总之，推理并不是直接获得的，在语义网络中不能用直线的链将节点连接，而应用虚线表示，即构成虚连接。如图 2-35 语义网络图列举的实例，College-A 和 College 之间用 ISA 链连接，说明是作为其的一个实例存在，而 College 有两个组成部分：Student 和 Teacher，通过推理可知，College-A 也应由 Student 和 Teacher 两部分组成，并且两者之间是教与学的关系，用虚连接表示是因为相关知识信息是通过继承间接知道的。又如图 2-36 的语义网络图，已知 Computer-B 有 Mainframe-B 和 Screen-B 两个部件，通过 ISA 链将 Computer-B 和 Computer 连接在一起，通过推理可知，Mainframe-B 与 Screen-B 是控制(CONTROL)关系，且在 Computer-B 模块结构中用虚线箭头表示。同时，由部件匹配关系可知，Computer的两个组成部件分别与 Mainframe－B 和 Screen－B 相匹配。

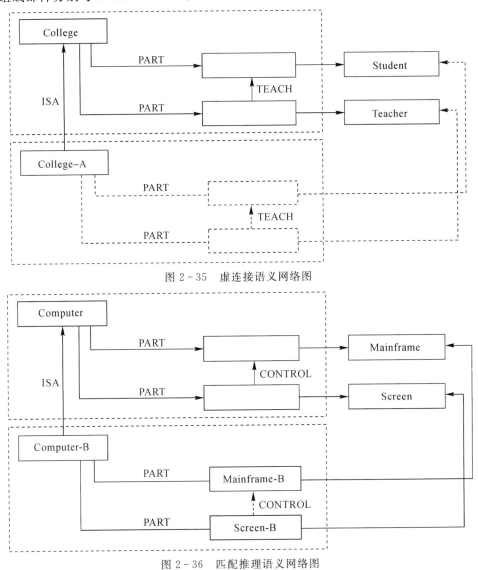

图 2－35　虚连接语义网络图

图 2－36　匹配推理语义网络图

2.8　其他表示法

2.8.1　框架表示

框架采用的"节点－槽－值"的结构化表示方法，框架可以看作是一组语义网络节点与槽的集合。语义网络是节点与弧的集合，也可看成是框架的集合。框架的一般结构是框架名，其拥有的若干侧面，以及侧面具有的对应值如图 2－37 所示。由若干框架可以组成框架系统结构，两个不同框架的槽值可以相同，同时一个框架结构也可作为几个不同框架的槽值，这样可达到节约空间的目的。框架常用树形结构表示，树的节点就是框架，各节点间通过槽连接在一起，树形节点间构成一种继承关系，即将节点分为父节点与子节点，若子节点的槽值和侧面没有被记录，则从其对应的父节点继承对应的值。

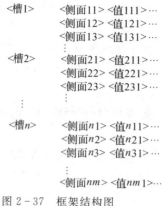

图 2-37　框架结构图

2.8.2　剧本表示

剧本用一组槽值描述事件序列，作为框架的一种特殊表示形式。剧本一般由开场条件、角色、道具、场景和结果组成。开场条件指的是事件发生的前提条件；角色指的是人物槽值；道具指的是物体槽值；场景指的是事件发生的顺序；结果指的是事件发生的结果。如下的教师授课事件：

（1）开场条件：（a）教师需要完成教学任务；（b）学生需要完成学习任务；（c）确定了上课的具体时间和地点。

（2）角色：（a）教师；（b）学生。

（3）道具：（a）黑板；（b）粉笔；（c）多媒体教学设备；（d）课桌椅。

（4）场景：

场景 1　教师教学准备：（a）教师进入教室；（b）检查教具和多媒体设备。

场景 2　学生上课准备：（a）学生走入教室；（b）学生就座；（c）学生检查课本和学习用品。

场景 3　课前清点人数：（a）教师翻看学生名单；（b）学生签到。

场景 4　上课：（a）课前复习；（b）课程导入；（c）课程讲授；（d）课后总结；（e）留作业。

场景 5　下课：（a）学生起立致谢教师；（b）学生有序离开教室。

（5）结果：（a）教师完成了预定教学任务；（b）学生完成了预定学习任务。

由于剧本中的事件具有因果关系，故在剧本启动后，可按其场景序列推断相关过程，并可对未提及的事件加以预测。

2.9　小　　结

本章阐明了以下几个问题：

（1）知识的概述，包括概念、特性、分类和表示。

（2）问题搜索求解，包括搜索的基本概念、分类和工作过程。

（3）产生式系统，包括概念、类型、控制策略、求解方法。

（4）状态空间法，包括基本概念、问题表示方法和图搜索的通用数据结构。基于状态空间的盲目搜索和启发式搜索策略。盲目搜索按搜索方向的不同分为广度优先和深度优先，为克服深度优先搜索算法的缺陷，提出基于迭代加深思想的有界深度优先搜索算法，但盲目搜索算法易出现状态组合爆炸现象，难以处理大数据量问题。启发式搜索是用启发函数的值来指导搜索过程，重点讲解了启发函数的选取，基于启发式搜索的 A 算法与 A* 算法。

（5）问题规约法，包括问题规约图的"与树"和"或树"结构；规约图中节点的可解性；规约图的构成原则。

（6）谓词逻辑法，介绍了命题逻辑和谓词逻辑的概念与区别；谓词的演算；谓词公式的构成、特性和定律；谓词公式的置换与合一操作；谓词逻辑法的优缺点。

（7）语义网络法，介绍了二元语义网络的构成，多元语义网络的构成，以及语义网络的继承与匹配推理过程。

（8）其他知识表示法，主要有框架表示和剧本表示。

习　　题

1．知识的概念是什么？

2．如何理解知识的"相对正确性"？

3．知识的不确定性是由获取知识的哪些因素所导致的？

4．知识有哪些分类方法？

5．知识的表示有哪两种模式？

6．人工智能领域的知识表示应满足哪些要求？

7．知识表示的一般方法有哪些？

8．问题求解的基本方法有哪些？

9．简述问题搜索的过程。

10．按搜索原理的不同，搜索策略可分为哪几种？

11．基于 AI 算法求最优解的搜索策略有哪些方法？

12．产生式系统分为哪三个基本组成结构？每个结构的作用分别是什么？

13．产生式系统具有什么特点？

14．用产生式系统求解问题的基本过程包括什么？

15．产生式系统的控制策略分为哪两种？

16．简述爬山算法的流程。

17．爬山算法有什么缺点？

18．产生式系统控制策略中的试探方式分为哪两种？

19．产生式系统分为哪三种类型？

20．可交换型产生式系统需满足的基本条件有哪些？

21．产生式系统问题的求解方法有哪些？

22．简述利用状态空间对问题求解的步骤。

23. 汉诺塔问题传说：在世界刚被创建的时候有一座钻石宝塔(塔 A)，其上有 64 个金碟。所有碟子按从大到小的次序从塔底堆放至塔顶。紧挨着这座塔有另外两个钻石宝塔(塔 B 和塔 C)。从世界创始之日起，婆罗门的牧师们就一直在试图把塔 A 上的碟子移动到塔 C 上去，其间需要借助塔 B 的帮助。要求每次只能移动一个碟子，并且任何时候都不能把一个碟子放在比它小的碟子上面。请结合状态空间法阐述该算法的设计思想及步骤。

24. 盲目搜索有哪些搜索算法？简述各种算法的流程。

25. 为什么盲目搜索算法易出现状态组合爆炸现象？

26. 启发式搜索的基本思想是什么？

27. 启发(估计)函数的一般形式是什么？

28. 启发函数设计的目标是什么？

29. 简述 A 算法的原理和流程。

30. A* 算法相对 A 算法有哪些改进？

31. 如何区分问题规约图中的可解节点和不可解节点？

32. 问题规约图的构成原则有哪些？

33. 用谓词逻辑表示下列知识：

(1) 所有的机器人都是白色的。

(2) 一号房间内有一个物体。

(3) 所有的学生都身穿彩色制服。

(4) 自然数都是大于零的整数。

34. 谓词公式需要遵循哪些定律？

35. 谓词逻辑法有哪些优缺点？

36. 用语义网络表示下述知识：动物能运动、能进食；鸟是一种动物，鸟有翅膀，能飞行；鱼是一种动物，鱼生活在水里，能游泳。

37. 用语义网络表示下述知识：A 大学和 B 大学两校的足球队在 B 大学进行了一场友谊赛，最后的比分是 91∶85。

第三章　遗　传　算　法

遗传算法(Genetic Algorithms,GA)最早由美国密歇根大学的 J·Holland 教授提出，依据遗传学原理和生物进化论观点，通过对遗传进化过程的模拟，实现对问题的并行随机搜索，以获得最优化的计算结果，是一种自适应全局优化概率搜索算法。本章首先介绍遗传算法的基本概念、基本流程、特点与优势；然后针对常规遗传算法存在的问题，对其加以改进，包括对染色体编码方案的改进、适应度函数选取的改进、选择操作的改进、迭代终止条件的改进、自适应遗传算法、CHC 算法、基于小生境的遗传算法、混合遗传算法；最后利用 Matlab 编写遗传算法程序解决一些实际问题，包括求解函数最值问题、路径寻优问题、旅行商 TSP 问题、图像处理问题。

3.1　遗传算法概述

"优胜劣汰、适者生存"是自然选择学说的基本观点，主要包括遗传、变异和竞争三个方面。遗传是指亲子代间的传递性，即具有相同或相似的性状，保证了同一物种的代际稳定性。变异是指亲子代间，以及子代各不同个体间的性状差异，变异具有随机性，一般没有特定的规律可循，保证了生物多样性的存在，易于产生更加优秀的个体。变异个体的适应性存在很大差异，在个体间竞争的过程中，适应性强的个体被保留了下来，适应性弱的个体被淘汰，同时随着代数的不断增加，物种进化程度逐渐增强，最后产生新的优秀物种。

遗传算法首先对初始种群进行编码，选取适应度函数作为衡量种群优劣的指标，然后基于自然选择原理，通过交叉和变异操作产生新一代种群，在此过程中适应度函数值相对较大的个体被保留，适应度函数值相对较小的个体被淘汰，如此逐代进化下去，种群的适应度不断提高，即愈发优秀，直至达到所需的目标状态为止。整个算法流程采用并行处理方式，能够搜索到全局最优解。遗传算法已广泛应用到组合优化、机器学习、自适应控制等领域，成为现代人工智能的关键技术之一。

3.1.1　遗传算法的基本概念

遗传算法有一些基本概念，如种群(Population)、个体(Individual)、染色体(Chromos)、适应度函数(Fitness)、遗传操作(Genetic Operator)等。种群是指在进行遗传算法之前，给定的初始解的集合；个体是指种群中的单位元素，是遗传算法的基本数据结构；染色体是个体编码后形成的一组编码串，每一位是一个基因，由若干个基因组成的有效信息段称为基因组；适应度函数是对个体环境适应性的评价；遗传操作是产生新一代种群的操作，包括选择(Selection)、交叉(Crossover)和变异(Mutation)。

3.1.2　遗传算法的基本流程

遗传算法的基本流程包括染色体编码、初始种群设定、适应度函数选取、遗传操作等，其流程如图 3-1 所示。

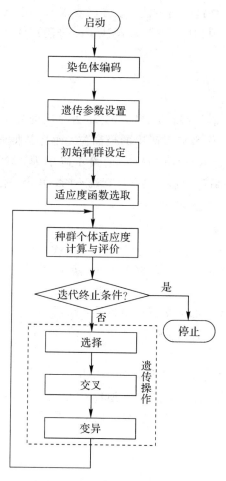

图 3-1　遗传算法流程图

（1）染色体编码：选择合适的编码策略，对问题搜索空间中的每个个体都进行编码，编码后的个体即为染色体。

（2）遗传参数设置：包括种群规模 N，选择、交叉、变异三种遗传操作的方法与概率参数。

（3）初始种群设定：随机生成由 N 个染色体组成的初始化种群 P_0，并置迭代次数 $t=0$。

（4）适应度函数选取：选取合适的适应度函数 $f(x)$。

（5）种群个体适应度计算与评价：从初始种群开始，求取每次迭代的染色体适应度函数值 P_i。

（6）若满足迭代终止条件则停止，否则进行选择、交叉、变异的遗传操作，如此迭代进行下去，每次迭代计数器加 1，直至满足终止条件为止。

1. 染色体编码

染色体是将种群内个体经编码后所得的，可采用二进制编码、格雷编码、实数编码等。二进制编码是将原问题的结构变换为染色体的位串结构，虽然编码过程简单，但容易出现汉明悬崖问题，即当某些相邻整数的二进制代码之间有很大的汉明距离时，如 0111(7) 变为 1000(8)时，所有编码位均需改变，这样就会使得遗传操作中的交叉和变异难以实现。为克服这样的缺陷，人们采用格雷编码方法，该方法要求两个连续整数的编码间只能有一个码位不相同，而其余码位必须相同，这样就解决了二进制汉明悬崖的问题。二进制码到格雷码的变换如下式所示：

$$G_{i-1} = \begin{cases} B_i \oplus B_{i-1}, & i=1,2,\cdots,n-1 \\ B_{i-1}, & i=n \end{cases} \tag{3-1}$$

式中：$B_1,B_2,\cdots,B_n$ 为二进制码串；$G_1,G_2,\cdots,G_n$ 为对应的格雷码串。其变换的法则是将二进制码串的最高位保留以作为格雷码串的最高位，而将其他码位与次级位做异或运算，由此得到的码串即为格雷码串。如 0111(7)的格雷码串为 0100，1000(8)的格雷码串为 1100，对比发现，转换为格雷码串后，只有最高位不同，其余各位均相同。

从格雷码到二进制码的变换如下式所示：

$$B_{i-1} = \begin{cases} G_{i-1}, & i=n \\ G_{i-1} \oplus B_i, & i=1,2,\cdots,n-1 \end{cases} \tag{3-2}$$

其变换的法则是将格雷码串的最高位保留以作为二进制码串的最高位，而将刚得到的高位二进制码与次高位格雷码做异或运算，由此得到的码串即为二进制码串。

实数编码是用某一具体的实数来表示染色体，即直接采用十进制进行编码，将问题的解空间映射到实数空间上，然后在实数空间上进行遗传操作，该种编码方法主要用于连续函数的优化问题。

遗传算法初始种群的设定是随机产生 N 个初始串结构数据，每个串结构数据就是一个个体，那么由 N 个个体就组成了一个种群。遗传算法的迭代求解过程即是从该初始种群开始的，每次的遗传操作都会更新种群，达到优化结构的目的，直至达到预先设置的最大迭代次数为止。

2. 适应度函数

适应度函数 $f(x)$ 用来衡量种群个体的适应性，$f(x)$ 的值越大，相应个体遗传到下一代的概率也就越大，$f(x)$ 也是指导进化搜索的重要依据，直接影响到算法的收敛速度和最优解搜索情况。在遗传算法中，常将带求解问题的目标函数作为适应度函数，这样选取函数的目的是能够直接体现出问题求解的目标，但可能出现函数值为负的现象，而遗传算法一般要求适应度函数是非负的。为解决这一问题，可对适应度函数进行某种变换，如求解最小化和最大化的问题。

（1）最小化问题的适应度函数如下式所示：

$$f'(x) = \begin{cases} f_{max}(x) - f(x), & f(x) \leqslant f_{max}(x) \\ 0, & f(x) > f_{max}(x) \end{cases} \tag{3-3}$$

式中，$f_{max}(x)$ 是原始适应度函数（目标函数）$f(x)$ 的一个最大值，可以人为设定或采用理论值，也可选取为迭代到当前代的过程中的 $f(x)$ 最大值，此时 $f_{max}(x)$ 的值是随着迭代不断变化的。

（2）最大化问题的适应度函数如下式所示：

$$f'(x) = \begin{cases} f(x) - f_{min}(x), & f(x) \geqslant f_{min}(x) \\ 0, & f(x) < f_{max}(x) \end{cases} \tag{3-4}$$

式中，$f_{\min}(x)$是原始适应度函数（目标函数）$f(x)$的一个最小值，可以人为设定或采用理论值，也可选取为迭代到当前代的过程中的 $f(x)$最小值，此时 $f_{\min}(x)$的值是随着迭代不断变化的。

在进行适应度函数值计算过程中，可能出现种群不同个体函数值差距过大的现象，这样就限制了个体间的竞争，此时需要进行适当的缩放处理，称为适应度变换，如下式所示：

$$f_k{}' = g(f_k) \tag{3-5}$$

式中：f_k是变换前第 k 个染色体的适应度；$f_k{}'$为变换后的适应度。适应度变换函数 $g(x)$根据采用的形式不同而有不同的表示形式。

（1）线性变换为

$$f_k{}' = m \times f_k = n \tag{3-6}$$

（2）指数变换为

$$f_k{}' = f_k^a \tag{3-7}$$

（3）归一化变换为

$$f_k{}' = \frac{f_k - f_{\min} + \gamma}{f_{\max} - f_{\min} + \gamma}, \ 0 < \gamma < 1 \ (\text{最大化问题}) \tag{3-8}$$

（4）Boltzmann 变换为

$$f_k{}' = e^{f_k/T} \tag{3-9}$$

在某些情况下，还需要对适应度函数进行加速变换，一般分为线性加速和非线性加速。线性加速变换的适应度函数如下式所示：

$$f'(x) = \alpha f(x) + \beta \tag{3-10}$$

式中：$f(x)$是变换前的适应度函数；$f'(x)$是变换后的适应度函数；α 和 β 是变换系数，两者需要满足一定的关系。

α 与 β 的关系 1 为

$$\alpha \cdot \frac{\sum_{i=1}^{n} f(x_i)}{n} + \beta = \frac{\sum_{i=1}^{n} f(x_i)}{n} \tag{3-11}$$

式中：$\dfrac{\sum_{i=1}^{n} f(x_i)}{n}$ 是适应度函数的平均值；$x_i(i=1,2,\cdots,n)$ 为染色体。

α 与 β 的关系 2 为

$$\alpha \cdot \max_{1 \leqslant i \leqslant n} \{f(x_i)\} + \beta = K \cdot \frac{\sum_{i=1}^{n} f(x_i)}{n} \tag{3-12}$$

式中：$\max\limits_{1 \leqslant i \leqslant n}\{f(x_i)\}$是求得适应度的最大值；$K$ 为某一放大倍数。

非线性加速有幂函数变换和指数函数变换两种方法，幂函数变换为

$$f'(x) = f(x)^a \tag{3-13}$$

指数函数变换为

$$f'(x) = e^{-\beta f(x)} \tag{3-14}$$

3. 基本遗传操作

遗传算法中的基本遗传操作有选择、交叉和变异。

(1) 选择。

选择是指按照选择概率，在选择策略的指导下从种群中筛选出优秀的个体，并将其遗传到下一代中，常用的选择策略有比例选择、排序选择和竞技选择。

比例选择的依据是适应度函数值的大小，适应度越大，个体被选中的概率也就越大。比例选择策略有轮盘赌选择、繁殖池选择和玻尔兹曼选择三种。在轮盘赌选择法中，个体被选中的概率取决于个体的相对适应度，如下式所示：

$$P(x_i) = \frac{f(x_i)}{\sum\limits_{i=1}^{N} f(x_i)} \tag{3-15}$$

式中：$f(x_i)$ 是 x_i 个体的适应度；$\sum\limits_{i=1}^{N} f(x_i)$ 是种群的累加适应度，即对种群内个体的适应度求和。

轮盘赌算法是将一个圆盘按照每个个体的选择概率 $P(x_i)$ 分成 N 个扇区，另外设置一个可移动性指针，将圆盘的转动过程看作是个体的选择过程，当圆盘转动停止时，指针必指向圆盘上的某一扇区，则该扇区即为所选择的优秀个体，如图 3-2 所示。

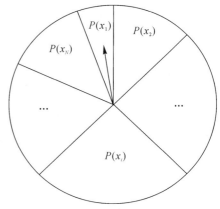

个体的适应度函数值越大，被选中的概率 $P(x_i)$ 就越大，如图 3-2 所示，其在轮盘中所占有的扇区面积也就越大，那么最后指针指向其区域的可能性也就越大。

图 3-2 轮盘赌选择策略

繁殖池选择法是先计算出群体中个体的繁殖量，将个体复制 N_i 个后形成一个新的群体，即构成一个繁殖池，那么染色体选择就在该池子内进行，被选中的概率取决于个体复制到繁殖池的数目大小，数目越大，被选中的概率就越大，若 $N_i = 0$ 则直接被淘汰。群体中个体的繁殖量计算式为

$$R_i = \frac{f(x_i)}{\sum\limits_{i=1}^{N} f(x_i)} \tag{3-16}$$

$$N_i = \text{round}(R_i \cdot N) \tag{3-17}$$

式中：R_i 为相对适应度值；N_i 为个体的繁殖量。

玻尔兹曼选择是利用玻尔兹曼函数对适应度值进行压力变换，如下式所示：

$$\delta(f(x_i)) = e^{f(x_i)/T} \tag{3-18}$$

式中：T 为压力控制参数，决定了选择压力的大小。当 T 取值较大时，选择压力较小，适应度值的相对比例也变小；当 T 取值较小时，选择压力较大，适应度值的相对比例也变大，经变换处理后再按照之前的轮盘赌法和繁殖池法进行选择。

排序选择包括线性排序选择和非线性排序选择两种。线性排序是将群体中的个体按适

应度值大小排列为 $x_1, x_2, \cdots, x_N$，并根据某一线性函数为其分配选择概率 P_i，线性函数的选取如下式所示：

$$P_i = \frac{a - b * i}{N + 1}, \quad i = 1, 2, \cdots, N \tag{3-19}$$

式中，参数 a、b 满足 $b = 2(a-1)$，对于选择概率，要求 $P_i > 0$ 和降序排列 $P_1 \geqslant P_2 \geqslant \cdots \geqslant P_N$，因此可得出 a 的取值范围为 $1 \leqslant a \leqslant 2$，一般取值为 1.1。

非线性排序是将群体内的个体按适应度值大小降序排列，按照下式分配选择概率 P_i：

$$P_i = \begin{cases} q(1-q)^{i-1}, & i = 1, 2, \cdots, N-1 \\ (1-q)^{N-1}, & i = N \end{cases} \tag{3-20}$$

式中，q 为一常数。

竞技选择包括锦标赛选择和 (μ, λ) 选择两种。锦标赛选择是随机地在群里中选择 k 个个体，k 称为竞赛规模，比较其适应度值的大小，适应度好的被选择下来，继续进行下一步的遗传操作，如此重复进行，直至产生的下一代个体所组成的群体达到预定的规模值。(μ, λ) 选择有两种方式，一种方式是先从规模为 μ 的种群中随机选取若干个个体进行遗传操作生成 λ 个后代个体，其中 $\lambda \geqslant \mu$，接着从这 λ 个后代中选取 μ 个最优个体组成新一代种群结构；另一种方式是将后代及父代组合成的 $\mu + \lambda$ 个后代中选取 μ 个最优个体组成新一代的种群结构。

（2）交叉。

交叉操作是指对选择操作得到的优秀个体的染色体进行基因重组，以产生新一代的个体，操作前的个体称为父代，操作后的个体称为子代。交叉操作的具体步骤如下：

① 从原始种群中随机选取一对个体。

② 对这一对个体，在 $[1, L-1]$ 中随机选取一个或多个整数 N 作为交叉点，L 为位串长度。

③ 选取交叉概率 P_c $(0 < P_c \leqslant 1)$ 进行交叉操作，在交叉点 N 处，相互交换个体内部的内容，最后形成一对新个体。

交叉操作按照编码方式的不同可分为二进制交叉和实数交叉。二进制交叉是在二进制编码情况下采用的交叉操作，包括单点交叉、两点交叉、多点交叉和均匀交叉等。

单点交叉是先在两个父代个体的编码串中随机设置一个交叉点，然后在该交叉点的前后两面部分的基因进行交换，以此生成子代的新个体，如下例所示。

父代个体串如下式所示：

$$\begin{cases} A = a_1 a_2 \cdots a_k a_{k+1} a_{k+2} \cdots a_n \\ B = b_1 b_2 \cdots b_k b_{k+1} b_{k+2} \cdots b_n \end{cases} \tag{3-21}$$

选择第 k 位为交叉点，可分别对交叉点前面和后面的基因进行交换，如下面两式所示：

$$\begin{cases} A' = b_1 b_2 \cdots b_k a_{k+1} a_{k+2} \cdots a_n \\ B' = a_1 a_2 \cdots a_k b_{k+1} b_{k+2} \cdots b_n \end{cases} \tag{3-22}$$

$$\begin{cases} A'' = a_1 a_2 \cdots a_k b_{k+1} b_{k+2} \cdots b_n \\ B'' = b_1 b_2 \cdots b_k a_{k+1} a_{k+2} \cdots a_n \end{cases} \tag{3-23}$$

如两个父代个体串为 $A = 10001101$，$B = 00101011$，交叉点选为 5，则交叉后产生的新子代

个体为 $A'=10001011$，$B'=00101101$。

两点交叉是先在两个父代个体的编码串中随机设置两个交叉点，然后对这两个交叉点的前后部分基因进行交换，如下例所示。

父代个体串如下式所示：

$$\begin{cases} A=a_1a_2\cdots a_ia_{i+1}\cdots a_ja_{j+1}\cdots a_n \\ B=b_1b_2\cdots b_ib_{i+1}\cdots b_jb_{j+1}\cdots b_n \end{cases} \quad (3-24)$$

选择第 i 和第 j 位为交叉点，两点交叉是对第 $i+1$ 位到第 j 位部分个体进行基因交换，如下式所示：

$$\begin{cases} A'=a_1a_2\cdots a_ib_{i+1}\cdots b_ja_{j+1}\cdots a_n \\ B'=b_1b_2\cdots b_ia_{i+1}\cdots a_jb_{j+1}\cdots b_n \end{cases} \quad (3-25)$$

如两个父代个体串为 $A=10001101$，$B=00101011$，交叉点选为 4 和 7，则交叉后产生的新子代个体为 $A'=10001011$，$B'=00101101$。

多点交叉是指先随机生成多个交叉点，然后再按照这些交叉点分段进行部分基因交换，生成两个子代新个体。设置交叉点个数为 m，当 m 为偶数时，对 m 个交叉点依次两两配对，此时构成 $m/2$ 个交叉段；当 m 为奇数时，先对前 $m-1$ 个交叉点依次两两配对，此时构成 $(m-1)/2$ 个交叉段，再对第 m 个交叉点按单点交叉构成一个交叉段，如下例所示。

父代个体串如下式所示：

$$\begin{cases} A=a_1a_2\cdots a_ia_{i+1}\cdots a_ja_{j+1}\cdots a_ka_{k+1}\cdots a_n \\ B=b_1b_2\cdots b_ib_{i+1}\cdots b_jb_{j+1}\cdots b_kb_{k+1}\cdots b_n \end{cases} \quad (3-26)$$

选择第 i 位、第 j 位和第 k 位为交叉点，则构成两个交叉段，产生的两个子代新个体如下式所示：

$$\begin{cases} A'=a_1a_2\cdots a_ib_{i+1}\cdots b_ja_{j+1}\cdots a_kb_{k+1}\cdots b_n \\ B'=b_1b_2\cdots b_ia_{i+1}\cdots a_jb_{j+1}\cdots b_ka_{k+1}\cdots a_n \end{cases} \quad (3-27)$$

如两个父代个体串为 $A=10001101$，$B=00101011$，交叉点选为 3、4、8，则交叉后产生的新子代个体为 $A'=10101101$，$B'=00001011$。

均匀交叉是先随机生成一个与父串相同长度的二进制串，作为交叉掩码，然后利用该掩码对两个父串交叉操作，对掩码中 1 的对应位交换，0 的对应位不变，由此产生两个子代新个体，如下例所示。

父代个体串为

$$\begin{cases} A=10001101 \\ B=00101011 \end{cases} \quad (3-28)$$

交叉掩码为

$$T=01010101 \quad (3-29)$$

生成的新子代个体为

$$\begin{cases} A'=11011000 \\ B'=01111110 \end{cases} \quad (3-30)$$

实数交叉是采用实数类型编码，包括离散交叉和算术交叉两种。离散交叉分为部分离散交叉和整体离散交叉。部分离散交叉是先从两个父代个体编码向量中随机选择一部分分量，然后对这部分分量进行交换，最后生成两个子代新个体。整体离散交叉是对两个父代个体编码向量的所有分量均以 1/2 的概率交换，以此生成两个子代新个体。部分离散交叉如下例所示。

父代个体串如下式所示：

$$\begin{cases} A = a_1 a_2 \cdots a_i a_{i+1} \cdots a_k a_{k+1} \cdots a_n \\ B = b_1 b_2 \cdots b_i b_{i+1} \cdots b_k b_{k+1} \cdots b_n \end{cases} \tag{3-31}$$

随机选择对第 k 个分量以后的所有分量进行交换，生成的新子代个体如下式所示：

$$\begin{cases} A' = a_1 a_2 \cdots a_i a_{i+1} \cdots a_k b_{k+1} \cdots b_n \\ B' = b_1 b_2 \cdots b_i b_{i+1} \cdots a_{k+1} \cdots a_n \end{cases} \tag{3-32}$$

如两个父代个体为 $A = 12\ 13\ 14\ 22\ 23\ 24$，$B = 15\ 16\ 17\ 25\ 26\ 27$，选择对第 2 个分量后的所有分量交叉，则交叉后产生的两个新个体为 $A' = 12\ 13\ 17\ 25\ 26\ 27$，$B' = 15\ 16\ 14\ 22\ 23\ 24$。

（3）变异。

变异是指改变被选中个体染色体的基因，以此形成新个体，体现出遗传算法的局部搜索能力，维持了种群的多样性。依据编码方式可分为二进制变异和实数变异。二进制变异是指染色体采用二进制编码方式，先随机产生一个变异位，再对变异位上的基因值进行取反运算，即 "0" 变为 "1"，"1" 变为 "0"。如个体 $A = 10001101$，设置变异位为 4，则变异后产生的新个体为 $A' = 10011101$。实数变异是指染色体采用实数编码方式，先随机产生一个变异位，再用一个不同的实数来替换原个体变异位上的基因值，由此产生一个新的子代个体。如个体 $A = 12\ 13\ 14\ 22\ 23\ 24$，设置变异位为 5，用一个新的实数值 26 来替换原个体对应位的实数值 23，即得到新的个体 $A' = 12\ 13\ 14\ 22\ 26\ 24$。实数变异也有两种方法，一种是基于位置的变异，另一种是基于次序的变异。基于位置的变异是先随机设置两个变异位，再将第二个变异位的基因放到第一个变异位的前一位。如个体 $A = 12\ 13\ 14\ 22\ 23\ 24$，随机设置的变异位为 3 和 6，则产生的新子代个体为 $A' = 12\ 13\ 24\ 14\ 22\ 23$。基于次序的变异是先随机设置两个变异位，再将这两个对应位上的基因交换。如个体 $A = 12\ 13\ 14\ 22\ 23\ 24$，随机设置的变异位为 3 和 6，则产生的新子代个体为 $A' = 12\ 13\ 24\ 22\ 23\ 14$。

3.1.3　遗传算法的特点与优势

遗传算法具有以下特点：遗传算法是对编码的操作；将待求解的问题用码组的形式表示，即对初始种群进行搜索；搜索的依据是适应度函数值，函数一般选取为目标函数；算法模拟生物进化方法，执行选择、交叉和变异操作，而非利用某种确定性规则的随机操作。

遗传算法的优势有：遗传算法属于启发式并行搜索，通过迭代运算逐步得出最优结果，适用于大规模并行计算；对于问题的表示仅需采用编码和适应度，无需较为明确的数学表达式，算法通用性强，特别是对于离散和函数关系不明确的复杂问题；由于适应度函数不受连续、可微等条件约束，不易陷入局部最优的情况。

3.2　遗传算法的改进

由上一节可知，遗传算法的核心环节是选择、交叉和变异所组成的遗传操作，是一种并行启发式搜索方式，而指导这一搜索过程的是适应度，其具体工作流程如图 3-3 所示，图中 Gen 为遗传代数，M 为种群个体数，i 为已处理完成的个体数，P_t 为选择概率，P_c 为交叉概率，P_m 为变异概率。

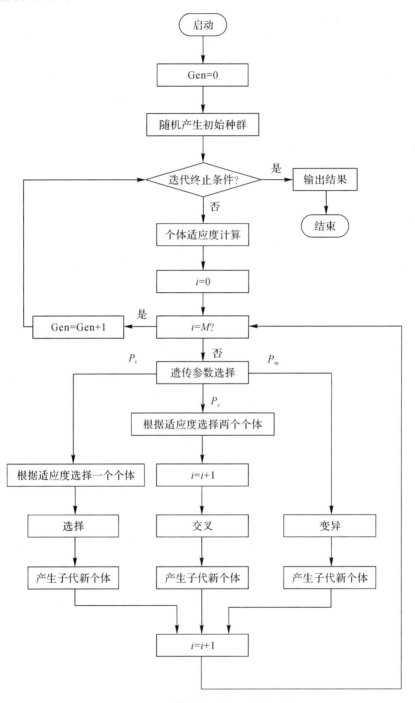

图 3-3　遗传算法具体工作流程图

　　遗传算法作为一种常用的人工智能算法，已成为国内外相关领域的研究热点。遗传算法的研究方向主要有遗传算法的理论与技术，包括编码设计、适应度函数评价、算子与参数设计、算法性能改进等；利用遗传算法优化问题求解，包括并行搜索寻优，以及克服搜索过程中的早熟现象、增强局部寻优能力等；将遗传算法应用到机器学习领域，提高机器学习的效率。常规遗传算法存在诸多缺陷，在将其应用到不同领域时，需要根据待求解问题和实际工作情况对算法加以改进。

3.2.1 遗传算法存在的问题

首先，遗传算法适应度函数的标定没有一个简单、通用的方式，适应度函数的好坏将直接影响到寻优的结果；其次，遗传算法普遍存在"早熟"的现象，即最后收敛到局部最优解处，而不是全局最优解；最后，遗传算法的进化速度在算法开始时较快，以指数级变化接近最优解位置，但在最优解附近，进化速度变得极为缓慢，甚至停滞不前，出现"早熟收敛"的现象。

上述所提到的问题均对算法性能和计算结果造成一定程度的影响。为克服此类影响，应在染色体编码方案、适应度函数标定、遗传操作方式、控制参数设置、迭代终止条件等方面进行改进。

3.2.2 染色体编码方案的改进

除了常用的0、1二进制编码方案外，还有顺序编码、实数编码和整数编码三种。顺序编码是用一组自然数串进行编码；实数编码是用一组实数串进行编码；整数编码是用一组正整数串进行编码。对于顺序编码和实数编码，在遗传操作的交叉和变异过程中，可能改变编码合法性或超出可行域，此时需要进行编码的合法性修复。

顺序编码的合法性修复策略主要包括交叉修复和变异修复两种。交叉修复又分为部分映射交叉、顺序交叉和循环交叉三种。部分映射交叉用于解决双切点交叉引起的非法性，可解决子代种群基因重复与基因丢失的问题，其流程如图3-4所示。

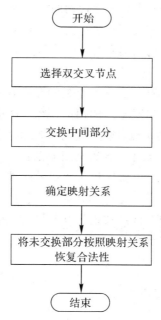

图3-4 部分映射交叉流程图

顺序交叉与部分映射交叉不同的是使用了不同的映射关系，可较好地保留相邻关系、先后关系，但无法保留位值特征，其流程如图3-5所示。

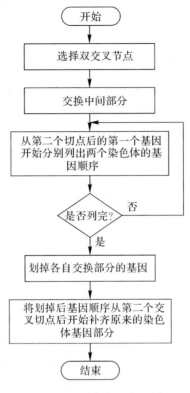

图3-5 顺序交叉流程图

循环交叉是指父代在进行交叉操作时交换了某些相同位置的基因，而保持其余位置的基因不变，因此子代相应位置的基因就与父代相同。

变异修复包括换位变异和移位变异两种。换位变异是在染色体基因组上随机选择两个基因进行交换；移位变异是任意选取其中的一个基因，然后将其移至基因组排列的最前面位置。

实数编码的合法性修复包括凸组合交叉修复和变异修复两种。使用实数编码的染色体在完成交叉操作后，在解码时易出现超出阈值的现象。这里将利用凸集理论，将用于父代交叉操作的两个染色体看作是两个点，则形成的子代基因只能位于两点所组成的线段上。但这种方式会出现"基因汇聚"的现象，导致基因分散性不好，而丢失部分基因，无法满足基因的多样性原则。变异修复有位值变异和梯度变异两种。位值变异是在随机选取的染色体基因位上添加一个变异步长；梯度变异是把某个染色体看为一点，然后求取目标函数在该点的梯度值，将染色体本身加上该点的正梯度与[0,1]内某个随机数的乘积即描述为最大化问题，将染色体本身加上该点的负梯度与[0,1]内某个随机数的乘积即描述为最小化问题。

3.2.3 适应度函数选取的改进

针对适应度函数选取的改进，主要采用函数标定技术。函数标定的目的，一方面将目标函数映射为适应度函数，直接用适应度函数的取值评价群体中的个体优劣；另一方面在选择操作过程中，将种群内好、坏个体被选中的概率差值定义为选择压力，若选择压力小，则遗传算法选择最优个体的能力就较弱，通过标定，可对选择压力值进行调节，以提高算法的选优能力，也能改善算法局部搜索与广域搜索的能力。适应度函数的标定方法有线性标定、动态线性标定、幂律标定、对数标定和指数标定五种。

线性标定是指引入参数，使得目标函数与适应度函数满足线性关系，如下式所示：

$$F(x)=mf(x)+n \tag{3-33}$$

式中，$f(x)$ 为目标函数；$F(x)$ 为标定处理后的适应度函数；m 和 n 为设置的参数。

对于最大化问题 $\max f(x)$，此时令参数 $m=1$，$n=f_{\min}(x)+\theta$，适应度函数如下式所示：

$$F(x)=f(x)-f_{\min}(x)+\theta \tag{3-34}$$

式中，参数 θ 是为了保持种群多样性而设置的，其能使得种群中繁殖能力较差的个体仍有机会参与到遗传操作中。

对于最小化问题 $\min f(x)$，此时令参数 $m=-1$，$n=f_{\max}(x)+\theta$，适应度函数如下式所示：

$$F(x)=-f(x)+f_{\max}(x)+\theta \tag{3-35}$$

式中，参数 θ 依然是为了保持种群多样性而设置的。

若线性标定中的参数 m 和 n 是随着迭代次数 k 的变化而变化的，则为动态线性标定，如下式所示：

$$F(x)=m^k f(x)+n^k \tag{3-36}$$

对于最大化问题 $\max f(x)$，此时令参数 $m^k=1$，$n^k=-f_{\min}^k(x)+\theta^k$，适应度函数如下式所示：

$$F(x)=f(x)-f_{\min}^k(x)+\theta^k \tag{3-37}$$

式中，$f_{\min}^k(x)$ 是目标函数在第 k 次迭代的最小值；θ^k 的作用同线性标定。

对于最小化问题 $\min f(x)$，此时令参数 $m^k=1$，$n^k=f_{\max}^k(x)+\theta^k$，适应度函数如下式所示：

$$F(x)=-f(x)+f_{\max}^k(x)+\theta^k \tag{3-38}$$

式中，θ^k 的作用同线性标定。

动态线性标定中 θ^k 参数的引入，一方面保持了种群的多样性，另一方面能够有效调节选择压力。θ^k 的取值与种群进化的时期有关，在进化开始阶段，要求种群内好坏个体的选择概率差不是很大，即选择压力较小，此时 θ^k 的取值较大；在进化后期阶段，要求种群内好坏个体的选择概率差保持较大的水平，即选择压力较大，此时 θ^k 的取值较小，这样设置的目的是让种群能够迅速收敛到最优解。

幂律标定是指目标函数与适应度函数符合某种幂函数关系，如下式所示：

$$F(x)=f(x)^\varphi \tag{3-39}$$

式中，φ 是选择压力调节参数。当 $\varphi>1$ 时，需要增大选择压力；当 $\varphi<1$ 时，需要减小选择压力。

对数标定是指目标函数与适应度函数符合某种对数函数关系，如下式所示：

$$F(x)=m\ln f(x)+n \tag{3-40}$$

式中，参数 m 和 n 用来调节选择压力。

指数标定是指目标函数与适应度函数满足某种指数函数形式，如下式所示：

$$F(x)=me^{nf}+k \tag{3-41}$$

式中，参数 m、n 和 k 用来调节选择压力。

3.2.4 选择操作的改进

在遗传操作中，选择过程通常是最先进行的，易出现遗传操作后子代个体较差的现象，且无法加以纠正。若将选择过程放在最后，能扩大样本空间，可供选择的个体也会相应增多了。选择策略一般有三种方式，分别为截断选择、顺序选择和正比选择。

截断选择是选取 N 个个体种群内最好的前 M 个个体，令个体被选中的概率均为 $1/M$，则每个个体能够得到 N/M 个遗传机会，但该方法在适应度值的排序上需要花费较长的时间。

顺序选择是按照适应度值大小对种群内 N 个个体进行排序，令最好的个体被选中的概率为 p，则可计算出第 i 个个体的选择概率如下式所示：

$$p(i) = p(1-p)^{i-1} \tag{3-42}$$

顺序选择的方法可离线计算选择概率，缩短了算法的执行时间，但在算法执行过程中选择压力不可调节。

正比选择是对选择概率的计算规定为某个个体的适应度值与群体所有个体适应度值总和的比值，该选择操作也是在遗传操作的最后进行，选择压力的调整通过动态标定来实现。

3.2.5 迭代终止条件的改进

在算法最初的参数设置中，最大迭代次数 k 也是其中一项，但算法可能在迭代次数达到 k 之前就已经收敛，也可能未收敛。对迭代终止进行判断，一方面是根据种群的收敛程度，另一方面是根据种群适应度值的一致性，这里定义迭代终止指标如下式所示：

$$k_m = \frac{\overline{F(x)}}{F_{\max}(x)} \tag{3-43}$$

式中，$\overline{F(x)}$ 是种群内所有个体适应度值的平均值；$F_{\max}(x)$ 为所有个体适应度值的最大值。当 k_m 趋近于 1 时，说明种群已经收敛，算法迭代终止。

3.2.6 自适应遗传算法

遗传算法的交叉概率 P_c 和变异概率 P_m 的选择是影响遗传算法行为和性能的关键，会直接影响算法的收敛性能。P_c 越大，新的种群个体产生的速度就越快，但取值过大又会使优秀个体的结构很快被破坏；P_c 越小，寻优搜索过程就越缓慢，甚至停滞不前。若 P_m 很大，则算法会变成纯粹的随机搜索；若 P_m 很小，则算法会不易产生新的子代个体结构。因此，两种概率参数 P_c 和 P_m 最好根据个体适应度的变化情况而自动调整，这里引入平均适应度值的概念，对于高于平均适应度值的个体，则对应于较低的 P_c 和 P_m，并且成功遗传到下一代；对于低于平均适应度值的个体，则对应于较高的 P_c 和 P_m，并且遭到淘汰。

当种群内每个个体的适应度值趋于一致或局部最优时，则使 P_c 和 P_m 变大；当种群内个体适应度值排列比较分散时，则使 P_c 和 P_m 变小。同时，针对适应度值较大的种群个体，则与之对应的是取值较小的 P_c、P_m；针对适应度值较小的种群个体，则与之对应的是取值

较大的 P_c、P_m。

根据上述思想，对 P_c 和 P_m 的自适应调整应满足以下两式所示的关系：

$$P_c=\begin{cases}\dfrac{k_1(f_{\max}-f'_{\max})}{f_{\max}-f_{avg}},&f\geqslant f_{avg}\\k_2,&f<f_{avg}\end{cases}\qquad(3-44)$$

$$P_m=\begin{cases}\dfrac{k_3(f_{\max}-f)}{f_{\max}-f_{avg}},&f\geqslant f_{avg}\\k_4,&f<f_{avg}\end{cases}\qquad(3-45)$$

式中，$f_{\max}$ 是种群内个体的最大适应度值；f_{avg} 是种群的平均适应度值；$f'_{\max}$ 为要进行交叉操作的两个个体的最大适应度值；f 为要进行交叉或变异操作的个体适应度值；参数 k_1、k_2、k_3、k_4 的取值范围为 $(0,1)$。

对应的函数曲线图如图 3-6 和图 3-7 所示。

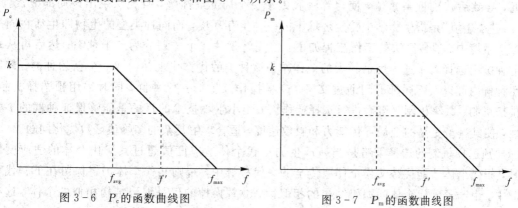

图 3-6　P_c 的函数曲线图　　　　　　　图 3-7　P_m 的函数曲线图

由上图可以看出，当适应度值越接近最大适应度值时，P_c 和 P_m 取值很小；当等于最大适应度值时，P_c 和 P_m 均为 0。上述的自适应调整策略只适应于进化后期，而不适用于进化前期，因为在进化前期种群中的优秀个体几乎不发生变化，就可能使得算法陷入局部最优，为此需要对遗传算法进行进一步的改进，这里采用精英选择策略。对自适应调整遗传算法的进一步改进如下式所示：

$$P_c=\begin{cases}P_{c1}-\dfrac{(P_{c1}-P_{c2})(f_{\max}-f')}{f_{\max}-f_{avg}},&f\geqslant f_{avg}\\P_{c1},&f<f_{avg}\end{cases}\qquad(3-46)$$

$$P_m=\begin{cases}P_{m1}-\dfrac{(P_{m1}-P_{m2})(f_{\max}-f)}{f_{\max}-f_{avg}},&f\geqslant f_{avg}\\P_{m1},&f<f_{avg}\end{cases}\qquad(3-47)$$

式中，$P_{c1}=0.9$，$P_{c2}=0.6$，$P_{m1}=0.1$，$P_{m2}=0.001$。

3.2.7　CHC 算法

跨时代精英选择异物种重组大变异算法（CHC）是由 Eshelman 于 1991 年提出的，对传统的选择、交叉、变异的遗传操作过程进行了改进。

在选择操作过程中，将上一代种群与通过新的交叉方法产生的种群混合在一起，然后在该混合种群中选择最优的个体。这样一来，即使交叉操作产生较多的差等个体，但由于原种群中保留了大多数的个体，故不会引起个体的评价值降低，可更好地保持种群的多样性。

交叉操作采用一种改进的均匀交叉方法。当两个父代个体位置相异的位数为 m 时，从中随机选取 $m/2$ 个位置进行互换。为了防止对模式的破坏性，一般在操作前设置一个阈值，当父代个体间的海明距离小于该阈值时，则不进行交叉操作，阈值的设定也采用自适应调整，即随着种群的进化，逐渐减小该阈值。

CHC 算法的变异操作在进化前期不进行，而是当种群进化收敛到一定时期后，从种群内的优秀个体中选出一部分进行初始化操作。

3.2.8 基于小生境的遗传算法

对于多峰值函数的优化问题，采用常规遗传算法求解时，往往陷入局部最优解的境地，这是由于在算法的后期，种群多样性遭到了破坏，大量个体集中在某一个极值点附近，导致后代的近亲繁殖，使得算法收敛于一个局部最优解，且无法跳出该局部搜索。

"小生境"是指生物学中特定环境下的一种生存环境，而同种类型的生物即生活在同一个小生境中。遗传算法的工作流程如下：首先将每一代个体划分为若干种类；然后再从每个种类中选择若干适应度值较大的个体作为该种类的优秀代表并组成一个新的种群；最后在种群内部以及不同种群间通过交叉、变异操作产生新一代种群，同时采用预选择机制、排挤机制、共享机制等策略进行选择操作。采用小生境技术的目的是能够保证种群的多样性，使其具备更高的全局寻优能力和收敛速度，适合求解复杂的多峰值函数优化问题。

预选择机制的选择策略是当新产生的子代个体适应度值超过其父代个体的适应度值时，子代个体才能代替父代个体遗传至下一代种群中，否则父代个体仍将保留在下一代种群中。由于子父代个体间编码结构的相似性，故替换掉的仅是编码结构相似的个体，这有效地保证了种群的多样性。

排挤机制的选择策略是预先在算法中设置一个排挤因子 CF，然后从群体中随机选择 N/CF 个个体组成排挤成员，最后根据新产生个体与排挤成员间的相似性(海明距离)排挤掉相似的个体，随着排挤过程的进行，种群内的个体被逐渐分类，并形成了诸多小的生成环境，有效保证了种群的多样性。

共享机制的选择策略是根据用于描述种群个体间相似程度的共享函数来调整个体的适应度。共享函数是将搜索空间的多个不同峰值在地理上区分开来，每一个峰值处接受一定比例数目的个体，比例数目与峰值高度有关。

3.2.9 混合遗传算法

遗传算法最主要的缺陷就是局部搜索能力较弱，为克服该缺陷，可引入其他局部搜索能力较强的人工智能算法，如 BP 算法、共轭梯度算法、模拟退火算法等，从而构成混合算法，是一种提高遗传算法运行效率和求解质量的有效手段。

BP 算法是把神经网络输出层节点的误差逐层向输入层反向传播并修正权重，以获得网络最佳结构的一种误差修正方法。但该算法存在易陷入局部最优、收敛速度较慢、易引起震荡效应等缺陷，同时当网络规模扩大时，网络训练时间变长，不利于网络的在线适应性。对于求解连续可微函数的最小值问题，可结合遗传算法的全局寻优能力和 BP 算法的快速收敛能力，将这两种算法混合，可使算法具有较快的收敛速度和较大的概率收敛到最优解。混合算法的工作流程如下：首先随机产生初始种群，利用遗传算法对初始种群进行优化，并得到新一代种群；然后对该新种群用 BP 法进行训练，并对训练后的种群进行选择、交叉和变异操作；最后依次迭代最终得到问题的最优解。

对于神经网络的优化，主要的研究工作集中在网络结构固定和网络权值优化方面，利用单方面权值优化的网络可能存在冗余的节点，并且会使得优化后的网络可能得不到最佳的权值分布。此时最好的处理办法使将网络结构与权值优化同步进行，以提高网络的泛化能力，使网络具有很好的适应性。为使网络结构与权值优化同步进行，可将结构与权值混合编码到串中，并结合共轭梯度算法，得到一种既能收敛到全局最优，又能保证较快收敛速度的混合遗传算法。混合编码是将节点也编码至串中，通过对节点本身的优化来搜索合适的网络结构，以求得网络的最优权值。结构编码采用二进制编码方式，每个输入节点对应其中的 0 符号位，每个隐含层节点对应其中的 1 符号位；权值编码采用实数编码方式，每个节点对应一个多维实数。这种混合算法能对网络结构进行快速精简，且在精简前后保持精度不变，同时保证网络较好的泛化能力和容错性。不仅能够得到性能优越的神经网络结构，而且还能得出较好的 BP 网络权值分布。

离散时间系统的最优控制问题，根据受控系统的动态特性，在满足一定约束条件的情况下，寻求某种最优控制策略，使得系统的受控对象能够从初始状态转移到要求的终端状态，最后达到性能指标的最小值，这里的性能指标即为目标函数。离散时间系统的最优控制问题可看成数学规划问题的求解，而常规的函数梯度计算法容易陷入局部最优的境地。模拟退火算法收敛速度较慢，可有效克服这一缺陷，将遗传算法与模拟退火算法相结合的混合算法是一种收敛速度快的离散时间系统最优控制问题解法。这种算法首先对各个种群个体状态进行实数编码，随机产生初始种群，结合退火罚因子构造适应度函数；然后利用遗传算法得到新一代的种群，对该种群利用模拟退火算法进行训练，对训练后的种群再次进行选择、交叉、变异等操作；最后依次迭代求解直至满足终止条件。该混合算法能以最短时间、最高精度的搜索效果得到全局最优解。

3.3　遗传算法实例

遗传算法可应用在函数优化、组合优化、生产调度、自动控制、机器人技术、图像处理等领域。

3.3.1　遗传算法工具箱

Matlab 具有高级语言的通用性，是一种先进的数据分析和可视化工具，英国谢菲尔德大学开发出的 Matlab 遗传算法工具箱，通过直接调用工具箱内的函数，可完成相应的遗传操作，便于用户研究、使用遗传算法，并将其应用到各个领域的问题求解中。

遗传算法工具箱内的函数有以下几种类型：

（1）种群初始化函数：crtbase()、crtbp()、crtrp()。

crtbase( )函数的功能是产生染色体基因位的基本字符，其格式为

　　　　BaseVec ＝crtbase(Lind, Base)

如 BaseV＝crtbase([6,5],[9,7])是创建一组有 6 个基数为 9 的基本字符向量{0,1,2,3,4,

5,6,7,8}，以及一组有 5 个基数为 7 的基本字符向量{0,1,2,3,4,5,6}。

crtbp( )函数的功能是创建二进制串染色体，有以下几种格式：

① [Chrom,Lind,BaseV] = crtbp(Nind,Lind)

功能是创建一大小为 Nind× Lind 的随机二元矩阵。这里 Nind 指定种群中个体的数量，Lind 指定个体的长度，如创建一个长度为 12，有 8 个个体的随机种群。

② [Chrom,Lind,BaseV] = crtbp(Nind,BaseV)

功能是返回长度为 Lind 的染色体结构，染色体基因位的基本字符由向量 BaseV 决定。如要创建一个长度为 10，有 7 个个体的随机种群，前 6 个基因位是基本字符{0,1,2,3,4,5,6,7,9}，后 4 个基因位是基本字符{0,1,2,3,4,5}。

crtrp( )函数的功能是创建元素为均匀分布的随机十进制数染色体，其格式为

Chrom =crtrp(Nind,FieldD)

其中：Nind 为设置种群中个体的数量，即染色体的长度；FieldD 为生成的十进制染色体的取值范围。

（2）适应度计算函数：ranking( )、scaling( )。

ranking( )函数用于基于矩阵秩的适应度计算，可支持非线性评估，有以下几种格式：

① FitnV = ranking(ObjV)

功能是根据个体目标函数值 ObjV 从小到大的顺序进行排序，返回相对应的个体适应度值向量 FitnV。

② FitnV = ranking(ObjV,RFun)

若 RFun 为[1,2]内的标量，则为线性排序，该标量指定了选择的压差。若 RFun 是一个具有两个参数的向量，当有 RFun(1)时，对于线性排序，标量指定的选择压差必须在[1,2]内；而对于非线性排序，标量指定的选择压差必须在[1,length(ObjV)−2]内；当有 RFun(2)时，需提前指定排序方法，取值 0 为线性排序，取值 1 为非线性排序。

scaling( )是线性适应度计算函数，格式为

FitnV =scaling(ObjV,Smul)

功能是将目标值 ObjV 转换为适应度值，而 Smul 规定了适应度值的上界。

（3）选择函数：reins( )、rws( )、sus( )、select( )。

选择函数是根据个体的适应度值大小在初始种群中选出一定数量的优良个体，最后返回一个由这些个体组成的列向量。常用的选择方法有轮盘赌法，对应的函数为 rws( )；随机遍历法，对应的函数为 rws( )。select( )为高级选择例程函数，为多种群的使用提供一个方便的接口界面。reins( )是重插入函数，可使用均匀的随机数，也可根据适应度值大小来完成。

reins( )函数用于将生成的子代插入到当前种群，用子代代替父代并返回结果种群。程序语句有以下几种形式：

① Chrom = reins(Chrom,SelCh)

其中：SelCh 为子代矩阵；Chrom 为父代矩阵，矩阵的行对应于每个个体。

② Chrom = reins(Chrom,SelCh,SUBPOP)

其中：参数 SUBPOP 指定了 Chrom 和 SelCh 中的子种群个数，若 SUBPOP 省略或为 NaN，则假设 SUBPOP=1。

③ Chrom = reins(Chrom,SelCh,SUBPOP,InsOpt,ObjVCh)

其中：InsOpt 是一个最多由两个参数组成的任意向量。InsOpt(1)是一个标量，指定用子代代替父代的选择方法，取值为 0 表示采用随机均匀选择方式，取值为 1 表示利用适应度值的选择方式，用子代代替适应度值最小的父代个体。InsOpt(2)是一个取值在[0,1]范围内的标量，表示的是重插入每个子代种群内的个体占整个子代种群的比率。ObjVCh 是一个包含父代 Chrom 中个体目标值的可选列向量。

④ [Chrom,ObjVCh]＝reins(Chrom,SelCh,SUBPOP,InsOpt,ObjVCh,ObjVSel)

其中：ObjVSel 是一个包含子代 Selch 中个体目标值的可选列向量，若子代个体数量大于重插入种群中的子代个体数量，那么 ObjVSel 是需要确定的，而子代则是根据个体适应度值的大小选择插入的。输出的 ObjVCh 是子代个体的适应度值，由子代原个体的适应度值和产生新个体的适应度值两部分组成。

rws( )是轮盘赌选择函数，格式为

NewChrIx ＝ rws(FitnV,Nsel)

表示在当前种群中按照个体适应度值 FitnV 的情况选择数量为 Nsel 的个体进行选择操作。

sus( )是随机遍历抽样函数，格式为

NewChrIx ＝ sus(FitnV,Nsel)

与轮盘赌不同的是，随机遍历抽样采用的是零偏差和最小个体扩展的单状态抽样算法。轮盘赌使用的是单个指针，而随机遍历使用的是 Nsel 个距离相等的指针，种群个体也是按照 FitnV 的大小随机排列的，Nsel 个种群个体由相隔一定距离的 Nsel 个指针选择，相邻指针确定了某个取值范围，相应的 FitnV 值即落到该范围内。

select( )是高级选择函数，其格式有下面三种形式：

SelCh＝select(SEL_F,Chrom,FitnV)

SelCh＝select(SEL_F,Chrom,FitnV,GGAP)

SelCh＝select(SEL_F,Chrom,FitnV,GGAP,SUBPOP)

其中：Chrom 为原始种群，SelCh 为选择操作后得到的新种群；SEL_F 为包含低级选择函数 rws 和 sus 的字符串；FitnV 是包含 Chrom 中个体适应度值的列向量，表明种群内个体被选中的预期概率；GGAP 是代沟参数，若缺省或为 NaN，则取值为 1，若允许子代种群个数大于父代种群个数，则取值大于 1，GGAP 指明了每个子种群中的个体被选中的数量与种群大小有关；SUBPOP 为种群数量参数，该参数确定了 Chrom 中子种群的数量，若缺省或为 NaN，则取值为 1。

(4) 交叉函数：recdis( )、recint( )、reclin( )、recmut( )、xovsp( )、xovdp( )、xovmp( )、recombin( )。

recdis( )是离散交叉函数，格式为

NewChrom＝recdis(OldChrom)

recint( )是中间交叉函数，格式为

NewChrom＝recint(OldChrom)

reclin( )是线性交叉函数，只能用于实值变量种群，格式为

NewChrom＝reclin(OldChrom)

recmut( )是具有突变特征的线性交叉函数，其只能用于实值变量种群，格式为

NewChrom＝recmut(OldChrom,FieldDR)

N－ewChrom＝recmut(OldChrom,FieldDR,MutOpt)

其中：FieldDR 为个体变量的边界矩阵；MutOpt 为标量参数。MutOpt(1)表示在[0,1]内的交叉概率标量，若缺省或 NaN，则取值为 1。MutOpt(2)表示在[0,1]内用于压缩交叉范围的标量，若缺省或 NaN，则取值为 1。

xovsp( )为单点交叉函数，格式为

$$NewChrom = xovsp(OldChrom, XOVR)$$

其中：XOVR 为交叉概率。

xovdp( )为两点交叉函数，格式为

$$NewChrom = xovdp(OldChrom, XOVR)$$

xovmp( )为多点交叉函数，格式为

$$NewChrom = xovmp(OldChrom, XOVR, Npt, Rs)$$

其中：参数 Npt 指明交叉点个数，取值为 0 表示采用洗牌交叉，取值为 1 表示采用单点交叉，取值为 2 表示两点交叉；参数 Rs 表示选择是否使用减少代理，取值为 0 表示不减少代理，取值为 1 表示减少代理。

recombin( )为高级交叉函数，格式为

$$NewChrom = recombin(R - EC\_F, Chrom)$$
$$NewChrom = recombin(REC\_F, Chrom, RecOpt)$$
$$NewChrom = recombin(REC\_F, Chrom, RecOpt, SUBPO - P)$$

其中：REC_F 为包含低级交叉函数名的字符串，如上面提到的 recdis、recint、reclin、recmut、xovsp、xovdp、xovmp 等；RecOpt 为交叉概率参数；SUBPOP 为初始种群个数参数。交叉操作是在成对个体中出现的，OldChrom 中每一行代表一个个体，奇数行的个体与偶数行的个体有序交叉配对，若最后剩余单个个体无法完成配对，则自动添加到种群 NewChrom 的末端。

（5）变异函数：mut( )、mutbga( )、mutate( )。

mut( )用于对二进制和整数的变异操作，mutbga( )用于对实值的变异操作，mutate( )用于对变异操作提供一个高级接口。

mut( )函数的格式为

$$NewChrom = mut(OldChrom, Pm)$$
$$NewChrom = mut(OldChrom, Pm, BaseV)$$

其中：Pm 为变异概率；BaseV 指定染色体中每一个元素的基本字符。

mutbga( )函数的格式为

$$NewChrom = mutbga(OldChrom, FieldDR)$$
$$NewChrom = mutbga(OldChrom, FieldDR, MutOpt)$$

其中：FieldDR 为确定变量边界范围的矩阵；MutOpt 为具有两个参数最大值的可选向量。MutOpt(1)表示变异概率，若为缺省或 NaN，则 MutOpt(1) = 1/Nvar，Nvar 为根据 size(FieldDR,2)确定的每个个体的变量数。MutOpt(2)表示将变异的范围进行压缩，取值在[0,1]范围内的量，若为缺省或 NaN，则 MutOpt(2)取值为 1，表示不进行压缩。

mutate( )函数的格式为

$$NewChrom = mutate(MUT\_F, OldChrom, FieldDR)$$
$$NewChrom = mutate(MUT\_F, OldChrom, FieldDR, MutOpt)$$
$$NewChrom = mutate(MUT\_F, OldChrom, FieldDR, MutOpt, SUBPOP)$$

其中：MUT_F 为一包含低级变异函数的字符串，如 mut 或 mutbga；对实值变量，FieldDR 是一个大小为 2×Nvar 的边界矩阵，对离散值变量，FieldDR 是一个大小为 1×Nvar 的边界矩阵，若 FieldDR 为缺省或 NaN，则指定为二进制变量表示；MutOpt 为包含变异概率的可选参数；SUBPOP 指定了子种群的数量。

3.3.2　基于遗传算法的函数最值求解问题

例 3-1　用遗传算法求解函数 $y=200\mathrm{e}^{-0.04x}\sin(x)$ 在区间 $[-2,2]$ 上的最大值。

在 Matlab 中编写算法程序进行求解。

(1) 参数设置。初始种群大小 popsize＝50，最大迭代次数 Generationnmax＝12，交叉操作概率 pcrossover＝0.90，变异操作概率 pmutation＝0.09，运算精度 precision＝0.0001。

(2) 随机产生初始种群。利用 rand( )函数实现初始种群的随机生成，生成的种群定义为 population。相关程序语句为

> population＝round(rand(popsize,BitLength));

语句中 BitLength 是在满足运算精度的条件下至少需要的染色体长度，利用 round( )函数返回四舍五入之后的整数值。

(3) 适应度计算。在本问题求解中，选择目标函数作为适应度函数，即 fitnessfun( )，求得适应度值 Fitvalue 和累积概率 cumsump。相关程序语句为

> [Fitvalue,cumsump]＝fitnessfun(population);

(4) 迭代遗传操作求解。在不满足迭代终止条件的情况下，即 Generation＜Generationnmax＋1，重复进行选择、交叉和变异操作，产生新一代的种群，用 Generation＝Generation＋1进行迭代计数。相关程序语句为：

① 选择操作(利用选择函数 selection( ))：

> seln＝selection(population,cumsump);

语句中的 seln 为选择出的优秀个体。

② 交叉操作(利用交叉函数 crossover( ))：

> scro＝crossover(population,seln,pcrossover);
> scnew(j,:)＝scro(1,:); scnew(j+1,:)＝scro(2,:);

语句中的 scro 为交叉操作后得到的新个体，根据遗传交叉的原理，以交叉点为分界，对应部分的基因组进行交换，故新种群的组成应分为两部分，即 scnew(j,:)和 scnew(j+1,:)。

③ 变异操作(利用变异函数 mutation( ))：

> smnew(j,:)＝mutation(scnew(j,:),pmutation);
> smnew(j+1,:)＝mutation(scnew(j+1,:),pmutation);

语句中的 smnew 为变异后的种群，和交叉一样，变异同样是对种群中的两部分基因组进行操作。

通过上述三步的遗传操作和逐次迭代，得到最新的种群结构 population＝smnew。

(5) 种群适应度评价。将产生的新种群代入到适应度函数中计算其适应度。相关程序语句为

> [Fitvalue,cumsump]＝fitnessfun(population);

同时，记录当前代最好的适应度和平均适应度。相关程序语句为

$$[fmax,nmax]=max(Fitvalue);$$

$$fmean=mean(Fitvalue);$$

（6）染色体整合。在计算完适应度后，通过比较其值的大小，选取最佳染色体个体，由于采用的二进制编码方式，故还需将其转化为十进制。相关程序语句为

$$x=transform2to10(population(nmax,:));$$

定义域的取值范围是$[-2,2]$，需要把经过遗传操作的最佳染色体整合到$[-2,2]$区间内。相关程序语句为

$$xx=boundsbegin+x*(boundsend-boundsbegin)/(power((boundsend),BitLength)-1);$$

语句中的 boundsend 和 boundsbegin 是定义域的上下限。

（7）输出最优染色体和最优解。相关程序语句为

$$Bestpopulation=xx$$

$$Besttargetfunvalue=targetfun(xx)$$

语句中的 targetfun（ ）为目标函数。

结果分析：利用遗传算法求得的最优解是当 $x=1.4355$ 时，函数取得最大值 $y_{max}=187.1144$。算法求解过程中的适应度变化曲线如图 3-8 所示。适应度变换曲线在一定程度上反映了算法的收敛效果，若在进化过程中种群的平均适应度与最大适应度在曲线上有相互趋同的形态，则表示算法收敛效果较好，未出现震荡现象，也表明最大适应度个体在连续若干代均未变化，种群已经成熟，所得的解是可以接受的。

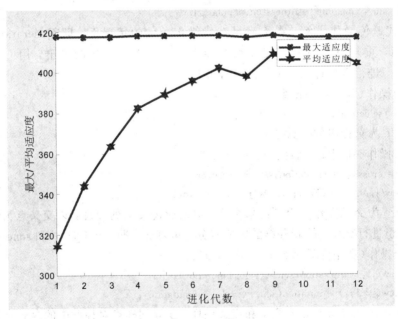

图 3-8　遗传算法适应度变化曲线图

3.3.3　基于遗传算法的路径寻优问题

例 3-2　有 A、B、C、D、E、F、G、H、I、J 十座城市，某人从 A 城市出发，要求必须经过 B~J 的所有城市，且只能经过一次，最后回到 A 城市，各城市间的距离如表 3-1 所示，利用遗传算法求取最佳路径，使得总路程最短。

表 3 − 1 各城市间距离表

距离/km	A	B	C	D	E	F	G	H	I	J
A	0	5.3	11.4	10.6	11.3	15.6	20	18.4	21.7	19.6
B	5.3	0	3.5	4.7	4.2	11.5	14.8	16	18.2	4.6
C	11.4	3.5	0	0.7	0.8	13.4	12.8	17.4	21.3	0.7
D	10.6	4.7	0.7	0	0.5	14	15	18.1	21.8	0.25
E	11.3	4.2	0.8	0.5	0	13.9	12.6	18.2	22	0.9
F	15.6	11.5	13.4	14	13.9	0	6.9	6.8	10	15
G	20	14.8	12.8	15	12.6	6.9	0	11.6	14	13.1
H	18.4	16	17.4	18.1	18.2	6.8	11.6	0	3.9	19.2
I	21.7	18.2	21.3	21.8	22	10	14	3.9	0	22
J	19.6	4.6	0.7	0.25	0.9	15	13.1	19.2	22	0

解 （1）参数设置。初始种群大小 popsize＝50，最大迭代次数 Generationnmax＝100，交叉操作概率 pcrossover＝0.81，变异操作概率 pmutation＝0.15，城市总数 citynum＝10。

（2）产生初始种群，种群内的每个个体代表一个路径。相关程序语句为

```
pop ＝zeros(popsize, citynum＋1);
for i＝1:popsize
pop(i,2:citynum) ＝ randperm(citynum−1)＋1;
pop(:,1) ＝1;   pop(:,end)＝1;
end
offspring ＝ zeros(popsize,citynum＋1);
minpathes ＝zeros(Generationnmax,1);
```

算法程序语句中，由于是从起点 A 回到终点 A，故初始种群序列的行数和列数分别为 popsize 和 citynum＋1，并且保证每个种群内第一个个体和最后一个个体均为起点 A，即 pop(:,1)＝1 和 pop(:,end)＝1。offspring 用来存储最短路径，minpathes 用来存储最短路径的长度。

（3）适应度计算。适应度函数 fitness( )选为路径的总距离，根据所给的表格数据，编写距离计算函数 calculateDistance( )，输出即为路径长度 sumDistance，同时可对长度值进行排序，选出最短路径 minPath 和最长路径 maxPath。相关程序语句为

```
[fval, sumDistance, minPath, maxPath]＝fitness(distances, pop);
```

（4）迭代遗传操作求解。选择操作使用轮盘赌的方法，扇区个数选择为 4，即 tournamentSize＝4，按照个体间距离最小的原则进行选择操作。相关程序语句为

```
tourPopDistances＝zeros( tournamentSize,1);
for i＝1:tournamentSize
randomRow＝randi(popSize);
tourPopDistances(i,1)＝sumDistance(randomRow,1);
end
```

parent1＝min(tourPopDistances);

[parent1X,parent1Y]＝find(sumDistance＝＝parent1,1,′first′);

parent1Path＝pop(parent1X(1,1),:);

语句中 tourPopDistances 为路径长度的集合，parent1 即求取的最小值，parent1Path 记录最佳路径。

交叉操作不改变基因组的第一位，这是因为 A 为起点，应保持固定不变，然后对后面的各位进行交叉操作：

subPath_temp ＝crossover(parent1Path_temp, parent2Path_temp, pcrossover);

变异操作对交叉后产生的新种群按照变异概率进行操作：

subPath_temp ＝mutation(subPath_temp, pmutation);

（5）输出问题解。相关程序语句为

subPath＝zeros(1,cityNum＋1);

subPath(1) ＝ 1;

subPath(2:(end－1))＝subPath_temp;

subPath(end)＝ 1;

offspring(k,:)＝subPath(1,:);

minPathes(gen,1)＝minPath;

语句中 offspring 即为所得的最短规划路径，minPathes 为该最短路径的长度。

结果分析：通过遗传算法求取的最佳路径为 A→H→I→F→G→J→D→E→C→B→A，求取的最短路径长度为 62.05 km，衡量算法收敛特性的收敛曲线图如图 3-9 所示。由图可知，随着迭代次数的增加，问题的解逐渐趋于稳定，即收敛效果较好，求得的解也是可以接受的。

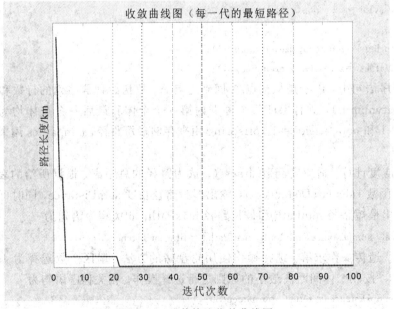

图 3-9　遗传算法收敛曲线图

3.3.4　基于遗传算法的旅行商 TSP 问题

例 3-3　将例 3-2 的路径寻优问题进行拓展，形成经典的"旅行商"问题。我国共有 31 个省会城市，某一旅行商从其中某个城市出发，需要遍历其他所有城市后回到出发点，求该过程的最短路径。

对于这样一个全局搜索的问题，利用遗传算法求解具有较好的优势。

解 （1）编码与随机产生初始种群。以城市的遍历次序给所有城市编码。随机产生某一种群序列作为初始路径，种群内每一个体代表所在城市的坐标，即构成一个 31×2 的位置矩阵。

（2）设置遗传算法参数。种群个数 $n=100$，迭代总次数 $C=2000$，适应度值淘汰加速指数 $m=2$，交叉概率 $P_c=0.8$，变异概率 $P_m=0.1$。

（3）适应度函数选取。定义城市间的距离函数 juli( )，用距离总和作为适应度函数。距离函数的相关程序语句如下：

```
function D=juli(a)
[c,d]=size(a);
D=zeros(c,c);
for i=1:c
    for j=i:c
        bb=(a(i,1)-a(j,1)).^2+(a(i,2)-a(j,2)).^2;
        D(i,j)=bb^(0.5);%计算第 i 个城市到 j 城市的距离
        D(j,i)=D(i,j);
    end
end
```

输入的 a 为 31 座城市的位置坐标矩阵，输出的 D 为无向图的赋权邻接矩阵，即为 31×31 的距离矩阵。

（4）遗传算法寻优。将生成的距离矩阵和算法参数代入到遗传算法旅行商函数 geneticTSP( )中，求解出最优路径 R 并计算出总距离 Rlength。

对于遗传算法旅行商函数 geneticTSP( )，首先随机生成初始种群 farm 和一个随机解 R：

```
[N,NN]=size(D);
farm=zeros(n,N);     %用于存储种群
for i=1:n
farm(i,:)=randperm(N);
end
R=farm(1,:);
```

然后计算每个个体的总距离和对应的适应度值：

```
len=zeros(n,1);
fitness=zeros(n,1);
counter=0;
ii=1;
CC=zeros(C/10,1);
RR=zeros(C/10,1);
RV=zeros(C/10,1);
while counter<C
    for i=1:n
        len(i,1)=myLength(D,farm(i,:));%计算路径长度
```

```
    end
        maxlen=max(len);
        minlen=min(len);
        avelen=mean(len);
        fitness=fit(len,m,maxlen,minlen);
        rr=find(len==minlen);
        R=farm(rr(1,1),:);
    FARM=farm;
```

语句中 len 用于存储路径的长度，fitness 用于存储适应度值，利用 myLength( )函数计算路径的长度，用 fit( )函数计算适应度值，rr 返回的是在 len 中路径最短的路径坐标，同时用 R＝farm(rr(1,1),:)来更新最短路径。

根据适应度值进行选择遗传操作：

```
    nn=0;
        for i=1:n
            if fitness(i,1)>=rand
              nn=nn+1;
            FARM(nn,:)=farm(i,:);
              end
          end
    FARM=FARM(1:nn,:);
    [aa,bb]=size(FARM);
```

本算法采取的适应度函数如下：

$$fitness(i,1)=(1-((len(i,1)-minlen)/(maxlen-minlen+0.0001))).\verb|^|m$$

利用 fitness＞rand 关系选择最优个体，适应度值较小的个体被选择下来，即得到最短搜索路径。但这种算法使得种群个体数目变小，并且优秀个体的总数也较少，可能导致收敛的速度较慢。

交叉操作 intercross( )采用部分匹配交叉策略，随机选取基因组中的两个交叉点，再将两个交叉点中间的基因段互换，将互换的基因段以外的部分与互换后基因段进行对比，若对应元素冲突，则用另一父代的相应位置代替，直至冲突消除为止。相关程序语句如下：

```
    FARM2=FARM;
    for i=1:2:aa
      if Pc>rand&&i<aa;
        A=FARM(i,:);
        B=FARM(i+1,:);
        [A,B]=intercross(A,B);
        FARM(i,:)=A;
        FARM(i+1,:)=B;
      end
    end
```

变异操作 mutate( )采用的是互换操作算子，即随机交换染色体中两个不同基因编码的位置，这样更有利于算法的大范围搜索。相关程序语句如下：

```
    FARM2=FARM;
```

```
for i=1:aa
    if Pm>=rand
    FARM(i,:)=mutate(FARM(i,:));
    end
end
```

(5) 种群的更新。每次变异结束后，将迭代得到的最优解加入新的种群内，同时为保持种群数目不变，将变异后产生的随机解 randperm(N) 加入新的种群，可有效防止退化现象的发生。相关程序语句如下：

```
FARM2=zeros(n-aa+1,N);
if n-aa>=1
    for i=1:n-aa
    FARM2(i,:)=randperm(N);
    end
end
FARM=[R;FARM;FARM2];
[aa,bb]=size(FARM);
if aa>n
    FARM=FARM(1:n,:);
end
%更新种群
farm=FARM;
clear FARM
%更新迭代次数
counter=counter+1 ;
if mod(counter,10)==0
    CC(ii,1)=counter;
    RR(ii,1)=minlen;
    RV(ii,1)=avelen;
    ii=ii+1;
end
```

(6) 结果输出。输出最短路径 R，该路径的长度 Rlength，迭代进行的次数 C，并通过画图观察最短路径长度、平均路径长度随进化代数的变化情况。相关程序语句如下：

```
Rlength=myLength(D,R);
figure
plotaiwa(a,R)
disp('迭代次数 c');
disp(C);
disp('迭代后的结果');
R
Rlength=myLength(D,R)
figure
plot(CC,RR,CC,RV)
```

结果分析：算法求得的最短路径组合为 R=[13 12 14 1 15 7 6 5 2 10 9 8 4 16 17 3 18 22 21 30 29 31 27 28 26 25 20 24 19 23 11]，最短路径长度为 Rlength = 17 156 km，最短路径情况如图 3-10 所示。

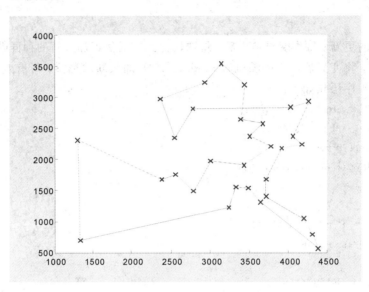

图 3-10　最短路径图

最短路径长度、平均路径长度随进化代数的变化情况如图 3-11 所示。由图可见，算法在迭代到 900 代左右时趋于收敛状态。

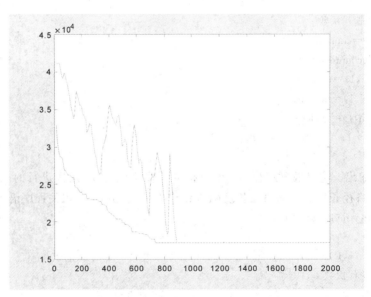

图 3-11　最短路径长度、平均路径长度随进化代数的变化情况

3.3.5　基于遗传算法的图像处理问题

例 3-4　图 3-12 所示为人体肺部的 CT 图像，利用遗传算法将肺部组织和人体骨骼脂肪分隔开（图像分割技术）。

图像分割是根据图像的某些特征或特征集合的相似性对图像像素进行划分，如颜色特性、灰度特性、纹理特性等。像素特性相同的部分聚集在一起，由此把图像划分成若干个不重叠的区域。图像分割技术广泛应用在医学影像、精密仪器等领域，用于分割并提取出感兴趣的部分，如肿瘤病灶、故障区域等。在遗传算法中，可将图像的各个像素值看作为种群内的个体，相同特征个体的适应度取值相同，不同特征个体的适应度取值不同，据此可对图像进行分割。

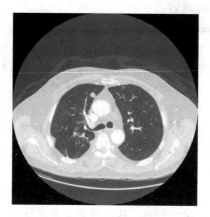

图 3-12 人体肺部 CT 图

解 （1）输入图像数据。使用图像读取函数 imread( )：

B＝imread('feibu.jpg')；

（2）图像类型转换。为了更好地对图像数据进行研究，常常将原始图像转化为灰度图像，灰度图像一般用 uint8、uint16、double 类型的数组来描述，将图像转化为一个数据矩阵，矩阵中的每个元素即为一个像素点。对于二值灰度图像来说，其像素值只能为 0 或 1，即黑、白两色。这里用 0 表示黑色，uint8 中用 $255(2^8-1)$ 表示白色，uint16 中用 $65\ 535(2^{16}-1)$ 表示白色，double 中用 1 表示白色。灰度图像转换的 Matlab 语言为

I1＝rgb2gray(B)；

转化为的灰度图像格式如图 3-13 所示。

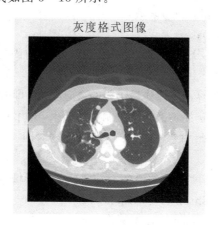

图 3-13 灰度格式图像

（3）算法参数设置。初始种群大小 popsize＝40，最大迭代次数 Generationnmax＝50，选择

操作概率 pselection＝0.9，交叉操作概率 pcrossover＝0.7，变量的二进制位数 preci＝8。

（4）创建初始种群。利用英国谢菲尔德大学开发的遗传算法工具箱内的种群创建函数 crtbp( )来形成初始种群：

　　　　Chrom＝crtbp(popsize,preci)；

函数输入中的 popsize 为种群个体数，即生成的初始种群矩阵的行数；preci 为每个染色体的进制位数，即生成的初始种群矩阵的行向量；矩阵列数采用缺省值 1。

同时需要建立一个区域描述器：

　　　　FieldD＝[8;1;256;1;0;1;1]；

区域描述器的结构由 7 个参量组成："8"表示包含在初始种群矩阵 Chrom 中的每个子串的长度；"1"和"256"为矩阵行向量，分别指明每个变量的下界和上界；"1"是二进制的行向量，指明每个子串的编码方式，取值为 1 时说明子串采用标准二进制编码方式，取值为 0 时说明子串采用灰度编码方式；第五个参量的"0"指明子串使用对数刻度还是算术刻度，取值为 1 说明使用的为对数刻度，取值为 0 说明使用的为算术刻度；最后的两个参量是二进制的行向量，表明指定变量的范围中是否包含边界，取值为 1 说明包含边界，取值为 0 说明去除了边界。

（5）种群适应度值计算。种群适应度计算的目的是能够找到一个阈值，当个体灰度值小于该值时为黑色，大于该值时为白色。其计算采用适应度函数：

　　　　ObjV＝target(Z,phen)；

适应度函数 target( )中输入的 Z 是将原始图像由 unit8 型转化为 double 型的数组结构，输入的 phen 是将初始种群由二进制转换为十进制编码。相关程序语句为

　　　　％将 unit8 型数组转化为 double 型数组

　　　　I1＝double(I1)；

　　　　Z＝I1；

　　　　％将初始种群由二进制转换为十进制

　　　　phen＝bs2rv(Chrom,FieldD)；

（6）遗传操作。在进行遗传操作之前，要分配适应度值，即按照个体目标值 ObjV 由大到小的顺序排序，并返回一个包含对应个体适应度值 FitnV 的列向量，这里使用的是谢菲尔德遗传法工具箱中的 ranking( )函数：

　　　　FitnV＝ranking(-ObjV)；

选择、交叉、变异操作可分别调用遗传算法工具箱中的函数 select( )、recombin( )和 mut( )。

（7）子代适应度评价。计算遗传操作后子代的适应度值，即 ObjVSel＝target(Z,phenSel)，其中的 phenSel 是将子代由二进制转换为十进制后的结果，即 phenSel＝bs2rv(SelCh,FieldD)。然后重插入子代的新种群 gen 并输出最优解及其序号，即[Chrom ObjV]＝reins(Chrom, SelCh,1,1, ObjV, ObjVsel]。

（8）阈值估计。选取适应度的最大值的对应种群，在区域描述器规定的范围内得到估计的阈值 M，即 M＝bs2rv(Chrom(I,:),FieldD)。

（9）图像分割。根据求得的阈值 M 对图像进行分割，当灰度值大于 M 时图像区域为白色，否则为黑色，相关程序语句为

　　　　[m,n]＝size(Z)；

```
for i=1:m
    for j=1:n
        if Z(i,j)>M
            Z(i,j)=256;
        end
    end
end
```

（10）画出分割后的图像：

```
figure(2)
image(Z),title('分割后图像');colormap(map1);
```

分割后的图像如图 3 - 14 所示，由图可见，通过该算法，可有效地将肺部组织隔离出来，便于对其进行进一步的分析。

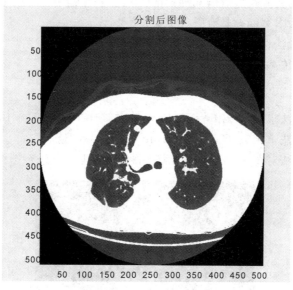

图 3 - 14　分割后的图像

3.4　小　　结

本章阐明了以下几个问题：

（1）遗传算法的基本概念。

（2）遗传算法的基本流程，包括染色体编码方法、适应度函数的选取和以选择、交叉、变异为核心的基本遗传操作。

（3）遗传算法的特点与优势。

（4）针对常规遗传算法存在的缺陷，提出遗传算法的改进策略，包括对编码方案的改进、对适应度函数选取的改进、对选择遗传操作的改进、对算法迭代终止条件的改进、对交叉与变异概率实时调整的自适应遗传算法、基于精英策略的 CHC 算法、基于小生境的遗传算法、与其他智能算法相混合的算法。

（5）遗传算法的实际案例，主要是基于谢菲尔德大学遗传算法工具箱，利用 Matlab 软件编程解决实际问题，如求取函数最值、路径寻优、旅行商问题和图像处理。

习　　题

1. 简述遗传算法的基本流程。
2. 简述染色体编码的方法及各种方法的优缺点。
3. 二进制码和格雷码是如何进行转换的？
4. 适应度函数的作用和选取原则是什么？
5. 遗传算法中的选择策略有哪些？简述各种选择策略的原理和流程。
6. 遗传算法中的交叉操作可分为哪几种？简述各种方法的原理和流程。
7. 遗传算法中的变异操作有哪几种方法？简述各种方法的原理和流程。
8. 运用遗传算法求解问题具有哪些优势？
9. 常规的遗传算法存在哪些问题？
10. 针对常规遗传算法存在的问题，有哪些改进的方法？
11. Matlab 遗传算法工具箱内的函数有哪些类型？
12. 利用遗传算法求函数 $f(x)=-10e^{-0.2\sqrt{\frac{x_1^2+x_2^2}{3}}}-e^{\frac{\cos2\pi x_1+\cos2\pi x_2}{3}}+10+2.5$ 的最小值。
13. 利用遗传算法求函数 $f(x)=9+x\sin(7\pi x)$ 的最大值点。
14. 利用遗传算法对图 3-15 所示的胸部横断面 CT 扫描进行图像分割。

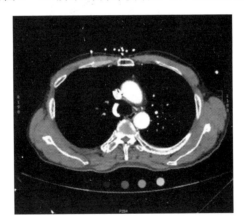

图 3-15　胸部横断面 CT

第四章　粒子群算法

粒子群优化算法(Particle Swarm Optimization，PSO)最早由 Eberhart 博士和 Kennedy 博士于 1995 年提出，其灵感来源于鸟类的觅食行为。一群鸟在觅食过程中，单只鸟是无法得知食物所在的具体位置的，但他们能够感受得到自己距离食物还有多远，此时，为了快速寻找到食物，最有效的办法就是搜寻距离食物最近的鸟个体的附近区域，根据飞行经验来判断食物的所在位置。

本章首先介绍粒子群算法的基本原理、基本流程、特点、优势以及在各个领域内的应用；然后针对常规粒子群算法存在的问题进行改进，包括惯性权重调整策略、粒子群算法与其他算法的混合；接下来叙述利用 MATLAB 编写粒子群算法程序解决一些实际问题，包括求解函数最值问题、旅行商 TSP 问题、图像处理问题；最后将粒子群算法运用到多目标搜索问题中，并引申出量子粒子群算法。

4.1　粒子群算法概述

粒子群算法是一种基于群体协作的随机搜索机制，通过群体内个体之间的相互协作与信息共享来搜寻到最优解，属于启发式全局优化算法。这里，将每个优化问题的解看作是搜索空间中的一只鸟，即为"粒子"；所有粒子都赋予一个通过优化函数确定的适应度值，用来评价当前个体位置的好坏；每个粒子都有一个速度矢量以刻画粒子的运动方向和运动距离，并且速度值根据经验实时调整；选取完最优粒子后，其他粒子便追随该最优粒子在解空间中进行搜索；同时每个粒子具有记忆功能，随时记录搜寻到的最优位置。

粒子群算法的发展先后经历了传统算法和标准算法两个阶段，标准算法添加了惯性权重因子，以调节对解空间的搜索范围。粒子群算法凭借其简单易行、收敛速度快、设置参数少等优点，迅速成为进化计算领域的研究热点，在函数优化、模式识别、模糊控制等方面取得了很好的效果。

4.1.1　粒子群算法的基本原理

在 N 维空间里，粒子 $i(i=1,2,\cdots,M)$ 的运动速度和所在位置参数分别设置为 $V_i=[v_{i1},v_{i2},\cdots,v_{iN}]$ 和 $X_i=[x_{i1},x_{i2},\cdots,x_{iN}]$。每个粒子均有一个通过目标函数确定的适应度值，并且根据自己的运动经验得知迄今为止搜寻到的个体最优位置 $\text{pbest}_i=(p_{i1},p_{i2},\cdots,p_{iN})$，以及根据近邻个体的运动经验得知的群体最优位置 $\text{gbest}_i=(g_1,g_2,\cdots,g_N)$，那么每个粒子通过自己和近邻的运动经验，即个体极值和群体极值，可确定下一步的运动轨迹。

粒子群算法首先随机初始化某一由若干粒子组成的群体，每个粒子都设置速度和位置两个参数变量；然后通过跟踪个体极值和群体极值对参数更新，更新公式如下式所示：

$$v_{in}^k=v_{in}^{k-1}+c_1r_1(\text{pbest}_{in}-x_{in}^{k-1})+c_2r_2(\text{gbest}_{in}-x_{in}^{k-1}) \tag{4-1}$$

$$x_{in}^k=x_{in}^{k-1}+v_{in}^{k-1} \tag{4-2}$$

式(4-1)为粒子 i 的第 n 维速度更新公式，式(4-2)为粒子 i 的第 n 维位置更新公式。其中：v_{in}^{k} 为第 k 次迭代粒子 i 速度矢量的第 n 维分量；x_{in}^{k} 为第 k 次迭代粒子 i 位置矢量的第 n 维分量；c_1 和 c_2 为学习因子或加速因子，用于调节学习的最大步长；r_1 和 r_2 为取值在 $[0,1]$ 范围内的随机函数，用于增加搜索的随机性。对于标准粒子群算法，在速度更新公式中引入了惯性权重因子 w，如下式所示：

$$v_{in}^{k}=wv_{in}^{k-1}+c_1r_1(\text{pbest}_{in}-x_{in}^{k-1})+c_2r_2(\text{gbest}_{in}-x_{in}^{k-1}) \qquad (4-3)$$

粒子速度更新公式中包含三个部分：第一部分 v_{in}^{k-1} 或 wv_{in}^{k-1} 表示粒子上一次的速度大小和方向，称为"记忆"；第二部分 $c_1r_1(\text{pbest}_{in}-x_{in}^{k-1})$ 表示粒子 i 当前所在位置与个体最优位置的距离，称为"认知"，代表了粒子的思考，反映了粒子对自身历史经验的记忆；第三部分 $c_2r_2(\text{gbest}_{in}-x_{in}^{k-1})$ 表示粒子 i 当前所在位置与群体最优位置的距离，称为"社会"，代表了粒子间信息的共享与合作，反映了粒子对群体历史经验的记忆。

另外，在算法中还应设置最大速率参数 $v_{\max}$，决定粒子当前所在位置与最优位置间的精度大小，起到维护算法搜索能力与开发能力相平衡的能力。当 $v_{\max}$ 的取值较大时，算法的搜索能力较强，但容易越过最优值点；当 $v_{\max}$ 的取值较小时，算法的开发能力较强，但容易陷入局部最优值点。$v_{\max}$ 一般设置为每一维度变量变化范围的 $10\%\sim20\%$。

对于标准 PSO 算法，引入了惯性权重因子 w，使其具有扩展搜索空间的趋势，w 的取值越大，表示算法的全局搜索能力较强，但局部搜索能力较弱，相反，w 的取值越小，算法的全局搜索能力越弱，局部搜索能力越强。因此，引入 w 的目的是平衡算法的全局与局部搜索能力。w 的取值随时间的变化逐渐减小，在算法前期，w 较大用于全局搜索，在算法后期，w 较小用于局部搜索，若 w 为 0，则粒子速度仅决定于当前所在位置和历史最优位置，但不具有速度记忆性。w 可在 PSO 搜索过程中动态变化，如线性变化、模糊规则、递减策略等。

4.1.2 粒子群算法的基本流程

粒子群算法的基本流程包括种群初始化、适应度评价、个体最优位置更新、群体最优位置更新、粒子速度与位置更新、迭代至终止。种群初始化是对群体规模为 m 的一群粒子进行初始化，随机设置粒子速度与位置两个参数，粒子所在空间维数由待优化的问题决定，一般取值为问题解的长度，群体规模 m 一般取值为 $20\sim40$，对于一些比较复杂的优化问题可以取值 $100\sim200$，群体的规模越大，PSO 搜索的空间范围也就越大，更容易搜索到全局最优解，但需花费较长的计算时间，初始种群中的个体基因值用均匀分布的随机实数进行编码；利用目标函数评价每个群体粒子的适应度值；个体最优位置更新是将每个粒子的适应度值与其经过的最优位置 pbest 对比，若大于 pbest 则用该适应度值替换原有的个体最优值；群体最优位置更新是将每个粒子的适应度值与整个群体经过的最优位置 gbest 对比，若大于 gbest 则用该适应度值替换原有的群体最优值；粒子速度与位置更新是根据式(4-1)(式(4-3))和式(4-2)的公式进行调整，式(4-1)(式(4-3))中的学习因子 c_1 和 c_2 一般在 $[0,4]$ 范围内取值，常取值为 2，表示单个粒子与个体和群体最优位置接近的程度；惯性权重因子 w 保持粒子的运动惯性，扩展了算法搜索空间，w 的取值情况将直接影响算法的全局与局部搜索能力；最后判断是否满足算法终止条件，终止条件选取最大迭代次数或全局最优位置需满足的最小界限，若不满足则重新从适应度评价一步开始，反复迭代，直至满足终止条件为止。粒子群算法的流程如图 4-1 所示。

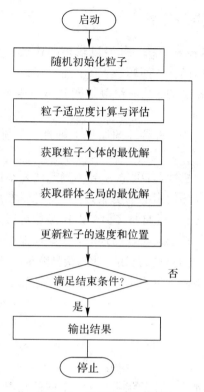

图 4-1 粒子群算法流程

对于粒子速度更新式(4-1)和式(4-3)，若学习因子 $c_1=0$，则表示粒子缺乏认知能力，此时的更新公式只有"社会"部分，如下式所示，称为全局 PSO 算法。

$$v_{in}^k=v_{in}^{k-1}+c_2r_2(\text{gbest}_{in}-x_{in}^{k-1}) \tag{4-4}$$

$$v_{in}^k=wv_{in}^{k-1}+c_2r_2(\text{gbest}_{in}-x_{in}^{k-1}) \tag{4-5}$$

全局 PSO 算法搜索能力强、收敛速度快，但一些复杂问题容易陷入局部最优的情况。

若学习因子 $c_2=0$，表示粒子间缺乏信息共享与合作的能力，只有"认知"部分，如下式所示，称为局部 PSO 算法。

$$v_{in}^k=v_{in}^{k-1}+c_1r_1(\text{pbest}_{in}-x_{in}^{k-1}) \tag{4-6}$$

$$v_{in}^k=wv_{in}^{k-1}+c_1r_1(\text{pbest}_{in}-x_{in}^{k-1}) \tag{4-7}$$

局部 PSO 算法是一种盲目随机搜索，收敛速度慢，很难得到问题最优解。

若学习因子 $c_1\neq0$ 和 $c_2\neq0$，则是一个完整型 PSO 算法，其结合了全局 PSO 和局部 PSO 的优点，能够保持较快的收敛速度和较好的寻优效果。

从图论的角度看，PSO 的邻域拓扑结构分为两种。一种是每个粒子的邻域均为整个种群，任意两个粒子之间都存在相互联系，速度更新公式中的"社会"部分可反映种群中的所有粒子信息，也就是说 gbest 是整个种群迄今为止发现的最优位置，此时即为全局 PSO 算法。另一种是每个粒子的邻域是其相邻的几个粒子，速度更新公式中的"社会"部分反映的是相邻粒子个体间的信息交互，也就是说 gbest 是这几个粒子迄今为止发现的最优位置，此时即为局部 PSO 算法。

4.1.3　粒子群算法的特点与优势

PSO 的本质是一种随机搜索算法，并能以较快的速度和较大的概率收敛于全局最优解，主要用于处理动态多目标优化的问题。具有下述特点：

（1）高效并行性，其搜索过程是从一组解迭代到另一组解，采用的是同时处理种群中多个个体的方法；

（2）由于采用的是实数编码，直接在问题域上处理，无须进行转换，因此算法相对简单，并且易于实现；

（3）各粒子的移动具有随机性，能够搜索到不确定的复杂区域；

（4）具有有效的全局与局部搜索的平衡能力，可避免早熟现象的发生；

（5）在优化工程中，各粒子通过自身经验和群体经验进行更新，具有很强的学习能力；

（6）得到的解的质量不依赖于初始点的选取，很好地保证了算法的收敛性；

（7）可对带离散变量的优化问题进行求解，但对离散变量的取整可能导致产生较大的误差；

（8）粒子特有的记忆功能使其可以动态跟踪当前的搜索情况并调整搜索策略；

（9）所有粒子都向最优解的方向运动，具有趋向同一化，使得后期收敛速度较慢，算法收敛到一定精度时无法继续优化；

（10）种群数目对于算法性能影响不大。

粒子群算法与遗传算法相比，本质上都是随机搜索，原始种群都是通过随机初始化产生的，并用适应度函数值来评价个体的优劣程度。不同的是 PSO 的搜索是根据个体速度决定的，采用的是较为简单的速度—位移模型，没有 GA 算法复杂的遗传操作过程。由于 PSO 有记忆功能，可保留种群及个体的历史信息，而 GA 只能通过迭代得到下一代个体信息，无法保留前一代的信息。

粒子群算法是一种新兴的智能优化技术，是群体智能领域中的一个分支。PSO 具有下述优势：

（1）算法依靠粒子速度完成搜索，在迭代进化中只有最优粒子才能将信息传递给其他粒子，搜索的速度较快；

（2）算法具有记忆性，可以记忆粒子群体的历史最优位置，并将其传递给其他粒子；

（3）算法需要调整的参数较少，结构简单，易于在工程领域实现；

（4）算法采用实数编码方式，直接由问题的解给定，问题解的变量数直接作为粒子的维数。

4.1.4　粒子群算法的应用

粒子群算法提供了一种求解复杂系统优化问题的策略，主要应用在以下领域：

（1）含有约束条件的函数优化问题。粒子群算法在函数优化中的规划，求解离散空间的组合问题上具有很好的效果。

（2）机器人控制领域。利用粒子群算法可实现机器人的协调控制、移动路径规划等。

（3）工程应用领域。工程问题中复杂的数学模型很难精确求解，粒子群算法为其提供了很好的工具，在控制器的设计优化、神经网络训练、非线性模型的参数估计、配电网扩建与检修等方面已取得了很好的效果。

（4）临床医学邻域。主要用于医学影像处理，利用基于粒子群的图像分割与增强技术将可疑病灶提取出来，以便进行下一步的临床分析与诊断。

（5）通信技术领域。利用粒子群算法应用到 DS－CDMA 通信系统中，主要用于路由选择和基站的优化布置。

（6）交通运输领域。将粒子群算法用于物流配送供应、城市交通优化等。

4.2　粒子群算法的改进

粒子群算法收敛速度快，但也存在着精度较低、容易发散等问题。若学习因子和最大速度选取得过大，则粒子群可能错过最优解的位置，导致算法不收敛；在收敛过程中，粒子具有趋向同一性，均向最优解的方向运动，种群多样性遭到了破坏，使得算法后期的收敛速度很慢，当算法的精度达到一定程度时，无法再继续进行优化，所得的精度也不是很高。因此，针对上述问题，需要对粒子群算法进行改进。

4.1.1　惯性权重调整策略

标准粒子群算法引入了惯性权重因子 w，w 是与速度有关的一个比例因子，影响到算法搜索能力的好坏，并且在全局搜索和局部搜索之间起到了平衡的作用，w 取值较大，PSO 的全局搜索能力较强；w 取值较小，PSO 的局部搜索能力较强。

惯性权重因子 w 可进行动态调整，分为线性调整策略、随机调整策略、压缩调整策略、模糊调整策略和自适应调整策略，算法流程如图 4-2 所示。

图 4-2　基于惯性权重调整策略的粒子群算法流程

1. 线性调整策略

线性调整策略是指 w 随着算法迭代次数的增加而线性下降的方法，可应对算法早熟和在全局最优解附近振荡的现象，调整公式如下式所示：

$$w = w_{max} - \frac{w_{max} - w_{min}}{k_{max}} \times k_n \qquad (4-8)$$

式中，w_{max} 和 w_{min} 为惯性权重因子的最大值和最小值；k_n 为算法进行到当前的迭代次数；k_{max} 为算法最大的迭代次数。

这样的线性动态调整，PSO 在开始时 w 设置较大，使得算法能够搜索较大的区域，较快的定位到最优解的大致位置，随着迭代次数的增加，w 逐渐变小，粒子的速度也变慢，进行较为细致的局部搜索，有效提高了算法的性能。

2. 随机调整策略

随机调整策略是将 PSO 中的惯性权重因子 w 设定为随机数，此时的调整公式如下式所示：

$$w = \lambda + \varepsilon * N(0,1) \qquad (4-9)$$

式中，$N(0,1)$ 为满足标准正态分布的随机数；参数 λ 满足如下式所示的关系：

$$\lambda = \lambda_{min} + (\lambda_{max} - \lambda_{min}) * rand(0,1) \qquad (4-10)$$

式中，λ_{max} 和 λ_{min} 是参数 λ 的上下限值；$rand(0,1)$ 是 0~1 内的随机数。

对于这种惯性权重调整策略，当算法在最初阶段，粒子就接近最优解点，随机产生的 w 值可能较小，故加快了算法的收敛速度，并且打破了线性调整策略算法不能收敛到最优点的局限性。

3. 压缩调整策略

压缩调整策略是在速度更新公式中引入一个压缩因子 α，此时粒子速度更新公式如下式所示：

$$v_{in}^k = v_{in}^{k-1} + \alpha \left[w v_{in}^{k-1} + c_1 r_1 (pbest_{in} - x_{in}^{k-1}) + c_2 r_2 (gbest_{in} - x_{in}^{k-1}) \right] \qquad (4-11)$$

式中，压缩因子 $\alpha = \dfrac{2}{|2 - \phi - (\phi^2 - 4\phi)^{\frac{1}{2}}|}$，而 $\phi = c_1 + c_2$，且 $\phi > 4$。

压缩调整策略可使算法搜索不同的区域，使得算法最终收敛到高质量的最优解。

4. 模糊调整策略

模糊调整策略是利用模糊控制器来动态自适应调整惯性权重，控制器设置两个输入环节和一个输出环节，两个输入分别为当前的 w 值和规范化后的当前最好性能评价值（NCBPE），NCBPE 是对当前最好性能评价值（CBPE）的规范化处理，如下式所示，输出的则是 w 的增量。

$$NCBPE = (CBPE - CBPE_{min}) / (CBPE_{max} - CBPE_{min}) \qquad (4-12)$$

式中，$CBPE_{min}$ 和 $CBPE_{max}$ 是 PSO 迄今为止的最好候选解性能测度的最小值和最大值，是根据不同的优化问题决定的，并且事先能够得知或估计。

模糊调整策略和线性调整策略的原理相似，但后者无法确定 w 调整的合适时机，而前者可利用模糊控制器对 w 的取值进行自适应调整，可保证每一时刻的 w 值都取得最佳，以此平衡全局和局部搜索。但模糊调整策略中的 $CBPE_{min}$ 与 $CBPE_{max}$ 两个参数很难选择得合适，故该策略并未得到广泛使用。

5. 自适应调整策略

对于种群内具有较高适应度值的粒子 $pbest_i$，在其所在的局部区域存在适应度值要大于全局最优解的粒子 $pbest_j$，从而全局最优解被其更新，这时为了能够快速寻找到 $pbest_j$，应加强 $pbest_i$ 的局部寻优能力，即减小其对应的惯性权重因子；同时，对于较低适应度值的粒子，$pbest_j$ 在其区域的可能性较低，应加强粒子的全局搜索能力，即增大其对应的惯性权重因子。

根据上述的思想，惯性权重因子 w 应进行自适应调整。一种方法是可根据个体适应度值的大小进行调整。设正常粒子的适应度值为 f_i，最优粒子的适应度值为 f_{best}，粒子群平均适应度值为 f_{avg}，大于 f_{avg} 的粒子适应度值的平均值为 f'_{avg}，根据不同的情况，惯性因子调整公式分别如下式所示：

（1）当 $f_i > f'_{avg}$ 时：

$$w = w - (w - w_{min}) \left| \frac{f_i - f'_{avg}}{f_{best} - f'_{avg}} \right| \tag{4-13}$$

（2）当 $f'_{avg} \leqslant f_i \leqslant f_{best}$ 时：

$$w \text{ 保持不变}$$

（3）当 $f_i < f'_{avg}$ 时：

$$w = 1.5 - \frac{1}{1 + \alpha \exp[-\beta | f_{best} - f'_{avg} |]} \tag{4-14}$$

式中，α 和 β 为控制参数。

若粒子的分布较为分散，则调整 w 取值变小，算法的局部搜索能力变强，使得群体趋于收敛；若粒子的分布较为密集，则调整 w 取值变大，算法的全局搜索能力变强，使得粒子有效跳出局部最优的境地。

还有一种方法是根据粒子与全局最优点的距离进行调整，粒子的惯性权重因子随着与全局最优点距离的增加而递增，即 w 根据粒子的位置不同而动态变化，调整公式如下式所示：

$$w = \begin{cases} w_{min} - \dfrac{(w_{max} - w_{min}) * (f - f_{min})}{f_{avg} - f_{min}}, & f \leqslant f_{avg} \\ w_{max}, & f > f_{avg} \end{cases} \tag{4-15}$$

式中：f 为粒子当前的适应度值；f_{avg} 为当前所有粒子适应度的平均值；f_{min} 为当前粒子适应度的最小值。

由式（4-15）可知，当粒子适应度值的分布较为分散时，适当减小 w；当粒子适应度值的分布较为集中时，适当增加 w。

4.1.2　粒子群算法与其他算法的混合

将 PSO 算法与其他优化算法混合使用，可以相互借鉴各自的优点，在提高个体多样性、增强局部与全局搜索能力、提高算法收敛速度与精度等方面取得了良好的效果。本节主要讲解粒子群与遗传算法的结合。

1. 基于杂交操作的混合 PSO 算法

在 PSO 算法的每次迭代中，首先根据杂交率选取指定数量的粒子，然后将这些粒子随机进行两两杂交操作，用产生的子代粒子代替父代粒子。子代位置计算公式如下式所示：

$$nx = i * mx(1) + (1 - i) * mx(2) \tag{4-16}$$

式中：$mx(1)$ 和 $mx(2)$ 是杂交的两个父代粒子位置；nx 是子代粒子位置；i 是 $0\sim1$ 间的随机数。

子代速度计算公式如下式所示：

$$nv = \frac{mv(1)+mv(2)}{\left| mv(1)+mv(2) \right|} \left| mv \right| \tag{4-17}$$

式中：$mv(1)$ 和 $mv(2)$ 是杂交的两个父代粒子速度；nv 是子代粒子速度。

基于杂交操作的混合 PSO 算法的流程如图 4-3 所示。

2. 基于自然选择的混合 PSO 算法

基于自然选择的混合 PSO 算法是在算法迭代过程中根据适应度值对种群内的粒子进行排序，然后用排序靠前的部分粒子来替换排序靠后的部分粒子，但粒子所记忆的历史最优解被保留。基于自然选择的混合 PSO 算法的流程如图 4-4 所示。

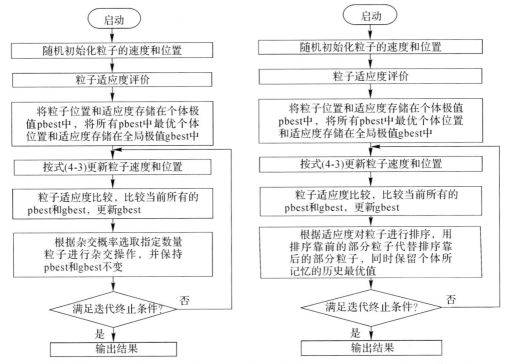

图 4-3 基于杂交操作的混合 PSO 算法流程图   图 4-4 基于自然选择的混合 PSO 算法流程图

4.3 粒子群算法实例

4.3.1 粒子群算法工具箱

PSO 算法工具箱将函数封装在内部，为用户提供参数设置界面，包括待优化的函数、函数自变量的取值范围、函数每次迭代所要求的最大变化量，可解决多变量、非线性、不连续等问题。

算法工具箱将待优化的函数及相关参数代入到 PSO 算法函数中，函数形式如下式所示：

pso_Trelea_vectorized($''$,N，Max_V，range)

其中：''内部为待优化的函数；N 为待优化函数的维数；Max_V 为粒子的最大速度；range 为参数的变化范围。

对于 PSO 函数的参数设置如下式所示：

$$\text{Pdef} = [\Delta n, \ n_1, \ m, \ c_1, \ c_2, \ w_1, \ w_2, \ n_2, \ \varepsilon, \ L, \ \text{NaN}, \ 0, \ 1]$$

其中：Δn 表示每迭代 Δn 次在 Matlab 命令窗口显示一次，若取值为 0，则不显示；n_1 表示最大迭代次数，是算法终止的条件；m 表示初始化粒子数；c_1 和 c_2 表示加速因子，一般不需要修改；w_1 表示算法初始时刻的惯性权重因子，w_2 表示算法收敛时刻的惯性权重因子，这两个参数主要控制收敛速度和收敛精度，一般也不需要修改；n_2 表示当迭代到此数时，权重值取其最小；ε 表示当连续两次迭代中对应的种群最优值小于该值时，算法停止；L 表示当迭代到此数时，函数的梯度值仍未变化，算法停止；NaN 表示优化的情况，代表非约束下的优化问题；倒数第二个参数"0"代表采用的是标准 PSO 算法；倒数第一个参数"1"代表自行产生粒子。

算法工具箱在用户输入 Pdef 的相关参数后，即可通过函数求得待优化问题的解。

4.3.2　基于粒子群算法的函数最值求解问题

例 4-1　计算函数 $f(x, y) = 0.5 \times (x-3)^2 + 0.2 \times (y-5)^2 - 0.1$ 的最小值，其中两个自变量的取值范围分别是 $x \in [-50, 50]$，$y \in [-50, 50]$。

解　（1）定义待优化的函数。

```
function z= test_func(in)
nn= size(in);
x= in(:,1);
y= in(:,2);
nx= nn(1);
for i=1:nx
    temp = 0.5 * (x(i)−3)^2+sin(y(i))−0.1;
    temp = 0.5 * (x(i)−3)^2+0.2 * (y(i)−5)^2−0.1;
    z(i,:) = temp;
end
```

（2）利用函数工具箱将待优化的函数代入 PSO 算法函数中进行求解。

```
clear
clc
x_range=[−50,50];
y_range=[−50,50];
range = [x_range;y_range];
Max_V = 0.2 * (range(:,2)−range(:,1));
n=2;
pso_Trelea_vectorized('test_func',n,Max_V,range)
```

（3）PSO 算法参数设置。

```
Pdef = [100 5000 24 2 2 0.9 0.4 1500 1e−25 250 NaN 0 0];
```

通过 PSO 算法计算后的结果为：当 $x=3$，$y=5$ 时，函数取得最小值 $f(x, y)_{\min} = -0.1$。

4.3.3 基于粒子群算法的旅行商 TSP 问题

例 4-2 现有 14 座城市，要求从某一城市出发遍历所有城市后回到该城市，并且除起点外的其他城市只能经历一次，各座城市的位置坐标如下：

$C_1=(16.47,96.10)$；$C_2=(16.47,94.44)$；$C_3=(20.09,92.54)$；$C_4=(22.39,93.37)$

$C_5=(25.23,97.24)$；$C_6=(22.00,96.05)$；$C_7=(20.47,97.02)$；$C_8=(17.20,96.29)$

$C_9=(16.30,97.38)$；$C_{10}=(14.05,98.12)$；$C_{11}=(16.53,97.38)$；$C_{12}=(21.52,95.59)$

$C_{13}=(19.41,97.13)$；$C_{14}=(20.09,94.55)$

请利用 PSO 算法求取旅行的最佳路径及距离。

解 （1）算法参数设置。

```
PopSize=500；
CityNum=14；
OldBestFitness=0；
Iteration=0；
MaxIteration=2000；
IsStop=0；
Num=0；
c1=0.5；
c2=0.7；
w=0.96-Iteration/MaxIteration；
```

PopSize 为种群大小；CityNum 为城市个数；OldBestFitness 为初始最优适应度值；Iteration为初始迭代次数；MaxIteration为最大迭代次数；IsStop 为程序停止的标志；Num 为取得相同适应度值时的迭代次数；c1 为认知学习系数；c2 为社会学习系数；w 为惯性权重系数，其是动态变化的，随着迭代次数的增加而减小。

（2）随机初始化粒子的位置和速度。

```
Group=ones(CityNum,PopSize)；
for i=1:PopSize
    Group(:,i)=randperm(CityNum)'；
end
Group=arrange(Group)；
Velocity =zeros(CityNum,PopSize)；
for i=1:PopSize
    Velocity(:,i)=round(rand(1,CityNum)'*CityNum)；%粒子速度取值
end
```

arrange()函数对种群内粒子进行排列以形成路径，并保证 1 号城市作为旅行起点，由此形成路径种群，相关程序如下：

```
function Group=arrange(Group)
[x y]=size(Group)；
[NO1,index]=min(Group',[],2)；
for i=1:y
    pop=Group(:,i)；
    temp1=pop([1:index(i)-1])；
```

```
        temp2＝pop([index(i)：x]);
        Group(:,i)＝[temp2′ temp1′]′;%路径种群从 1 号城市开始
    end
```

程序中利用 min( )函数寻找到 1 号城市的位置。

（3）计算各城市间的距离。

```
    CityBetweenDistance＝zeros(CityNum,CityNum);
    for i＝1:CityNum
        for j＝1:CityNum
        CityBetweenDistance(i,j)＝sqrt((node(i,1)－node(j,1))^2＋(node(i,2)－node(j,2))^2);
        end
    end
```

各城市间的距离用下式计算：

$$d = \sqrt{(x_1 - x_2)^2 + (y_1 - y_2)^2} \tag{4-18}$$

式中：x_1 和 x_2 是两座城市位置的横坐标；y_1 和 y_2 是两座城市位置的纵坐标。

（4）计算每条路径的距离。

```
    for i＝1:PopSize
        EachPathDis(i) ＝PathDistance(Group(:,i)′,CityBetweenDistance);
    end
    IndivdualBest＝Group;
    IndivdualBestFitness＝EachPathDis;
    [GlobalBestFitness,index]＝min(EachPathDis);%记录群体最优值和相应序号
```

利用 PathDistance( )函数计算各条路径的总距离，即每条路径上的各座城市间的距离之和；用变量 IndivdualBest 记录粒子个体搜索到的最优路径；用变量 IndivdualBestFitness 记录粒子个体搜索到的最优路径的长度；通过对比每条路径的长度 min(EachPathDis)，可得到全局最优解 GlobalBestFitness 及对应的路径序号 index。

（5）PSO 算法寻优。

```
    while(IsStop＝＝0) & (Iteration<MaxIteration)
        Iteration＝Iteration+1;
        for i＝1:PopSize
            GlobalBest(:,i)＝Group(:,index);
        end
        pij_xij＝GenerateChangeNums(Group,IndivdualBest);
        pij_xij＝HoldByOdds(pij_xij,c1);
        pgj_xij＝GenerateChangeNums(Group,GlobalBest);
        pgj_xij＝HoldByOdds(pgj_xij,c2);
        Velocity＝HoldByOdds(Velocity,w);
        Group ＝PathExchange(Group,Velocity);
        Group ＝PathExchange(Group,pij_xij);
        Group ＝PathExchange(Group,pgj_xij);
        for i ＝1:PopSize
            EachPathDis(i) ＝PathDistance(Group(:,i)′,CityBetweenDistance);
        end
```

```
IsChange = EachPathDis<IndivdualBestFitness;
IndivdualBest(:,find(IsChange)) = Group(:,find(IsChange));
IndivdualBestFitness=IndivdualBestFitness. * (~IsChange)+EachPathDis. * IsChange;
[GlobalBestFitness,index]=min(EachPathDis);
    if GlobalBestFitness==OldBestFitness
        Num=Num+1;
    else
        OldBestFitness=GlobalBestFitness;
        Num=0;
    end
    if Num >= 20
        IsStop=1;
    end
    BestFitness(Iteration)=GlobalBestFitness;
end
```

GenerateChangeNums( )函数是将个体最优路径排序 IndivdualBest 和群体最优路径排序 GlobalBest，分别与群体 Group 中粒子的排序进行对比，若路径的排序相同但粒子所处的位置不同，则交换粒子的位置，相关程序语句如下所示，并用 HoldByOdds( )函数记录交换粒子的位置 pij_xij 和 pgj_xij，同时记录粒子的速度。

```
function ChangeNums=GenerateChangeNums(Group,BestVar);
[x y]=size(Group);
ChangeNums=zeros(x,y);
for i=1:y
    pop=BestVar(:,i);      %从 BestVar 中取出一个粒子路径排序
    pop1=Group(:,i);       %从种群中取出对应的粒子路径排序
    for j=1:x              %从 BestVar 中取出一个城市编号
        NoFromBestVar=pop(j);
        for k=1:x
            NoFromGroup=pop1(k);      %从种群中取出一个城市编号
            if (NoFromBestVar==NoFromGroup) && (j~=k) %若两个编号相同
                                          %但不位于同一位置
                ChangeNums(j,i)=k;
                pop1(k)=pop1(j);
                pop1(j)=NoFromGroup;      %交换粒子，并记录粒子交换的位置

            end
        end
    end
end
```

然后根据 pij_xij 和 pgj_xij 进行路径的交换，通过路径交换函数 PathExchange( )来完成，最后得到初始路径种群 Group。

路径距离利用函数 PathDistance( )完成更新，将更新后的值 EachPathDis 与更新前的

值 IndivdualBestFitness 对比，若大于之前的值，则记录此时的数值和路径，以此更新个体最佳路径 IndivdualBest 和最佳距离 IndivdualBestFitness。对于群体情况，搜索全局最优解 min(EachPathDis)，在更新完成后，对比前后的适应度值 GlobalBestFitness 和 OldBestFitness，若不相等，则重新迭代更新适应度值，直至两值接近时迭代结束，每次迭代都记录最优适应度值 BestFitness(Iteration)。

通过 PSO 算法搜索得到的最佳路径如图 4-5 所示。计算得到的最佳路径长度为 32.1586 km。

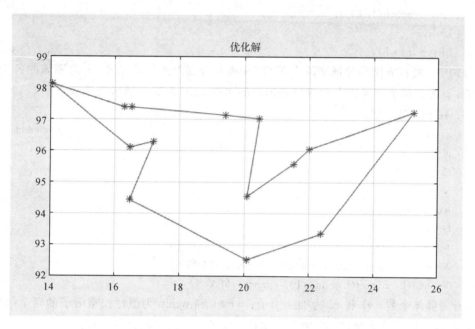

图 4-5　基于 PSO 算法的旅行商最佳路径图

4.3.4　基于粒子群算法的图像处理问题

例 4-3　如图 4-6 所示为人体肺部的 CT 图像，利用粒子群算法将肺部组织和人体骨骼脂肪分隔开。

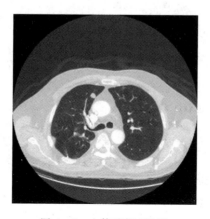

图 4-6　人体肺部 CT 图

解 （1）读取图像数据并进行灰度变换。

I＝imread('feibu.jpg')；

J＝rgb2gray(I)；

（2）提取图像灰度直方图。为了更好地统计图像灰度值分布情况，需提取图像的灰度直方图。灰度直方图是灰度值的函数，描述的是图像中该灰度值的像素个数，图的横纵坐标分别表示灰度值和该灰度值出现的频率。

[a,b]＝size(J)；

[p,x]＝imhist(J, 256)；

L＝x'；

LP＝p'/(a * b)；

语句中，将直方图均分成 256 个等级；a 和 b 分别为图像的尺寸；x 为图像的各个像素灰度值；p 为在每个灰度值上对应像素出现的次数；LP 为灰度值出现的概率。

（3）粒子的初始化。

n＝256；

c1＝2；

c2＝2；

wmax＝0.9；

wmin＝0.4；

G＝100；

M＝15；

X＝min(L)＋fix((max(L)−min(L)) * rand(1,M))；

V＝min(L)＋(max(L)−min(L)) * rand(1,M)；

其中：n 为群体个数；c1 和 c2 为加速因子；wmax 和 wmin 为惯性权重因子的两个限值；G 为迭代次数；M 为群体维数；X 为初始化粒子位置；V 为初始化粒子速度。

（4）粒子适应度计算。

m＝0；

for i＝1:1:n

    m＝m＋L(i) * LP(i)；

end

pbest＝zeros(M,2)；

gbest1＝0；

gbest2＝0；

GG＝0；

    for i＝1:1:M

        t＝length(find(X(i)＞＝L))；

        r＝0；

        s＝0；

        for j＝1:1:t

            r＝r＋LP(j)；

            s＝s＋L(j) * LP(j)；

        end

        W0(i)＝r；

```
            W1(i)=1-r;
            U0(i)=s/r;
            U1(i)=(m-s)/(1-r);
        end
    for i0=1:1:M
            BB(i0)=W0(i0)*W1(i0)*((U1(i0)-U0(i0))^2);
    end
```

这里主要采用的是基于大津阈值法(OTSU)的图像分割技术。大津阈值法又称为最大类间方差法，由日本学者大津于 1979 年提出。其基本思想是用某一假定的灰度值将图像的灰度分成两组，当两组的类间方差最大时，此灰度值就是图像二值化的最佳阈值。设图像有 N 个灰度值，则像素灰度值的取值范围是 $[0, N-1]$，在此范围内选取某个灰度值 k，并将图像分成两组，其中一组的灰度值范围是 $[0, k]$，另一组灰度值范围是 $[k+1, N-1]$，每个灰度值出现的概率为 p_i，由此可得到两组灰度值出现的概率之和 w_0、w_1 与平均灰度值 u_0、u_1 如下式所示：

$$w_0=\sum_{i=0}^{k}p_i, \quad w_1=\sum_{i=k+1}^{N-1}p_i=1-w_0 \tag{4-19}$$

$$u_0=\sum_{i=0}^{k}ip_i, \quad u_1=\sum_{i=k+1}^{N-1}ip_i \tag{4-20}$$

图像的总平均灰度值 u 如下式所示：

$$u=w_0\times u_0+w_1\times u_1 \tag{4-21}$$

图像的类间方差 $g(t)$ 如下式所示：

$$g(t)=w_0(u_0-u)^2+w_1(u_1-u)^2=w_0w_1(u_0-u_1)^2 \tag{4-22}$$

大津阈值（最大类间方差）T 如下式所示：

$$T=\mathrm{argmax}[g(t)] \tag{4-23}$$

方差 $g(t)$ 是衡量图像灰度分布均匀性的重要指标，$g(t)$ 越大，说明构成图像的两部分差别就越大。大津阈值法就是通过 $g(t)$ 的极值 T 使得图像前景与背景两部分的差别最大化，以此实现二值化效果达到最佳。

程序语句中，灰度值的个数为群体个数 n；m 为 n 个灰度的平均值；选取灰度值 t 将图像分成两组，选取的依据是将初始粒子位置 X 分别与图像的各个灰度值对比（"find(X(i)≥L)"），以此将图像划分为两部分；W0 是第一部分灰度值出现的概率之和；W1 是第二部分灰度值出现的概率之和；U0 为第一部分的平均灰度值；U1 为第二部分的平均灰度值；BB 为类间方差值，即为适应度函数值。

（5）寻找个体极值和群体极值。

```
    for i=1:1:M
        if pbest(i,2)<BB(i)
            pbest(i,2)=BB(i);
            pbest(i,1)=X(i);
        end
    end
        [MAX,CC]=max(BB);
        if MAX>=gbest2
```

```
            gbest2＝MAX；
            gbest1＝X(CC)；
        end
        GG(k)＝gbest2；
```
（6）粒子位置和速度更新。
```
    for i＝1:1:M
        V(i)＝round(w(k) * V(i) + c1 * rand * (pbest(i,1) − X(i)) +
                    c2 * rand * (gbest1−X(i)))；
        X(i)＝V(i)＋X(i)；
    end
```

通过粒子群算法得到的分割图像如图 4-7 所示，由图可见，通过该算法可有效将肺部组织隔离出来，便于对其进行进一步的分析。

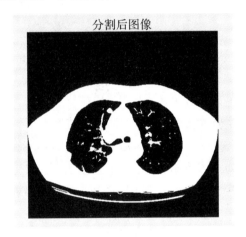

图 4-7　分割后图像

4.4　基于粒子群算法的多目标搜索

在实际的工程应用中，多为多目标优化问题。多目标优化问题是同时优化各个目标使其达到综合最优解。但在求解的同时，各目标问题之间互相影响，很难实现同时最优，因此无法利用求解单目标问题的方法来完成。

若在多目标优化问题的可行域中存在一个问题解，且不存在另一个可行解，使得一个解中的目标全部劣于该解，则该解称为问题的非劣解，由所有非劣解构成的集合叫非劣解集。某个实际问题可能存在多个非劣解，但决策者只能选择其中一个最佳的解作为最终解，主要有生成法、交互法和相对法。生成法是先求出许多的非劣解，然后按照决策者的意图找出最终解，包括加权法、约束法和两种方法相结合的混合法。交互法不需要求出许多的非劣解，而是通过分析者与决策者对话的方式逐步找出最终解，主要有 Geoffrion 法；相对法是事先要求决策者提供问题目标之间的相对重要程度，然后以此为依据将多目标问题转化为单目标问题求解。

基于粒子群算法的多目标搜索流程如图 4-8 所示。

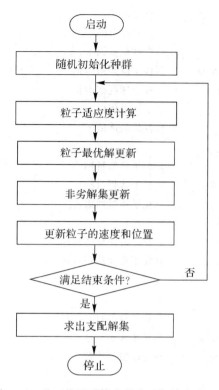

图 4-8 基于粒子群算法的多目标搜索流程图

其中的非劣解集更新是根据新粒子的支配关系来筛选非劣解。筛选非劣解集主要分为初始筛选非劣解集和更新非劣解集。初始筛选非劣解集是指在粒子初始化后，当其中一个粒子不受其他粒子支配时，把该粒子放入非劣解集中，并且在粒子更新前都从非劣解集中随机选择一个粒子作为群体最优粒。更新非劣解集是指当新产生的粒子不受其他粒子和当前非劣解集中粒子支配时，把该新粒子放入非劣解集中，并且在每次粒子更新前都从非劣解集中随机选择一个粒子作为群体最优粒子。

个体最优粒子的更新是从当前的新粒子和个体最优粒子中选择支配粒子，当两个粒子都不是支配粒子时，从中随机选择一个粒子作为个体最优粒子，群体最优粒子为从非劣解集中随机选择的一个粒子。

下面利用粒子群算法解决背包问题。假设有五类物品，每类物品中又包含四种具体物品，现要求从这五类物品中分别选择一种物品放入背包中，使得背包内的物品总价值最大，总体积最小，并且背包的总质量不超过 100 kg，相关程序语句如下：

```
%初始参数
objnum＝size(P,1);          %每类物品中具体的物品个数
weight＝100;               %总质量限制
%种群初始化
Dim＝5;                    %粒子维数
xSize＝100;                %种群规模
MaxIt＝300;                %迭代次数
c1＝0.9;                   %学习因子
```

```
        c2＝0.6；                    %学习因子
        wmax＝1.5；                  %惯性权重因子
        wmin＝0.1；                  %惯性权重因子
        x＝unidrnd(4,xSize,Dim)；     %粒子位置初始化
        v＝zeros(xSize,Dim)；         %粒子速度初始化
        xbest＝x；                   %个体最优值
        gbest＝x(1,:)；              %群体最优值
        %粒子适应度值计算
        px＝zeros(1,xSize)；          %粒子价值目标
        rx＝zeros(1,xSize)；          %粒子体积目标
        cx＝zeros(1,xSize)；          %粒子质量约束
        %最优值初始化
        pxbest＝zeros(1,xSize)；      %粒子最优价值目标
        rxbest＝zeros(1,xSize)；      %粒子最优体积目标
        cxbest＝zeros(1,xSize)；      %记录粒子质量
        %上一次的值
        pxPrior＝zeros(1,xSize)；     %粒子价值目标
        rxPrior＝zeros(1,xSize)；     %粒子体积目标
        cxPrior＝zeros(1,xSize)；     %记录粒子质量
        %计算初始目标向量
        for i＝1:xSize
            for j＝1:Dim %控制类别
                px(i) ＝ px(i)+P(x(i,j),j)；    %粒子价值
                rx(i) ＝ rx(i)+R(x(i,j),j)；    %粒子体积
                cx(i) ＝ cx(i)+C(x(i,j),j)；    %粒子重量
            end
        end
        %粒子最优位置
        pxbest＝px；
        rxbest＝rx；
        cxbest＝cx；
        %初始筛选非劣解
        flj＝[]；
        fljx＝[]；
        fljNum＝0；
        %两个实数相等精度
        tol＝1e-7；
        for i＝1:xSize
            flag＝0；   % 支配标志
            for j＝1:xSize
                if j～＝i
                    if ((px(i)＜px(j))&&(rx(i)＞rx(j)))||((abs(px(i)-px(j))＜tol)…
                        &&(rx(i)＞rx(j)))||((px(i)＜px(j))
```

```
                    &&(abs(rx(i)-rx(j))<tol))||(cx(i)>weight)
                    flag=1;
                    break;
                end
            end
        end
        %判断有无被支配
        if flag==0
            fljNum=fljNum+1;
            %记录非劣解
            flj(fljNum,1)=px(i);
            flj(fljNum,2)=rx(i);
            flj(fljNum,3)=cx(i);
            %非劣解位置
            fljx(fljNum,:)=x(i,:);
        end
    end
%循环迭代
for iter=1:MaxIt
    %权值更新
    w=wmax-(wmax-wmin)*iter/MaxIt;
    %从非劣解中选择粒子作为全局最优解
    s=size(fljx,1);
    index=randi(s,1,1);
    gbest=fljx(index,:);
    %群体更新
    for i=1:xSize
        %速度更新
        v(i,:)=w*v(i,:)+c1*rand(1,1)*(xbest(i,:)-x(i,:))
                +c2*rand(1,1)*(gbest-x(i,:));
        %位置更新
        x(i,:)=x(i,:)+v(i,:);
        x(i,:) = rem(x(i,:),objnum)/double(objnum);
        index1=find(x(i,:)<=0);
        if ~isempty(index1)
            x(i,index1)=rand(size(index1));
        end
        x(i,:)=ceil(4*x(i,:));
    end
    %计算个体适应度
        pxPrior(:)=0;
        rxPrior(:)=0;
        cxPrior(:)=0;
```

```
        for i＝1:xSize
        for j＝1:Dim %控制类别
            pxPrior(i) = pxPrior(i)+P(x(i,j),j);    %计算粒子 i 价值
            rxPrior(i) = rxPrior(i)+R(x(i,j),j);    %计算粒子 i 体积
            cxPrior(i) = cxPrior(i)+C(x(i,j),j);    %计算粒子 i 质量
        end
    end
%更新粒子历史最佳
for i＝1:xSize
    %现在的支配原有的，替代原有的
    if ((px(i)<pxPrior(i))
    &&(rx(i)>rxPrior(i))) ||((abs(px(i)-pxPrior(i))<tol)...
    &&(rx(i)>rxPrior(i)))||((px(i)<pxPrior(i))
    &&(abs(rx(i)-rxPrior(i))<tol))|| (cx(i)>weight)
            xbest(i,:)=x(i,:);%没有记录目标值
            pxbest(i)=pxPrior(i);rxbest(i)=rxPrior(i);cxbest(i)=cxPrior(i);
        end
    %彼此不受支配，随机决定
    if~( ((px(i)<pxPrior(i))&&(rx(i)>rxPrior(i))) ||
        ((abs(px(i)-pxPrior(i))<tol...
    &&(rx(i)>rxPrior(i)))||((px(i)<pxPrior(i))
    &&(abs(rx(i)-rxPrior(i))<tol))|| (cx(i)>weight) )…
    &&~(((pxPrior(i)<px(i))&&(rxPrior(i)>rx(i)))||((abs(pxPrior(i)-px(i))<tol
    &&(rxPrior(i)>rx(i))...
    ||((pxPrior(i)<px(i))&&(abs(rxPrior(i)-rx(i))<tol))|(cxPrior(i)>weight) )
    ifrand(1,1)<0.5
        xbest(i,:)=x(i,:);
        pxbest(i)=pxPrior(i);
        rxbest(i)=rxPrior(i);
        cxbest(i)=cxPrior(i);
        end
    end
end
%更新非劣解集合
px＝pxPrior;
rx＝rxPrior;
cx＝cxPrior;
%更新升级非劣解集合
s＝size(flj,1);%目前非劣解集合中元素个数
%先将非劣解集合和 xbest 合并
pppx＝zeros(1,s+xSize);
rrrx＝zeros(1,s+xSize);
cccx＝zeros(1,s+xSize);
```

```
pppx(1:xSize)=pxbest;pppx(xSize+1:end)=flj(:,1)';
rrrx(1:xSize)=rxbest;rrrx(xSize+1:end)=flj(:,2)';
cccx(1:xSize)=cxbest;cccx(xSize+1:end)=flj(:,3)';
xxbest=zeros(s+xSize,Dim);
xxbest(1:xSize,:)=xbest;
xxbest(xSize+1:end,:)=fljx;
%筛选非劣解
flj=[];
fljx=[];
k=0;
tol=1e-7;
for i=1:xSize+s
    flag=0;%没有被支配
    %判断该点是否非劣
    for j=1:xSize+s
        if j~=i
            if((pppx(i)<pppx(j))&&(rrrx(i)>rrrx(j)))||((abs(pppx(i)-pppx(j))<tol)…
                &&(rrrx(i)>rrrx(j)))||((pppx(i)<pppx(j))
                &&(abs(rrrx(i)-rrrx(j))<tol))…
                            ||(cccx(i)>weight)  %有一次被支配
                    flag=1;
                    break;
                end
            end
    end
    %判断有无被支配
    if flag==0
        k=k+1;
        flj(k,1)=pppx(i);
       flj(k,2)=rrrx(i);
       flj(k,3)=cccx(i);%记录非劣解
        fljx(k,:)=xxbest(i,:);%非劣解位置
    end
end
%去掉重复粒子
repflag=0;   %重复标志
k=1;          %不同非劣解粒子数
flj2=[];       %存储不同非劣解
fljx2=[];      %存储不同非劣解粒子位置
flj2(k,:)=flj(1,:);
fljx2(k,:)=fljx(1,:);
for j=2:size(flj,1)
    repflag=0;   %重复标志
```

```
        for i=1:size(flj2,1)
            result=(fljx(j,:)==fljx2(i,:));
            if length(find(result==1))==Dim
                repflag=1;%有重复
            end
        end
        %粒子不同,存储
        if repflag==0
            k=k+1;
            flj2(k,:)=flj(j,:);
            fljx2(k,:)=fljx(j,:);
        end
    end
    %非劣解更新
    flj=flj2;
    fljx=fljx2;
end
%绘制非劣解分布
plot(flj(:,1),flj(:,2),'o')
xlabel('P')
ylabel('R')
title('最终非劣解在目标空间分布')
disp('非劣解 flj 中三列依次为 P, R, C')
```

求得的每类物品的价值、体积和质量如表 4-1 所示,非劣解在目标空间中的分布如图 4-9 所示。

表 4-1 物品的价值、体积和质量

类别	一	二	三	四	五
价值/百元	3 4 5 3	4 6 7 5	9 8 10 10	15 10 12 10	2 2.5 3 2
体积/L	0.2 0.25 0.3 0.3	0.3 0.35 0.37 0.32	0.4 0.38 0.5 0.45	0.6 0.45 0.5 0.6	0.1 0.15 0.2 0.2
质量/kg	10 12 14 14	13 15 18 14	24 22 25 28	32 26 28 32	4 5.2 6.8 6.8

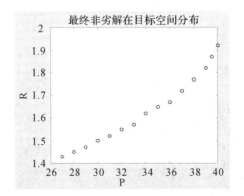

图 4-9 最终非劣解在目标空间分布

4.5　量子粒子群算法

量子粒子群优化算法（Quantum Particle Swarm Optimization，QPSO）相比传统粒子群算法，取消了粒子的移动方向属性，使粒子的位置更新与粒子之前的运动情况毫无关系，增强了粒子移动位置的随机性。这里引入了新的变量 mbest，该变量表示的是粒子中值最优位置，即粒子最优位置的平均值。mbest 的计算如下式所示：

$$\text{mbest} = \frac{1}{N}\sum_{i=1}^{N}p_i \qquad (4-24)$$

式中，N 为粒子群的大小；p 的取值如下式所示：

$$p_i = \frac{r_1 p_{\text{best\_}i} + r_2 g_{\text{best\_}i}}{r_1 + r_2} \qquad (4-25)$$

式中：$p_{\text{best}i}$ 为个体极值；$g_{\text{best}i}$ 为群体极值；r_1 和 r_2 是取值在（0,1）范围内的随机数。

粒子的位置更新公式如下式所示：

$$x_{i+1} = p_i \pm \alpha |\text{mbest} - x_i| \ln(\frac{1}{u}) \qquad (4-26)$$

式中：α 为创造力系数，用于控制算法的收敛速度；随机数 u 用来控制算法中间的 ± 符号，当 $u > 0.5$ 时取值为正，否则取值为负。

QPSO 算法增强了 PSO 算法的全局收敛能力；由于算法中只包含一个参数，易于算法的实现和参数的选择；QPSO 算法稳定性要高于原始的 PSO。

QPSO 算法的程序语句如下：

```
%初始化参数设置
TI = [300];              %迭代总次数
DI = [5];                %粒子维数
NI = [40];               %种群规模
runTimes = 100;          %运行次数
result = [];             %存储计算结果
%QPSO 搜索
for i=1:length(TI)
    T = TI(i);
    D = DI(i);
    lb = -100 * ones(1,D);
    ub = 100 * ones(1,D);
    for j =1:length(NI)
        N = NI(j);
        result = [];
        for k=1:runTimes
            LB = repmat(lb,N,1);
            UB = repmat(ub,N,1);
            Pop = unifrnd(LB,UB,N,D);    %在问题空间中随机初始化粒子的位置
```

```
fitV = fitness(Pop);              %计算粒子的适应度值
P = Pop;                          %初始化粒子个体的历史最优位置
[ans,I] = min(fitV);
Pg = Pop(I,:);                    %初始化整个粒子群的全局最优位置
belta = 0.8;                      %创造力系数
t = 0;                            %迭代次数
while t<T
    belta = (1.0 -0.5) * (T - t)/T + 0.5;
    C = sum(P)./N;                %计算粒子群的中值最优位置
    for i=1:N
        if fitness(Pop(i,:)) < fitness(P(i,:))
        P(i,:) = Pop(i,:);        %当前粒子个体最优位置与前一次迭代的
                                   适应值比较,以更新个体最优位置
        end
    end
    fitV = fitness(P);            %计算群体历史最优位置的适应值
    [bestFit,I] = min(fitV);
    if bestFit < fitness(Pg)      %当前粒子全局最优位置与前一次迭代的
                                   适应值比较,以更新全局最优位置
        Pg =P(I,:);
    end
    %粒子位置更新
    for i =1:N
        for d=1:D
            fai =unifrnd(0,1);
            p(i,d) = fai * P(i,d) + (1-fai) * Pg(d);%
            u = unifrnd(0,1);     %u 的取值为服从均匀分布的随机数
            ifunifrnd(0,1)< 0.5
                Pop(i,d)=p(i,d)-belta * abs(C(d) - Pop(i,d)) * (log(1/u));
            else
                Pop(i,d)=p(i,d)+belta * abs(C(d) - Pop(i,d)) * (log(1/u));
            end
        end
    end
    t = t + 1;
end
bestS= Pg;
bestV =fitness(Pg);
result = [Pg';bestV];
        end
    end
end
```

所需要优化的函数如下：

```
function y=f2(x)
d=length(x);
z=0;
for k=1:d-1
  z=z+(100*(x(k+1)-x(k)^2)^2+(x(k)-1)^2);
end
y=z;
```

通过 QPSO 算法得到的函数最优解为 0.27 456 176。

4.6 小 结

本章阐明了以下几个问题：

（1）粒子群算法的基本原理。

（2）粒子群算法的基本流程，包括种群初始化、适应度评价、个体最优位置更新、群体最优位置更新、粒子速度与位置更新、迭代至终止。

（3）粒子群算法的特点与优势。

（4）粒子群算法的应用领域，包括函数优化、机器人控制、工程、医学和交通。

（5）针对常规粒子群算法存在的缺陷，提出算法的改进策略，主要从惯性权重调整和算法混合两个角度展开。惯性权重的调整策略包括线性调整、随机调整、压缩调整、模糊调整、自适应调整。混合算法是分别将 PSO 算法与杂交和自然选择操作结合。

（6）粒子群算法的实际案例，主要是基于粒子群算法工具箱，利用 Matlab 软件编程解决实际问题，如求解函数最值、旅行商 TSP、图像处理等问题。

（7）基于粒子群算法的多目标搜索，利用粒子群算法解决多目标优化问题。

（8）量子粒子群算法，相比传统粒子群算法，取消了粒子的移动方向属性，增强了粒子移动位置的随机性。

习 题

1. 在粒子群算法的速度更新公式中引入惯性权重因子 w 的作用是什么？w 的取值对算法搜索能力有何影响？

2. 粒子群算法的基本流程包括哪些部分？

3. PSO 的邻域拓扑结构分为哪两种？

4. 与遗传算法相比，粒子群算法有哪些不同？

5. 粒子群算法具有哪些优势？

6. 粒子群算法主要应用在哪些领域？

7. 针对常规粒子群算法存在的问题，有哪些改进策略？

8. 针对惯性权重因子 w 进行的动态调整策略有哪些？

9. 简述各种惯性权重因子调整策略的原理及数学表达式。

10. 惯性权重自适应调整策略的方法有哪些？

11. 简述基于杂交操作的混合 PSO 算法的流程。

12. 简述基于自然选择的混合 PSO 算法的流程。

13. Matlab 粒子群算法工具箱内的函数有哪些类型？

14. 利用基本粒子群算法求解函数 $f(x) = \sum_{i=1}^{50}(x_i^2 + x_i - 8)$ 的最小值。

15. 分别使用基于杂交和基于自然选择的混合粒子群算法求解函数

$$f(x) = \cfrac{1}{1 + \sum_{i=1}^{10} \cfrac{i}{1 + (x_i + 1)^3}} + 0.8$$

的最小值，其中 $-10 \leqslant x_i \leqslant 10$。

16. 使用粒子群算法对图 4-10 进行图像分割。

图 4-10 习题 16 图

17. 如何利用粒子群算法处理多目标优化的问题？

18. 相比常规粒子群算法，量子粒子群算法有哪些优势？

第五章 蚁群算法

蚁群算法（Ant Colony Optimization，ACO)模拟的是蚂蚁觅食过程中发现路径的行为，最早由 Marco Dorigo 在 1992 年提出，是一种优化路径搜索的概率型算法。蚂蚁随机搜寻食物，一旦遇到食物便会分泌信息素，在运送食物回去的路上也会留下信息素，此时其他随机运动的蚂蚁嗅到信息素，开始沿着含有信息素的路径移动，遇到食物后同样分泌信息素，以吸引更多的同类过来，为其指明运动方向。由于信息素具有挥发性，因此长路径上的信息素浓度相对较低，短路径上的信息素浓度相对较高，搜寻效果也存在一定差异。本章首先介绍蚁群算法的基本原理、基本流程、算法规则、特点与优势、研究与应用；然后针对常规蚁群算法存在的问题，提出一些改进措施，以建立优化的系统结构，包括精英蚂蚁系统、最大-最小蚂蚁系统、基于排序的蚂蚁系统、蚁群系统和其他的改进系统；最后利用蚁群算法处理一些实际问题，包括求解函数的最值问题、旅行商 TSP 问题。

5.1 蚁群算法概述

蚁群算法将蚂蚁的行走路线表示为待求解问题的可行解，每只蚂蚁在解空间中独立搜索可行解，在行走路径上留下的信息素越多，表示解的质量越高，随着算法迭代次数的增加，代表较好解的路径上的信息素逐渐增多，选择该路径的蚂蚁也逐渐增多，最终整个蚁群在正反馈的作用下集中到代表最优解的路径上，即全局最优解。

与自然蚁群相比，人工蚁群搜索具有交互通信、路径记忆和集群活动的特点。蚂蚁之间通过释放的信息素进行通信，告知群体内的其他个体选择有食物的最佳路径；已经被蚂蚁搜索过的路径不再被蚂蚁选择；蚂蚁的觅食是通过群体协作实现的，某条路径上通过的蚂蚁越多，留下的信息素浓度越高，该条路径则易选为最佳路径。

5.1.1 蚁群算法的基本原理

蚂蚁系统是在初始时刻，m 只蚂蚁随机位于不同的位置，各条路径上的信息素初始值相等，第 k 只蚂蚁随机选择转移位置的概率如下式所示：

$$p_{ij}^k(t) = \begin{cases} \dfrac{[\tau_{ij}(t)]^\alpha [\eta_{ij}(t)]^\beta}{\sum\limits_{s \in a_k} [\tau_{is}(t)]^\alpha [\eta_{is}(t)]^\beta}, & j \in a_k \\ 0, & \text{其他} \end{cases} \tag{5-1}$$

式中：τ_{ij} 为蚂蚁从 i 位置运动到 j 位置过程中释放的信息素；η_{ij} 为该过程中的启发式因子；a_k 为待选位置集合。

蚂蚁在运动过程中释放的信息素 τ_{ij} 如下式所示：

$$\tau_{ij} = (1-\rho)\tau_{ij} \tag{5-2}$$

式中：ρ 为信息素挥发系数，$0<\rho\leqslant 1$。

信息素更新如下式所示：

$$\tau_{ij} = \tau_{ij} + \sum_{k=1}^{m}\Delta\tau_{ij}^{k} \tag{5-3}$$

其中，$\Delta\tau_{ij}^{k}$ 定义为

$$\Delta\tau_{ij}^{k} = \begin{cases} \dfrac{1}{d_{ij}}, & \text{路径}(i,j)\text{在 } T^{k} \text{ 上} \\ 0, & \text{其他} \end{cases} \tag{5-4}$$

式中，d_{ij} 为路径(i,j)的长度。

通过式(5-1)~(5-4)可知，路径长度 d_{ij} 最小，该路径上含有的信息素就越多，被蚂蚁选中的概率就越大。但随着问题规模的扩大，算法性能下降得比较严重，可能导致出现停滞现象。

5.1.2 蚁群算法的基本流程

蚁群算法的基本流程如下：

（1）初始化参数，包括蚂蚁数量、迭代次数、路径起点终点、表征信息素重要程度的参数、信息素挥发系数、转移概率常数、信息素增加强度系数等。

（2）随机设置蚂蚁的初值位置，构建解空间。

（3）计算状态转移概率。

（4）局部搜索最优解。

（5）全局搜索最优解。

（6）信息素更新。

（7）判断是否达到迭代最大次数，若是则输出最优解，若不是则清空路径记录表，返回至第(2)步，迭代次数累加。

（8）得到蚂蚁最终的分布位置，即最优解。

蚁群算法的流程图如图5-1所示。

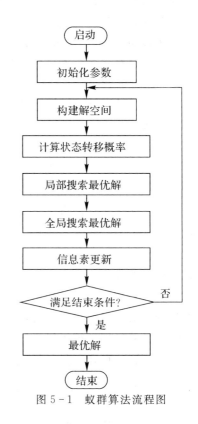

图 5-1　蚁群算法流程图

5.1.3 蚁群算法的规则

在算法中，首先，蚂蚁观察到的范围一般是一个 3×3 的方格世界，其移动的距离不能超出该范围。其次，蚂蚁所处的环境是一个含有障碍物、其他蚂蚁和信息素的虚拟世界，每个蚂蚁也仅能感知其所在范围内的环境信息。最后，蚂蚁在移动过程中需要遵循一定的规则，包括觅食规则、移动规则、避障规则、信息素规则等。

觅食规则是指蚂蚁在其能感知的范围内寻找是否有食物，若有则直接过去，否则看是否存在信息素，比较在其感知范围内哪一点的信息素含量最高，蚂蚁便朝着信息素含量高的地方移动，同时每只蚂蚁都会出现小概率的错误，导致其并不是往信息素含量高的方向运动。移动规则是信息素指导蚂蚁移动的方向，当没有信息素指引时，蚂蚁将按照原来的

运动方向惯性地运动下去。并且蚂蚁具有记忆功能，能够记住其走过了哪些点，若发现移动到的下一点已经走过了，则避开该点，以防止原地转圈。避障规则是指移动方向上有障碍物遮挡时，蚂蚁会随机选择另一个方向。信息素有两种类型，一种是食物信息素，指引蚂蚁找到食物；另一种是窝信息素，指引蚂蚁找到居住的窝。信息素规则是指在蚂蚁刚寻觅到食物或者窝的时候散发的信息素含量最大，之后随着移动距离的变大而逐渐变小。

蚂蚁之间就是通过上述规则实现关联的。当某只蚂蚁找到了食物，便立即向环境中散发信息素，若其他蚂蚁经过时，即会感觉到信息素的存在，继而根据信息素的指引寻觅到食物。

5.1.4　蚁群算法的特点与优势

蚁群算法是一种正反馈算法，这是因为蚂蚁对最佳路径的搜索依赖于信息素的堆积，而这采用的是正反馈机制，算法的搜索过程不断收敛，直至达到最优解。蚁群算法实现的是分布式并行搜索，搜索过程彼此独立，具有较强的全局搜索能力。蚁群算法的组织指令来源于系统内部，不受外界干预，是一种从无序到有序的过程，即自组织系统。蚂蚁之间采用间接通信机制，通过嗅探信息素的含量来确定移动的路径，最佳路径的信息素含量高，蚂蚁呈聚集态势，即得到问题的最优解。蚁群算法的搜索结果与初始路线的选择无关，且无须人为干预。蚁群算法的参数较少，设置简单，且算法不易陷入局部最优，可搜寻到全局最优解。

5.1.5　蚁群算法的研究与应用

20世纪90年代，Marco Dorigo最早提出基于蚂蚁系统的优化算法，并用其解决旅行商问题。此后，蚁群算法主要是在提高最优解搜索控制策略方面进行逐步改进，并结合标准局部搜索算法，有效提高了蚁群各级系统在优化问题中的求解质量。但随着待求解问题的规模不断扩大，蚂蚁系统优化算法的求解能力也大幅下降，因此，后续的研究主要针对蚁群算法性能进行改进。

同粒子群算法一样，作为群智能算法的一种，蚁群算法普遍用于对优化问题的求解领域，研究表明，蚁群算法无论是在连续还是离散的求解空间中均具有良好的搜索效果，其中对于组合优化问题的求解更有不错的表现，诸如路由优化、数据挖掘等。将蚁群算法应用在路由优化领域最早是由惠普公司和英国电信公司开发的蚁群路由算法(ant Colony Routing，ACR)，根据蚂蚁在通信网络中的经验与性能，动态更新路由表项。当一只蚂蚁途径堵塞路由而造成较大延迟，就对该表项做增强处理。与此同时，根据信息素挥发机制实现系统的信息更新，以对路由信息进行更新。一旦当前最优路由发生拥堵，ACR算法可快速搜索到另一条可替代的最优路径。ACR算法进一步提高了网络的均衡性、负荷量和利用率。

数据挖掘是在海量数据中探寻模式与规则的过程，数据挖掘的核心是知识的发现，大型数据库为知识的产生和验证提供了丰富和相对可靠的数据资源，从数据库中发现知识更有助于决策支持和过程控制。将蚁群算法应用在数据挖掘中主要体现在分类模型发掘和数据聚类分析中。数据分类是在数据库对象集合中寻找属性，并根据分类模式将其划分为不同类别的过程。基于蚁群算法的数据分类模型是利用算法对随机产生的一组规则进行选择优化，直到数据库能被该组规则覆盖，从而挖掘出隐含在数据库中的规则。聚类分析是将一组对象根据不同的属性分成若干个群体，每个群体组成一个簇结构，同一个簇内的对象具有较大的相似性，而不同簇内之间的对象具有较大的相异性，基于蚁群算法的聚类分析分为蚁堆原理和觅食原理两种。蚁堆聚类是指死去的蚂蚁可以通过工蚁搬运到小型蚁尸堆，蚁尸堆规模也因此逐渐变大，由此形成数据的聚类。觅食聚类是指蚂蚁在觅食过程中，会在其运动路径上释放信息素，各蚂蚁可以感知信息素的存在及含量，含量大的路径有更多的蚂蚁聚集，即蚂蚁选择该条路径的概率也就越大，以此实现了数据聚类。

5.2 蚁群算法的改进

虽然蚂蚁系统算法在求解组合优化问题方面有较好的效果，但也存在以下一些不足：

（1）如果参数设置不合适，就会导致算法求解速度较慢，且解的质量较差；

（2）算法计算量较大，求解时间较长；

（3）在算法迭代次数给定的条件下，很难实现使得所有蚂蚁均选择同一路径作为最优值；

（4）在一些实际的工程应用中，并不要求所有的蚂蚁都搜寻到最优解，这样会使得计算效率大大降低；

（5）算法收敛速度慢，易陷入局部最优的情况；

（6）算法的初始信息素匮乏；

（7）易出现停滞现象，当所有个体发现的解完全一致时，无法再对解空间进行搜索，较难发现更优的解。

针对上述问题，人们开始对基本的蚁群算法进行改进。

5.2.1 精英蚂蚁系统

精英蚂蚁系统（AS_{elite}）是对蚂蚁系统的改进，算法在每次迭代循环后，增加了最优路径上的信息素含量，找到该解的蚂蚁称为精英蚂蚁。针对最优路径 T^{best} 的信息素更新公式如下式所示：

$$\tau_{ij}(t+1) = (1-\rho)\tau_{ij}(t) + \sum_{k=1}^{m} \Delta\tau_{ij}^{k}(t) + e\Delta\tau_{ij}^{best}(t) \tag{5-5}$$

式中，$\Delta\tau_{ij}^{best}(t)$ 定义为

$$\Delta\tau_{ij}^{best}(t) = \begin{cases} \dfrac{1}{L^{bs}}, & (i,j) \in T^{best} \\ 0, & \text{其他} \end{cases} \tag{5-6}$$

式中：L^{best} 为最优路径 T^{best} 的长度；参数 e 为对该路径增加信息素的权值大小。选取适当的 e 值可使算法在较小的迭代次数下获得较好的问题解。

5.2.2 最大-最小蚂蚁系统

最大-最小蚂蚁系统（MMAS）是对蚂蚁系统算法的进一步改进。首先，将对蚂蚁运动路径施加的外部激素浓度限制在 $[\tau_{min}, \tau_{max}]$ 的范围内，若超出该范围，则设置为 τ_{min} 或 τ_{max}，可有效避免所有蚂蚁都集中在某一条路径上，即避免了算法陷入局部最优解的境地。其次，

信息素的初始值设定为其取值范围的上界,当挥发量 ρ 较小时,算法具有较好的发现最优解的能力。最后,最优解所在路径上的信息素被实时更新,可更好地利用历史信息。该算法的信息素更新公式如下:

$$\tau_{ij}(t+1)=(1-\rho)\cdot\tau_{ij}(t)+\Delta\tau_{ij}^{\text{best}}(t),\rho\in(0,1) \tag{5-7}$$

式中, $\Delta\tau_{ij}^{\text{best}}$ 定义如下:

$$\Delta\tau_{ij}^{\text{best}}=\begin{cases}\dfrac{1}{L^{\text{best}}}, & \text{路径}(i,j)\text{在最优路径上}\\ 0, & \text{其他}\end{cases} \tag{5-8}$$

路径更新可以是全局最优解,也可是局部最优解,逐渐增加全局最优解的使用频率,可使算法具有更好的性能。

5.2.3　基于排序的蚂蚁系统

基于排序的蚂蚁系统(AS_{rank})是在每次迭代完成后,将蚂蚁走过的路径按从小到大的顺序排列,然后按照路径的大小选择不同的信息素权重值,长度越小,权重越大,此时的信息素更新公式如下式所示:

$$\tau_{ij}(t+1)=(1-\rho)\tau_{ij}(t)+\sum_{r=1}^{w-1}(w-r)\Delta\tau_{ij}^{r}(t)+w\Delta\tau_{ij}^{\text{gb}}(t),\rho\in(0,1) \tag{5-9}$$

式中, w 为全局最优解的权重;第 r 个最优解的权重为 $\max\{0,w-r\}$; $\Delta\tau_{ij}^{r}(t)$ 和 $\Delta\tau_{ij}^{\text{gb}}(t)$ 定义如下:

$$\Delta\tau_{ij}^{r}(t)=\frac{1}{L^{r}}, \quad \Delta\tau_{ij}^{\text{gb}}(t)=\frac{1}{L^{\text{gb}}} \tag{5-10}$$

式中, L^{r} 为第 r 个路径的长度; L^{gb} 为该算法下最优路径的长度。

5.2.4　蚁群系统

蚁群系统(ACS)是最先进的蚁群算法,该算法既对全局信息素更新,又对局部信息素更新;信息素释放的动作仅允许历史最优蚂蚁进行;算法采用不同的路径选择规则,充分利用蚂蚁搜索的历史经验。

第 k 只蚂蚁随机选择转移位置的概率如下式所示:

$$p_{ij}^{k}(t)=\begin{cases}\dfrac{[\tau_{ij}(t)]^{\alpha}[\eta_{ij}(t)]^{\beta}}{\sum_{s\subset a_k}[\tau_{is}(t)]^{\alpha}[\eta_{is}(t)]^{\beta}}, & j\in a_k\\ 0, & \text{其他情况}\end{cases} \tag{5-11}$$

对于位置 j ,由如下的路径选择公式确定:

$$j=\begin{cases}\underset{l\in\text{allowed}_k}{\arg\max}\{\tau_{il}[\eta_{il}]^{\beta}\}, & q\leqslant q_0\\ J, & \text{其他情况}\end{cases} \tag{5-12}$$

式中, q 是 $[0,1]$ 内的随机变量; q_0 为 $[0,1]$ 内的某一参数; J 是由概率分布生成的随机变量。

全局信息素更新如下式所示:

$$\tau_{ij}=(1-\rho)\tau_{ij}+\rho\Delta\tau_{ij}^{\text{best}}, \quad \forall(i,j)\in T^{\text{best}} \tag{5-13}$$

式中，$\Delta\tau_{ij}^{\text{best}}$ 的公式如下：

$$\Delta\tau_{ij}^{\text{best}} = \frac{1}{L^{\text{best}}} \tag{5-14}$$

局部信息素更新如下式所示：

$$\tau_{ij} = (1-\rho)\tau_{ij} + \xi\tau_0 \tag{5-15}$$

式中：ξ 是介于 $(0，1)$ 内的参数；τ_0 是信息素的初始值。

每次当有蚂蚁经过 (i,j) 路径，该条路径上的信息素含量就会 τ_{ij} 逐渐减少，导致其他蚂蚁选中该条路径的概率减小。

5.2.5　其他改进方法

除了上述改进方法外，对蚁群算法的改进还有最优-最差蚂蚁系统、自适应蚁群算法、混合行为蚁群算法等。

最优-最差蚂蚁系统（BWAS）主要是修改了蚁群系统中的全局信息素更新公式 (5-13)，增加了对最差蚂蚁路径信息素的更新，对最差的解进行削弱，使得信息素的差异得到进一步扩大。

自适应蚁群算法（AACA）是将蚁群系统中的状态转移规则改为自适应伪随机比率规则，动态调整转移概率，能有效避免算法停滞现象的出现。

混合行为蚁群算法（HBACA）是将蚂蚁按其行为特征分为4类，或称4个子蚁群，各子蚁群按照各自的转移规则运动，算法每进行一次迭代，则更新当前的最优解，并按最优路径长度更新各条边上的信息素，直至算法结束。

5.3　蚁群算法实例

5.3.1　基于蚁群算法的函数最值求解问题

例 5-1　利用蚁群算法求解函数 $f(x_1,x_2) = -(x_1^2 + 2x_2^2 - 0.3\cos(3\pi x_1) - 0.4\cos(4\pi x_2) + 0.7)$ 的最大值。

解　（1）初始化。

　　Ant＝200；　％蚂蚁数量

　　Times＝50；％蚂蚁移动次数

　　Rou＝0.8；％信息素挥发系数

　　P0＝0.2；　％转移概率常数

　　％设置搜索范围

　　Lower_1＝-1;

　　Upper_1＝1;

　　Lower_2＝-1;

　　Upper_2＝1;

（2）随机设置蚂蚁初始位置。

　　for i=1:Ant

　　　　X(i,1)=(Lower_1+(Upper_1-Lower_1)*rand);％代表未知量 x_1

```
        X(i,2)=(Lower_2+(Upper_2-Lower_2)*rand);%代表未知量 x₂
        Tau(i)=F(X(i,1),X(i,2));%代表函数值 f(x₁,x₂)
    end
```

（3）蚁群算法。

```
    for T=1:Times
        lamda=1/T;
        [Tau_Best(T),BestIndex]=max(Tau);%最大值搜索
        for i=1:Ant
            P(T,i)=(Tau(BestIndex)-Tau(i))/Tau(BestIndex);%计算状态转移概率
        end
        for i=1:Ant
            if P(T,i)<P0 %局部搜索
                temp1=X(i,1)+(2*rand-1)*lamda;
                temp2=X(i,2)+(2*rand-1)*lamda;
            else %全局搜索
                temp1=X(i,1)+(Upper_1-Lower_1)*(rand-0.5);
                temp2=X(i,2)+(Upper_2-Lower_2)*(rand-0.5);
            end
            %越界处理
            if temp1<Lower_1
                temp1=Lower_1;
            end
            if temp1>Upper_1
            temp1=Upper_1;
            end
            if temp2<Lower_2
                temp2=Lower_2;
            end
            if temp2>Upper_2
                temp2=Upper_2;
            end
            if F(temp1,temp2)>F(X(i,1),X(i,2))   %判断蚂蚁是否移动
                X(i,1)=temp1;
                X(i,2)=temp2;%用新值替代旧值
            end
        end
        for i=1:Ant
            Tau(i)=(1-Rou)*Tau(i)+F(X(i,1),X(i,2));   %更新信息量
        end
    end
```

算法主要包括状态转移概率计算、搜索（局部和全局）、越界处理、判断蚂蚁是否移动和信息量更新过程。

通过蚁群算法得到的蚂蚁分布位置变化如图 5-2 和图 5-3 所示。

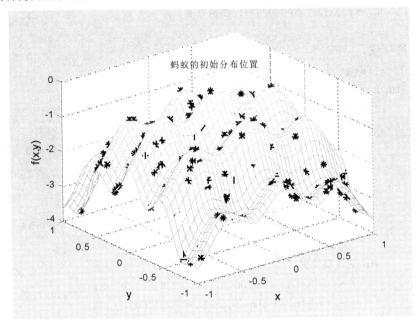

图 5-2　蚂蚁的初始分布位置

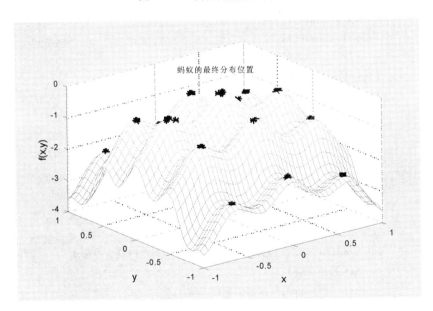

图 5-3　蚂蚁的最终分布位置

5.3.2　基于蚁群算法的旅行商 TSP 问题

例 5-2　现有 30 座城市，要求从某一城市出发遍历所有城市后回到该城市，并且除起点外的其他城市只能经历一次，各座城市的位置坐标如下所示，请利用蚁群算法求旅行的最佳路径及距离。

city30＝[41 94；37 84；54 67；25 62；7 64；2 99；68 58；71 44；54 62；83 69；64 60；18 54；

22 60；83 46；91 38；25 38；24 42；58 69；71 71；74 78；87 76；18 40；13 40；82 7；
62 32；58 35；45 21；41 26；44 35；4 50]

解　(1)初始化算法参数。

```
clear；
Alpha＝1；                           %表征信息素重要程度的参数
Beta＝5；                            %表征启发式因子重要程度的参数
Rho＝0.5；                           %信息素挥发系数
NC_max＝200；                        %最大迭代次数
Q＝100；                             %信息素增加强度系数
CityNum＝30；                        %问题的规模(城市个数)
[dislist，Clist]＝tsp(CityNum)；     %输出各城市的位置坐标
m＝CityNum；                         %蚂蚁个数
Eta＝1./dislist；                    %Eta 为启发因子，这里设为距离的倒数
Tau＝ones(CityNum，CityNum)；        %Tau 为信息素矩阵
Tabu＝zeros(m，CityNum)；            %存储并记录路径的生成
NC＝1；                              %迭代计数器
R_best＝zeros(NC_max，CityNum)；     %各次迭代的最佳路线
L_best＝inf.* ones(NC_max，1)；      %各次迭代的最佳路线长度
L_ave＝zeros(NC_max，1)；            %各次迭代路线的平均长度
```

(2)将 m 只蚂蚁放至各座城市。

```
Randpos＝[]；
for i＝1：(ceil(m/CityNum))
    Randpos＝[Randpos，randperm(CityNum)]；
end
Tabu(：,1)＝(Randpos(1,1：m))′；
```

(3)m 只蚂蚁按概率函数选择下一座城市，完成各自的周游。

```
for j＝2：CityNum
    for i＝1：m
        visited＝Tabu(i，1：(j－1))；%已访问的城市
        J＝zeros(1，(CityNum－j+1))；%待访问的城市
        P＝J；%待访问城市的选择概率分布
        Jc＝1；
        for k＝1：CityNum
            if length(find(visited＝＝k))＝＝0
                J(Jc)＝k；
                Jc＝Jc+1；
            end
        end
        …
    end
end
```

（4）计算待选城市的概率分布。

```
for k=1:length(J)
    P(k)=(Tau(visited(end),J(k))^Alpha) * (Eta(visited(end),J(k))^Beta);
end
P=P/(sum(P));
```

（5）按概率原则选取下一座城市。

```
Pcum=cumsum(P);
Select=find(Pcum>=rand);
to_visit=J(Select(1));
Tabu(i,j)=to_visit;
```

（6）记录本次迭代最佳路线。

```
L=zeros(m,1);
for i=1:m
    R=Tabu(i,:);
    L(i)=CalDist(dislist,R);   %CalDist( )函数计算路径的长度
end
L_best(NC)=min(L);
pos=find(L==L_best(NC));
R_best(NC,:)=Tabu(pos(1),:);
L_ave(NC)=mean(L);
drawTSP(Clist,R_best(NC,:),L_best(NC),NC,0);
NC=NC+1;
```

（7）信息素更新。

```
Delta_Tau=zeros(CityNum,CityNum);
for   i=1:m
    for j=1:(CityNum-1)
        Delta_Tau(Tabu(i,j),Tabu(i,j+1))=Delta_Tau(Tabu(i,j),
    Tabu(i,j+1))+Q/L(i);
    end
    Delta_Tau(Tabu(i,CityNum),Tabu(i,1))=Delta_Tau(Tabu(i,CityNum),
    Tabu(i,1))+Q/L(i);
end
    Tau=(1-Rho). * Tau+Delta_Tau;
    Tabu=zeros(m,CityNum);   %禁忌表清零
```

（8）输出结果。

```
Pos=find(L_best==min(L_best));
Shortest_Route=R_best(Pos(1),:);
Shortest_Length=L_best(Pos(1));
```

通过蚁群算法得到的旅行商最佳路径如图 5-4 所示，最优路径的长度为 425.649 km。

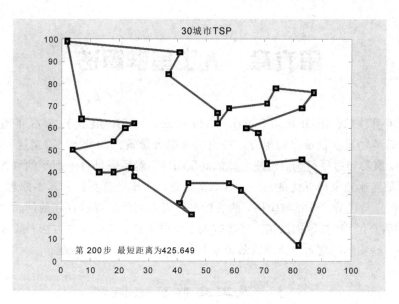

图 5-4　旅行商最优路径

5.4　小　　结

本章阐明了以下几个问题：

（1）蚁群算法的基本原理与基本流程。

（2）蚂蚁在移动过程中需要遵循一定的规则，包括觅食规则、移动规则、避障规则、信息素规则等。

（3）蚁群算法的特点与优势。

（4）蚁群算法的研究现状与工程应用。

（5）针对传统蚁群算法存在的不足，对其采取了一些改进措施，提出了精英蚂蚁系统、最大-最小蚂蚁系统、基于排序的蚂蚁系统、蚁群系统及其他改进系统。

（6）利用蚁群算法求解函数最值问题和旅行商 TSP 问题。

习　　题

1. 在蚁群算法中，信息素的含量与蚂蚁位置的选择有什么关系？

2. 简述蚁群算法的基本流程。

3. 在蚁群算法中，蚂蚁在移动过程中需要遵循哪些规则？

4. 为什么蚁群算法不易陷入局部最优？

5. 蚁群算法存在哪些方面的不足？

6. 针对常规蚁群算法的不足，有哪些改进的措施？

7. 利用蚁群算法求如下函数的最大值：

$$f(x) = -c_1 \mathrm{e}^{-0.2\sqrt{\frac{1}{n}\sum_{j=1}^{n}x_j^2}} - \mathrm{e}^{\frac{1}{n}\sum_{j=1}^{n}\cos(2\pi x_j)} + c_1 + \mathrm{e}$$

第六章 人工鱼群算法

人工鱼群算法(Atificial Fish-Swarm Algorithm,AFSA)最早于 2003 年提出,基本思想是水域中营养物质含量最多的地方往往也是鱼群数量最大的地方,根据这一特点来模仿鱼群的觅食、聚群和追尾行为,构造个体的底层行为,然后通过自上而下的寻优模式,依靠局部寻优而最终达到全局寻优的目的。本章首先介绍人工鱼群算法的基本原理、参数设置、基本流程、特点与优势、研究与应用;然后针对常规人工鱼群算法存在的问题,提出一些改进方法,包括基于算法参数的改进、自适应人工鱼群算法、其他改进方法;最后利用人工鱼群算法解决一些实际问题,包括函数最值求解问题、旅行商 TSP 问题。

6.1 人工鱼群算法概述

鱼群运动过程包括随机、觅食、聚群和追尾四个行为。随机行为是指鱼个体在水中的运动是随机的,目的是能够在更大的范围内寻找到食物和身边的同类伙伴。觅食行为是指鱼个体会向食物含量变大的方向移动。聚群行为是指鱼个体为了躲避外界的危害会聚集成群体。追尾行为是指当鱼个体发现了食物,其邻近的同类伙伴会尾随其快速到达食物所在位置。

6.1.1 人工鱼群算法的基本原理

人工鱼由感知系统、行为系统和运动系统组成。

感知系统主要靠视觉来实现。设鱼当前所在的位置为状态 X,其在某时刻的视点位置用状态 X_v 来表示,若 X_v 优于 X,则朝着该位置的方向前进一步,到达的新状态为 V_{next};若 X_v 不及 X,则继续在视野内的其他位置寻找。该过程的状态变化如下式所示:

$$X_v = X + \text{Visual} \cdot \text{Rand}()$$
$$X_{next} = X + \frac{X_v - X}{\|X_v - X\|} \cdot \text{Step} \cdot \text{Rand}() \qquad (6-1)$$

式中:Visual 表示人工鱼的感知范围;Rand( )表示随机数;Step 为移动步长。

行为系统包括随机行为、觅食行为、聚群行为和追尾行为。鱼类通过对行为的评价,选择一种最优的行为来执行,以求快速到达食物含量最大的位置。

运动系统是由变量和函数组成的参数系统。变量包括鱼的总数、鱼的个体状态、鱼移动的最大步长、尝试次数、拥挤度因子、鱼个体间的距离等。函数包括目标函数、行为函数和评价函数。

人工鱼在水中的游动是一种随机行为,在其视野内随机选择一个状态,然后朝着该方向移动。假设在一个 n 维目标搜索空间中,由 N 条鱼组成的人工鱼群,鱼群的状态向量为 $\boldsymbol{X} = (x_1, x_2, \cdots, x_n)$,其中 x_i 为欲寻优的变量。鱼群的觅食行为是一种趋向活动,人工鱼通过视觉或味觉来感知水中的食物含量或浓度来选择趋向。设人工鱼 i 的当前状态为 X_i,

在其感知范围内随机选择一个状态 X_j，则有如下所示的关系式：

$$X_j = X_i + \text{Visual} \cdot \text{Rand}() \tag{6-2}$$

式中：Visual 表示人工鱼的感知范围；Rand( )表示随机数。

人工鱼当前所在位置的食物浓度表示为 $Y = f(X)$，若 $Y_j = f(X_j) > Y_i = f(X_i)$，则有如下式所示的关系式：

$$X_i^{t+1} = X_i^t + \frac{X_j - X_i^t}{\| X_j - X_i^t \|} \cdot \text{Step} \cdot \text{Rand}() \tag{6-3}$$

式中：Step 为人工鱼移动的步长；Rand( )表示随机数。

否则，重新随机选择 X_j，判断是否满足前进条件，在尝试了 Try - number(人工鱼每次觅食的最大试探次数)后，若还不满足，则随机前进一步，如下式所示：

$$X_i^{t+1} = X_i^t + \text{Visual} \cdot \text{Rand}() \tag{6-4}$$

按照鱼群的生活习性，在算法中一般规定人工鱼尽量向邻近伙伴的中心方向移动并避免过分的拥挤，这是鱼群生存和躲避危害的生活习性，即聚群行为。设人工鱼当前状态为 X_i，其邻域内的同类伙伴数为 n_f，中心位置为 X_c。若中心位置的食物浓度与鱼的个数的比值 $Y_c/n_f > \delta Y_i$，其中的 δ 为拥挤度因子，则表明伙伴的中心位置有较多食物且不太拥挤，那么其将朝着伙伴的中心位置方向前进一步，如下式所示：

$$X_i^{t+1} = X_i^t + \frac{X_c - X_i^t}{\| X_c - X_i^t \|} \cdot \text{Step} \cdot \text{Rand}() \tag{6-5}$$

若不符合上述关系式，则进行觅食行为。

当鱼群在游动过程中，其中一条鱼或几条鱼发现了食物，其邻近的同类伙伴会尾随其快速到达食物所在点，这就是追尾的过程。追尾是一种向邻近的有最高适应度的人工鱼进行追逐的行为，即向附近最优伙伴靠近的寻优过程。设人工鱼当前状态为 X_i，其邻域内所有同类伙伴中的最优伙伴为 X_{vbest}。若该伙伴所在位置的食物浓度与鱼的个数的比值 Y_{vbest}/n_f 大于 δY_i，则表明最优伙伴的周围有较多食物且不太拥挤，那么将朝着该伙伴的方向前进一步，如下式所示：

$$X_i^{t+1} = X_i^t + \frac{X_{vbest} - X_i^t}{\| X_{vbest} - X_i^t \|} \cdot \text{Step} \cdot \text{Rand}() \tag{6-6}$$

若不符合上述关系式，则进行觅食行为。

鱼在水中游动，实际上是在视野内随机选择一个状态，并朝着该方向上移动，这样就扩大了鱼的觅食范围，以寻求更优的问题解。

人工鱼群算法在寻优过程中，可能聚集在几个局部极值域的周围，此时，若要使人工鱼跳出局部极值域，以实现全局寻优，需要满足下述的条件：

（1）当觅食行为重复次数较少时，为人工鱼提供了随机移动的机会，从而可能跳出局部极值域；

（2）随机步长使得人工鱼在前往局部极值的途中有可能转向全局极值；

（3）拥挤度因子限制了人工鱼集群的规模，使得人工鱼能够更广泛地寻优；

（4）聚集行为能够促使少数陷入局部最优的人工鱼向全局最优的方向趋近，从而可能跳出局部极值域；

（5）追尾行为加快了人工鱼向更优状态的方向游动。

6.1.2　人工鱼群算法的参数

视野参数 Visual 主要影响算法的收敛性能，特别是对各种行为系统的影响尤为显著。当 Visual 取值较小时，鱼群的觅食行为和随机行为比较突出；当 Visual 取值较大时，鱼群的追尾行为和聚群行为比较突出。在收敛性方面，Visual 取值越大，算法的全值收敛性就越强。

步长参数 Step 主要影响算法的收敛速度。Step 取值越大，算法的收敛速度就越快，但若超过一定范围后收敛速度将减慢，甚至出现振荡现象。为防止振荡，一般采用随机步长，并采用自适应步长调整手段来提高算法的收敛速度和精度。

人工鱼数目参数 N 主要影响的是算法克服局部寻优的能力。N 的取值越大，算法收敛速度越快，求解精度越高，那么跳出局部极值的能力也就越强，但也显著增加了迭代计算量。因此，N 的取值不宜过大。

尝试次数 Try‑number 主要影响人工鱼的觅食行为能力。当 Try‑number 取值过大时，人工鱼的觅食行为能力越强，收敛效率越高，但在局部极值突出时，很容易错过全局极值点，其摆脱局部极值的能力较弱。因此，在算法中为了加快收敛速度，应适当加大 Try‑number 的值；但在局部极值较突出时，应适当减小 Try‑number 的值，以增强其摆脱局部极值的能力。

拥挤度因子参数 δ 的作用是为了避免人工鱼之间因过度拥挤而陷入局部最优。δ 取值越大，表明允许拥挤的程度就越小，算法摆脱局部极值的能力就越强，但也导致算法的收敛速度减慢。在一些局部极值不严重的情况下，可忽略拥挤度的影响。

6.1.3　人工鱼群算法的基本流程

将最优人工鱼的个体状态记录在"公告板"上。每条鱼在进行完一次迭代操作后将自身当前状态与公告板中记录的状态进行对比，若优于公告板中记录的状态，则用自身状态更新公告板中的状态，否则公告板中的状态不变。当算法完成所有迭代操作时，输出公告板的状态，即为所求的问题最优解。

采用"行为评价"来反映人工鱼的自主行为。在解决优化问题时一般选用两种方式进行评价，一种是选择最优行为执行；另一种是选择较优方向。对于求解问题的极大值，使用的是试探法，即对人工鱼进行模拟聚群、追尾等，然后对行动后的解进行评价，并选择其中最优的一个来执行，缺省的行为方式为觅食行为。

算法的迭代终止条件包括：连续多次迭代所得值的均方误差小于允许误差；聚集在某个区域的人工鱼数目达到了某个比率；连续多次迭代得到的均值不超过已找到的极值；达到预先设置的最大迭代次数。

人工鱼群算法的具体流程如下：

（1）参数初始化：包括种群规模 N，每条人工鱼的初始位置，人工鱼的感知范围 Visual，人工鱼移动的步长 Step，拥挤度因子 δ，人工鱼每次觅食的最大试探次数 Try‑number。

（2）计算初始人工鱼群每个个体的适应度值，取其中最优的人工鱼状态，并将其对应值赋予公告板上。

（3）对每个人工鱼个体进行评价，选择要执行的行为，包括觅食、聚群、追尾和随机行为。

（4）执行行为，更新鱼群。

（5）个体评价，若个体状态优于公告板内记录的状态，则用该个体状态更新公告板。

（6）当公告板的最优解误差符合条件，则算法结束，否则转向步骤(3)。

人工鱼群算法的流程图如图6-1所示。

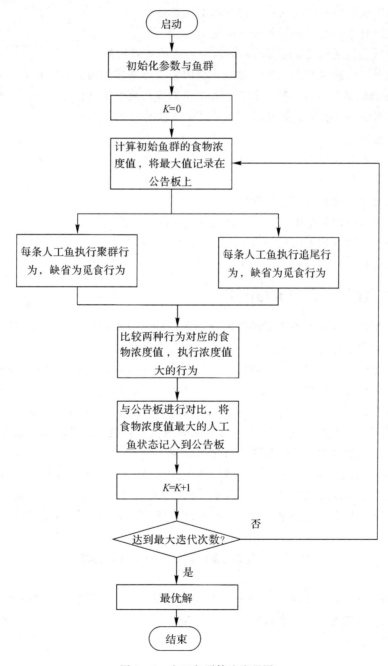

图6-1　人工鱼群算法流程图

6.1.4　人工鱼群算法的特点与优势

人工鱼群算法是根据鱼类的生存和活动特点提出的一种基于动物行为的自治寻优算法，具有以下特点：

（1）多个人工鱼同时进行并行搜索。

（2）算法中仅利用目标问题作为待求解的函数值。

（3）算法具有很强的跳出局部极值的能力。

（4）算法虽然是随机的，但总的趋势是向最优位置逼近的。

（5）算法可以快速跟踪因工作状况或其他因素变更造成的极值点漂移。

与粒子群和蚁群等群智能算法相比，人工鱼群算法具有下述优势：

（1）只需对目标函数值进行比较，而对目标函数的性质要求不高。

（2）对初值的要求不高。

（3）对算法参数设置的要求不高。

（4）具备并行处理能力。

（5）算法寻优速度和收敛速度较快。

（6）能够快速跳出局部极值点，具有较强的全局寻优能力。

（7）适用于精度要求不高的场合。

（8）对问题机理模型的要求不是很严格。

6.1.5　人工鱼群算法的研究与应用

目前，人工鱼群算法的理论基础还比较薄弱，对算法收敛性的研究还仅停留在实验层面，没有从数学角度进行分析和证明，因此，对人工鱼群算法的数学模型和收敛性的研究就尤为重要；算法的实施过程与参数的取值有很大关系，如果能够探究出不同问题域参数选取的规律，则更有利于算法的执行与问题的求解；当算法应用于高维复杂函数的优化问题时，往往存在运行时间长、优化精度低等问题，甚至对某些函数的优化处理失效，即构成早熟问题；对人工鱼群拓扑结构的研究既可以提高优化精度，又可以加快收敛速度；算法的计算量大，运行速度慢，且存在算法退化的现象。

人工鱼群算法已应用在电力系统规划、信号分析与处理、模糊控制器设计、非线性复杂函数优化、灌溉区配水优化、多用户系统检测、大数据挖掘与处理、通信路由优化、湖泊富营养综合评价、任务优化调度、数字图像处理等领域，并获得了较好的效果。

6.2　人工鱼群算法的改进

人工鱼群算法存在着容易收敛于局部最优、解精度不高、保持探索与开发平衡的能力较差、算法运行后期搜索的盲目性较大、算法后期收敛速度慢等不足之处。因此，需要对人工鱼群算法进行改进。

6.2.1　基于算法参数的改进

人工鱼群算法的主要参数有视野（Visual）、步长（Step）、鱼群总数（N）、尝试次数（try

number)和拥挤度因子(δ)等。

在算法的初始阶段，每条人工鱼以一个大的视野搜寻最优解，这样可扩大寻优的范围。随着算法的执行，鱼群的视野范围应适当减小以加快算法收敛的速度，其变化函数如下式所示：

$$\text{Visual}_{k+1}=\alpha\text{Visual}_k \tag{6-7}$$

其中，α 为衰减因子，$\alpha\in(0,1)$。Visual 在聚群行为和追尾行为中保持不变，仅在觅食行为中变化。

针对步长参数的改进，一种思路是将人工鱼群算法的实际步长改为参数定义域内的随机数，以保证更好的全局搜索能力；另一种思路是利用评价函数的步长改进算法。此外，还可以根据算法的执行情况对步长进行自适应调整，有移动步长缩减策略和移动步长动态调整策略。

设当前人工鱼的状态为 X_i，在可视范围内随机选择一个状态 X_j，此时若食物的浓度 $Y_j\gg Y_i$，则人工鱼应从 X_i 向着 X_j 移动一大步。在基本的鱼群算法中，移动步长是随机设置的，而在基于评价函数的步长改进算法中，设置评价函数 $\Delta Y=(Y_{\max}-Y_{\min})/2$，其中 $Y_{\max}$ 是初始状态适应度函数的最大值，$Y_{\min}$ 是初始状态适应度函数的最小值，定义 X_i 与 X_j 状态的食物浓度之差为 $\Delta Y_{ij}=Y_j-Y_i$，此时若 $\Delta Y_{ij}>\Delta Y$，则人工鱼向着 X_j 方向移动 3 步的距离；若 $\Delta Y_{ij}<\Delta Y$，则人工鱼向着 X_j 方向移动一步。

移动步长的缩减策略是算法在完成一次鱼群演化后，根据函数最优适应度值的变化情况更新最优适应度值的保持次数(Keep Times)，如下式：

$$\text{Keep Times}=\begin{cases}0, & \text{最优适应度值已更新}\\ \text{Keep Times}+1, & \text{最优适应度值保持不变}\end{cases} \tag{6-8}$$

然后根据最优适应度值保持次数对人工鱼的移动步长进行更新，如下式：

$$m\_\text{Step}=\begin{cases}m\_\text{Step}\times\alpha, & \text{Keep Times}>T,\text{且 }m\_\text{Step}>\tau\\ m\_\text{Step}\times1, & \text{其他}\end{cases} \tag{6-9}$$

式中：α 为步长缩减因子；T 为给定的常数；τ 为给定的移动步长最小值。

移动步长的动态调整策略是为了保证算法迭代能够达到最大值，必须要求移动步长大于 0，即有如下的关系式：

$$m\_\text{Step}\geqslant\tau \tag{6-10}$$

式中，τ 是一个预定义的小的正数。

算法在完成一次鱼群演化后，根据函数最优适应度值的变化情况更新最优适应度值的更新次数(Change Times)，如下式：

$$\text{Change Times}=\begin{cases}\text{Change Times}, & \text{最优适应度值未更新}\\ \text{Change Times}+1, & \text{最优适应度值已更新}\end{cases} \tag{6-11}$$

每经过 n 次鱼群演化，根据最优适应度值在最近的 $10n$ 次迭代中的更新次数对人工鱼的移动步长进行更新，如下式：

$$m\_\text{Step}=\begin{cases}m\_\text{Step}\times\alpha, & \text{Change Times}>2n,\text{且 }m\_\text{Step}>\tau\\ m\_\text{Step}/\alpha, & \text{Change Times}\leqslant2n,\text{且 }m\_\text{Step}>\tau\\ \tau, & m\_\text{Step}<\tau\end{cases} \tag{6-12}$$

式中：α 为步长缩减因子，一般取值为 0.85；τ 为给定的移动步长的最小值。

基于视野和步长的改进策略是一种取决于人工鱼当前所在状态和视野中视点感知状态

的自适应步长的改进策略。对于人工鱼的当前状态 $X=(x_1,x_2,\cdots,x_n)$ 和所要探索的下一状态 $X^v=(x_1^v,x_2^v,\cdots,x_n^v)$，两者间的关系表达式如下：

$$x_i^v=x_i+Visual \cdot Rand() \tag{6-13}$$

式中，$i\in[1,n]$。

下一个状态的关系表达式如下：

$$X_{next}=\frac{X_v-X}{\|X_v-X\|} \cdot \left|1-\frac{Y_v}{Y}\right| \cdot Step \tag{6-14}$$

对步长和拥挤度因子进行自适应调整，可达到提高收敛精度的目的。这里引入最优适应度值变换率 k 和变化方差 σ 作为衡量参数变化情况的标准，如下两式所示：

$$k=\frac{f(t)-f(t-n)}{f(t-n)} \tag{6-15}$$

$$\sigma=D(f(t),f(t-n),f(t-2n)) \tag{6-16}$$

根据上述判别规则，可对算法步长和拥挤度因子做适当调整，如下式所示：

$$\begin{cases} Step=f(Step), \delta=f(\delta), & k\leqslant\theta, \sigma\leqslant\phi \\ Step=Step, \delta=\delta & k>\theta, \sigma>\phi \end{cases} \tag{6-17}$$

式中：$f(Step)$ 表示步长调整规则；$f(\delta)$ 表示拥挤度因子调整规则；θ 和 ϕ 表示评价系数，用来控制步长变化的速度和算法迭代的进程。

6.2.2　自适应人工鱼群算法

除了上述对现有参数进行调整优化的方法外，还可引入一些新的参数，如视步系数，其作用是对人工鱼群算法进行自适应调整。视步系数定义为步长和视野的比值，其基本思想为：在每次迭代后，人工鱼都将自身的位置信息和食物浓度写入并更新公告板；人工鱼根据鱼群状态智能地获取视野参数 Visual；确定一个视步系数 $\beta(0<\beta\leqslant1)$，将 $Step=\beta\times Visual$ 作为人工鱼的最大步长；忽略拥挤的影响，在执行追尾行为和聚群行为时，只要在视野范围内的最优人工鱼中心位置优于当前位置，就以 $Rand()\times Step$ 向其移动。

自适应调整策略一般分为四种：基于平均距离的自适应人工鱼群算法（AAFSA1）、基于最优人工鱼的自适应人工鱼群算法（AAFSA2）、基于最优人工鱼和最近人工鱼的半复合自适应人工鱼群算法（AAFSA3）和基于最优人工鱼和最近人工鱼的全复合自适应人工鱼群算法（AAFSA4）。

AAFSA1 是在每次迭代前，每条人工鱼都要对其他人工鱼到其自身的距离进行测算，计算出平均值，将其作为自身的视野参数 Visual。AAFSA2 是在每次迭代前，每条人工鱼都要测算出到当前最优人工鱼的距离，并将其作为自身的视野参数。AAFSA3 是在AAFSA2的基础上，对鱼群觅食行为进行改进，首先人工鱼测算出距离自身最近的人工鱼的距离，并将其作为觅食行为的视野参数进行搜索；然后随机确定一点，如果比自身的位置优，则以 $Visual\times Rand()$ 向该点移动一步；反之则继续搜索，直至达到规定的尝试次数为止，如果仍未找到，则执行随机行为。AAFSA4 是将 AAFSA2 和 AAFSA3 两种算法相结合所得到的另一种改进觅食行为的方法。

6.2.3　其他改进方法

除了参数改进法和自适应改进法，还可对基本人工鱼群的行为进行改进，包括改进的觅食行为、改进的聚群行为和改进的追尾行为。另外，可采用高阶行为模式，即将人工鱼以前的行为和经验封装在对象内部，并对其进行一定的参考和学习，以达到提高算法效率的目的。

　　人工鱼群算法在后期往往收敛速度较慢，很难实现精度要求，可将其与其他算法相结合，如禁忌搜索算法、模拟退火算法、蚁群算法等，以实现优缺点的互补。

6.3　人工鱼群算法实例

6.3.1　基于人工鱼群算法的函数最值求解问题

　　例 6-1　利用人工鱼群算法求解函数 $y = x\sin(10\pi x) + 2$ 在 $[-1, 2]$ 范围内的最值。

　　解　（1）初始化。

```
%%参数设置
fishnum=50;                      %人工鱼总数
MAXGEN=50;                       %最大迭代次数
try_number=100;                  %最大试探次数
visual=1;                        %视野范围
delta=0.618;                     %拥挤度因子
step=0.1;                        %算法步长
%%初始化鱼群
lb_ub=[-1,2,1];                  %人工鱼的活动范围,即自变量的取值范围
X=AF_init(fishnum,lb_ub);        %人工鱼群初始化
LBUB=[];
for i=1:size(lb_ub,1)
    LBUB=[LBUB;repmat(lb_ub(i,1:2),lb_ub(i,3),1)];
end
gen=1;
BestY=-1*ones(1,MAXGEN);         %每步中最优的函数值 y
BestX=-1*ones(1,MAXGEN);         %每步中最优的自变量 x
besty=-100;                      %最优函数值 y 的初值
Y=AF_foodconsistence(X);         %AF_foodconsistence( )为目标函数
```

其中的 AF_init( )为鱼群初始化函数，其程序语句如下所示：

```
function X=AF_init(Nfish,lb_ub)
%输入:
% Nfish      人工鱼群大小
% lb_ub      人工鱼的活动范围
%输出:
% X          产生的初始人工鱼群
row=size(lb_ub,1);
X=[];
for i=1:row
    lb=lb_ub(i,1);               %人工鱼群活动范围的下限
```

```
        ub=lb_ub(i,2);                    %人工鱼群活动范围的上限
        nr=lb_ub(i,3);                    %在该范围内人工鱼的数量
        for j=1:nr
            X(end+1,:)=lb+(ub-lb)*rand(1,Nfish);    %在该范围内随机产生初始鱼群
        end
    end
```

（2）聚群行为。

```
    [Xi1,Yi1]=AF_swarm(X,i,visual,step,delta,try_number,LBUB,Y);
```

其中的 AF_swarm( )为聚群行为函数，其程序语句如下所示：

```
    function [Xnext,Ynext]=AF_swarm(X,i,visual,step,deta,try_number,LBUB,lastY)
    %聚群行为
    %输入：
    %X                          所有人工鱼的位置
    %i                          当前人工鱼的序号
    %visual                     感知范围
    %step                       最大移动步长
    %deta                       拥挤度
    %try_number                 最大尝试次数
    %LBUB                       各个数的上下限
    %lastY                      上次的各人工鱼位置的食物浓度
    %输出：
    %Xnext                      Xi 人工鱼的下一个位置
    %Ynext                      Xi 人工鱼的下一个位置的食物浓度
    Xi=X(:,i);
    D=AF_dist(Xi,X);            %函数 AF_dist( )用来计算第 i 条鱼与其他鱼
                                    之间的距离
    index=find(D>0 & D<visual); %选取在设置的视野范围内的人工鱼
    nf=length(index);           %在范围内的人工鱼个数，即鱼群长度
    if nf>0
        for j=1:size(X,1)
            Xc(j,1)=mean(X(j,index));    %鱼群的中心位置
        end
        Yc=AF_foodconsistence(Xc);       %中心位置的函数值，即食物浓度
        Yi=lastY(i);                     %上次的各人工鱼位置的食物浓度
        if Yc/nf>deta*Yi                 %表明伙伴中心有较多食物且不太拥挤
        Xnext=Xi+rand*step*(Xc-Xi)/norm(Xc-Xi);    %朝着伙伴的中心位置方向前
                                            进一步，实现聚群行为
            for i=1:length(Xnext)
            if  Xnext(i)>LBUB(i,2)
                    Xnext(i)=LBUB(i,2);  %大于上限值
                end
            if  Xnext(i)<LBUB(i,1)
```

$$Xnext(i)=LBUB(i,1)；\quad\%小于下限值$$

```
                    end
                end
            Ynext=AF_foodconsistence(Xnext)；  %人工鱼下一位置的函数值，即食物浓度
        else
            [Xnext,Ynext]=AF_prey(Xi,i,visual,step,try_number,LBUB,lastY)；
            %不符合上述关系式，则执行觅食行为
        end
    else
        [Xnext,Ynext]=AF_prey(Xi,i,visual,step,try_number,LBUB,lastY)；
        %若鱼群长度≤0，则执行觅食行为，也就是说该觅食过程不存在
    end
```

语句中的 AF_prey( ) 为觅食行为函数，其程序语句如下所示：

```
function [Xnext,Ynext]=AF_prey(Xi,ii,visual,step,try_number,LBUB,lastY)
%输入：
%Xi                 当前人工鱼的位置
%ii                 当前人工鱼的序号
%visual             感知范围
%step               最大移动步长
%try_number         最大尝试次数
%LBUB               各个数的上下限
%lastY              上次的各人工鱼位置的食物浓度
%输出：
%Xnext              Xi 人工鱼的下一个位置
%Ynext              Xi 人工鱼的下一个位置的食物浓度
Xnext=[]；
Yi=lastY(ii)；
for i=1:try_number
    Xj=Xi+(2*rand(length(Xi),1)-1)*visual；  %在其感知范围内随机选择一个状态
    Yj=AF_foodconsistence(Xj)；  %该状态的目标函数值，即该位置的食物浓度
    if Yi<Yj
        Xnext=Xi+rand*step*(Xj-Xi)/norm(Xj-Xi)；  %向 Xj 方向移动得到下一状态
        for i=1:length(Xnext)
            if  Xnext(i)>LBUB(i,2)
                Xnext(i)=LBUB(i,2)；  %大于上限值
            end
            if  Xnext(i)<LBUB(i,1)
                Xnext(i)=LBUB(i,1)；  %小于下限值
            end
        end
        Xi=Xnext；  %得到人工鱼移动的下一状态位置
        break；
```

```
        end
    end
%随机行为
ifisempty(Xnext)
    Xj＝Xi＋(2 * rand(length(Xi),1)－1) * visual；   %随机得到人工鱼位置
    Xnext＝Xj；
    for i＝1;length(Xnext)
    if   Xnext(i)＞LBUB(i,2)
            Xnext(i)＝LBUB(i,2)；
    end
    if   Xnext(i)＜LBUB(i,1)
            Xnext(i)＝LBUB(i,1)；
        end
    end
end
Ynext＝AF_foodconsistence(Xnext)；   %下一位置的食物浓度
```

（3）追尾行为。

```
[Xi2,Yi2]＝AF_follow(X,i,visual,step,delta,try_number,LBUB,Y)；
        if Yi1＞Yi2
            X(:,i)＝Xi1；
            Y(1,i)＝Yi1；
        else
            X(:,i)＝Xi2；
            Y(1,i)＝Yi2；
        end
```

语句中的 AF_follow( )为追尾行为函数，其程序语句如下：

```
function[Xnext,Ynext]＝AF_follow(X,i,visual,step,deta,try_number,LBUB,lastY)
%输入：
%X              所有人工鱼的位置
%i              当前人工鱼的序号
%visual         感知范围
%step           最大移动步长
%deta           拥挤度
%try_number     最大尝试次数
%LBUB           各个数的上下限
%lastY          上次的各人工鱼位置的食物浓度
%输出：
%Xnext          Xi 人工鱼的下一个位置
%Ynext          Xi 人工鱼的下一个位置的食物浓度
Xi＝X(:,i)；
D＝AF_dist(Xi,X)；
index＝find(D＞0 & D＜visual)；
```

```
        nf=length(index);
        if nf>0
            XX=X(:,index);
            YY=lastY(index);
            [Ymax,Max_index]=max(YY);    %最大食物浓度
            Xmax=XX(:,Max_index);
            Yi=lastY(i);
            if Ymax/nf>deta*Yi;    %表明最优伙伴周围有较多食物且不太拥挤
            Xnext=Xi+rand*step*(Xmax-Xi)/norm(Xmax-Xi);%朝着最优伙伴所在位置方向
                                                前进一步,实现追尾行为
                    for i=1:length(Xnext)
                        if  Xnext(i)>LBUB(i,2)
                                Xnext(i)=LBUB(i,2);
                            end
                        if  Xnext(i)<LBUB(i,1)
                                Xnext(i)=LBUB(i,1);
                            end
                    end
                    Ynext=AF_foodconsistence(Xnext);
                else
                    [Xnext,Ynext]=AF_prey(X(:,i),i,visual,step,try_number,LBUB,lastY);
                end
            else
                [Xnext,Ynext]=AF_prey(X(:,i),i,visual,step,try_number,LBUB,lastY);
            end
```

(4) 逐次迭代。

```
        [Ymax,index]=max(Y);    %取食物浓度最大值及对应的人工鱼状态
            if Ymax>besty
                besty=Ymax;
                bestx=X(:,index);
                BestY(gen)=Ymax;
                [BestX(:,gen)]=X(:,index);
            else
                BestY(gen)=BestY(gen-1);
                [BestX(:,gen)]=BestX(:,gen-1);
            end
        gen=gen+1;%迭代计数
```

(5) 输出结果。最优解 X:1.8505;最优解 Y:3.8503。

算法迭代过程中最优点的移动情况和最优解的变化情况分别如图 6-2 和图 6-3 所示。

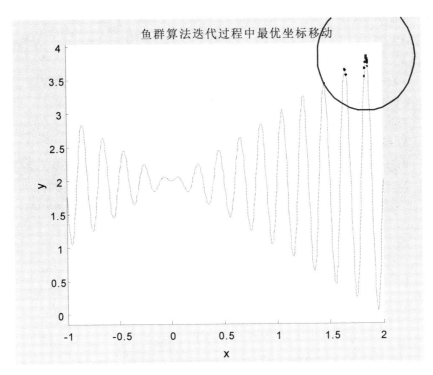

图 6-2 算法迭代过程中最优点的移动情况

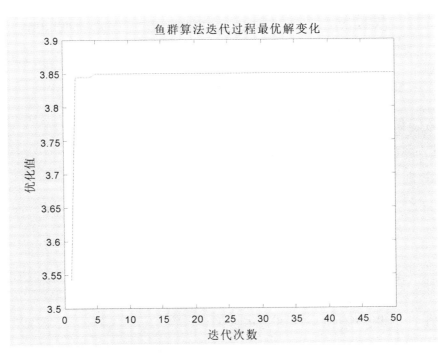

图 6-3 算法迭代过程中最优解的变化情况

6.3.2 基于人工鱼群算法的旅行商 TSP 问题

例 6 - 2 现有 48 座城市，要求从某一城市出发遍历所有城市后回到该城市，并且除起点外的其他城市只能经历一次，各座城市的位置坐标如下所示，请利用人工鱼群算法求旅行的最佳路径及距离。

CityPosition＝[6734,1453;2233,10;5530,1424;401,841;3082,1644;7608,4458;7573,3716;
7265,1268;6898,1885;1112,2049;5468,2606;5989,2873;4706,2674;4612,2035;6347,2683;
6107,669;7611,5184;7462,3590;7732,4723;5900,3561;4483,3369;6101,1110;5199,2182;
1633,2809;4307,2322;675,1006;7555,4819;7541,3981;3177,756;7352,4506;7545,2801;
　3245,3305;6426,3173;4608,1198;23,2216;7248,3779;7762,4595;7392,2244;3484,2829;
　6271,2135;4985,140;1916,1569;7280,4899;7509,3239;10,2676;6807,2993;5185,3258;
　3023,1942;]

解 （1）算法参数初始化。

FishNum＝10；　　　　　%生成 10 条人工鱼

Max_gen＝50；　　　　　%最大迭代次数

trynumber＝100；　　　　%最大试探次数

Visual＝6；　　　　　　%视野范围

deta＝0.8；　　　　　　%拥挤度因子

（2）人工鱼群初始化。

CityNum＝length(CityPosition)；　　%城市个数

DNAN＝1000000；　　　　　　　%同一个城市之间的距离定义为无穷大

for i＝1:CityNum　　　　　　　　%算出每条边的长度

　　　　edge(i,i)＝DNAN；

　　　　for j＝i+1:CityNum

　　　　　　edge(i,j)＝sqrt(sum((CityPosition(i,:)－CityPosition(j,:)).^2))；

　　　　　　edge(j,i)＝edge(i,j)；

　　　　end

end

for i＝1:FishNum　　　　　　　%对所有人工鱼进行初始化

　　　　X(i,:)＝Inital(CityNum)；

end

Best＝1000；

上述语句中，Inital( )为初始化函数，其程序语句如下：

function X＝Inital(num)

%本程序返回从 1 到 num 的随机排列，作为每条人工鱼的初始状态

X＝1:num；

for i＝2:num

　　　while(1)

　　　　Index＝floor(rand * num)；

　　　　　if(Index＞1&Index＜＝num)

　　　　　break；

　　　end

```
    End    %产生一个[1,num]内的随机整数
    t=X(i);
    X(i)=X(Index);
    X(Index)=t;
end
```

（3）人工鱼行为，迭代求出最优解。

```
for NC=1:Max_gen
    Besty(NC)=1000;
    for i=1:FishNum
        [Xi,flag1]=follow(X,FishNum,Visual,deta,i,edge);    %首先尝试追尾行为
        if(flag1==0)    %如果追尾失败
            Visual2=floor(Visual*(1-NC/Max_gen));
            [Xi,flag2]=prey(X,CityNum,i,Visual,trynumber,edge);%再尝试觅食行为
            if(flag2==0)              %如果觅食失败
                [Xi,flag3]=swarm(X,FishNum,CityNum,Visual,deta,i,edge);
                                      %再尝试聚群行为
                if(flag3==0)    %如果聚群失败
                    Xi=X(i,:);  %人工鱼静止不动
                end
            end
        end
        X(i,:)=Xi;
        Yi=evaluate(Xi,edge);%返回回路的长度
    if(Yi<Besty(NC))
        Besty(NC)=Yi;%每次迭代的最优解
    end
    if(Yi<Best)
        Best=Yi;       %算法的全局最优解
    end
    end
    disp(['第',num2str(NC),'次迭代,得出的最优值：',num2str(Besty(NC))]);
end
```

上述语句中，返回从 1 到 CityNum 的随机排列，作为每条人工鱼的初始状态；follow( )为追尾行为函数，输出的是追尾后的状态 Xi 和追尾成功与否；prey( )为觅食行为函数，当追尾失败后，即 flag1==0 时进行，输出的是觅食后的状态 Xi 和觅食成功与否；swarm( )为聚群行为函数，当觅食失败后，即 flag2==0 时进行，输出的是聚群后的状态 Xi 和聚群成功与否。此时，若聚群行为失败，则鱼群保持不动，即 Xi=X(i,:)。evaluate( )函数用来测定回路路径的长度。

（4）输出结果。得出的最优路径为 1→9→38→31→37→36→33→12→21→32→48→34→19→27→7→11→14→23→41→16→18→44→3→39→29→2→26→4→10→42→35→45→24→5→25→13→47→15→40→20→6→17→43→30→28→46→22→8→1

最优路径的长度为 1000 km。

6.4　小　　结

本章阐明了以下几个问题：

（1）人工鱼群算法的基本原理、参数设置和基本流程。

（2）人工鱼群算法的特点与优势。

（3）人工鱼群算法的研究现状与工程应用。

（4）针对人工鱼群算法的不足，对其进行改进，包括基于算法参数的改进、自适应改进算法和其他改进方法。

（5）利用人工鱼群算法求解函数最值问题、旅行商 TSP 问题。

习　　题

1. 人工鱼群算法由哪几部分系统组成？每一部分系统又是如何实现的？

2. 人工鱼在满足什么条件时进行觅食行为？

3. 人工鱼群算法在寻优过程中，可能会聚集在几个局部极值域的周围，此时，若要使人工鱼跳出局部极值域，以实现全局寻优，需要满足哪些条件？

4. 人工鱼群算法迭代终止的条件有哪些？

5. 人工鱼群算法需要设置哪些参数？其对算法的性能有哪些影响？

6. 简述人工鱼群算法的流程。

7. 人工鱼群算法在处理问题时具有哪些优势？

8. 常规的人工鱼群算法存在哪些问题？

9. 针对人工鱼群算法存在的问题，有哪些改进的方法？

10. 自适应人工鱼群算法的调整策略有哪几种？

11. 利用人工鱼群算法求解下面函数的最大值：

$$f(x,y) = \frac{\sin x}{x} \frac{\sin y}{y} \qquad x \in [-10, 10],\ y \in [-10, 10]$$

第七章　神经网络算法

人脑具有记忆、联想、学习、认知、信息加工、信息综合等能力，计算机的发展趋势也是在不断效仿人脑的信息处理机制，以使其成为高级智能控制系统。人类大脑里大约存在 1.4×10^{11} 个神经元细胞，通过通道与其他神经元间建立联系，形成了复杂的生物神经网络。类比生物神经网络的组成，主要从信息处理的角度，借助数学和物理方法对人脑神经网络进行抽象处理，建立了人工神经网络（Artificial Neural Network，ANN）模型。本章将讲述以下内容：

（1）人工神经网络模型，包括生物神经元、人工神经元基本模型、神经元模型的特点、神经元模型转移函数、神经网络模型的分类；

（2）神经网络学习的方法；

（3）神经网络的学习规则，包括 δ 学习规则、感知器学习规则、Hebbian 学习规则、Widrow - Hoff 学习规则、Correlation 学习规则、Winner - Take - all 学习规则、Outstar 学习规则；

（4）BP 神经网络算法，包括 BP 神经网络的建立、BP 算法的原理和流程、BP 算法存在的问题及改进、BP 神经网络的训练策略；

（5）利用神经网络算法解决实际问题，包括基于 BP 神经网络的电力系统负荷预测、基于 BP 神经网络的语音特征信号识别。

7.1　神经网络算法概述

7.1.1　人工神经网络的基本概念

神经网络是由若干个简单的处理单元彼此按照某种方式相互连接而成的计算系统，该系统是依靠其状态对外部输入信息的动态响应来处理相关信息的。人工神经网络是由大量具有适应性的处理元素（神经元）组成的广泛并行互联网络，能够模拟生物神经系统对自然界物体所作出的交互反应。人工神经网络的基本处理单元是神经元，其是以生物神经细胞为基础建立的数学模型。

人工神经网络起源于 20 世纪 40 年代心理学家 McCulloch 和数学家 Pitts 提出的 M - P 神经网络模型；1949 年，心理学家 Hebb 提出神经系统的学习规则 Hebbian 规则，开启了对智能算法的研究；1957 年，F. Rosenblatt 提出感知器模型，将人工神经网络算法的研究从理论层面转为工程实践应用方面，掀起了人工神经网络研究的第一次高潮。20 世纪 60 年代，由于人们过于推崇数字计算机，而放松了对感知器的研究，使得人工神经网络的研究进入低潮。直至 1982 年，物理学家 Hopfield 提出离散的神经网络模型，重新将神经网络的研究带回前沿，并且 Hopfield 于 1984 年又提出了连续神经网络模型，开拓了计算机应用神经网络的新途径。1986 年，Rumelhart 和 McClelland 提出多层网络的误差反传（Back Propagation）学习算法，即

BP 算法,成为目前应用范围最广的人工神经网络算法之一。

7.1.2　人工神经网络模型

1. 生物神经元

神经元是脑组织的基本单元,是人脑信息处理系统的最小单元。神经元由细胞体、树突、轴突和突触四部分组成,用来完成神经元间信息的接收、传递和处理。其信息处理的机理如图 7-1 所示。

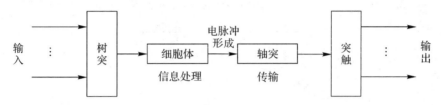

图 7-1　生物神经元信息处理机理

细胞体包括细胞核、细胞质和细胞膜。树突是细胞体短而多分枝的突起,相当于神经元的输入端。轴突是细胞体上最长枝的突起,也称为神经纤维,其端部有很多神经末梢,可以传出神经冲动。突触是神经元间的连接接口,每个神经元约有 1 万～10 万个突触。神经元通过其轴突的神经末梢,经突触与另一神经元的树突连接,实现信息的传递。由于突触的信息传递特性是可变的,因此,形成了神经元间连接的柔性特征,称为结构的可塑性。

神经元间信息的产生、传递和处理是一种电化学活动。当信号输入到神经元,经整合使得细胞膜的电位升高,此时若超过动作电位的阈值,则产生神经冲动,并将该冲动由轴突经神经末梢输出,称之为神经兴奋状态,对应于膜电位的去极化反应;若低于动作电位的阈值,则不产生神经冲动,称之为神经抑制状态,对应于膜电位的超极化反应。因此,生物神经元具有阈值特性、单向传递性和延时传递性的特点。

神经元具有信息整合能力,包括空间整合和时间整合两种。空间整合是指同一时刻由刺激共同作用产生的膜电位变化等于各种刺激单独作用产生膜电位变化的代数和。时间整合是指各输入脉冲信号到达神经元的时间不一致,总的突触后膜电位为某段时间内的积累值。从生物神经元的功能与特性可知,神经元相当于一个多输入单输出的信息处理单元,并且其对信息的处理是非线性的。由多个生物神经元以确定方式和拓扑结构相互连接组成了生物神经网络,神经网络具有强大的信息处理能力。

神经元及其突触为神经网络的基本构成,因此对神经网络的构建首先需要对神经元进行模拟,在网络中,神经元用节点表示,重点考虑节点本身的信息处理能力、节点与节点间的连接拓扑结构、节点间相互连接的强度,上述三项也是决定人工神经网络性能的重要因素。

2. 人工神经元基本模型

类比生物神经元,人工神经元具有以下基本特征:

(1) 神经元及其连接更为复杂。

(2) 神经元之间的连接强度决定信号传递的强弱。

(3) 神经元之间的连接强度是可以随着训练而改变的。

(4) 神经元信号既有刺激作用,又有抑制作用。

（5）一个神经元接收的信号的累积效果决定该神经元的状态。

（6）每个神经元可以有一个阈值。

神经元是构成神经网络的最基本单元，在建立人工神经网络模型前需要做如下假设：

假设1：每个神经元都是一个多输入单输出的信息处理单元，如图7-2所示。人工神经元由许多输入信号组成，每个输入信号用 $x_i(i=1,2,\cdots,n)$ 表示，将其同时输入到神经元 j 中，神经元的单输出用 o_j 表示。

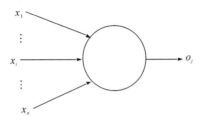

图 7-2　多输入单输出

假设2：神经元的输入分为兴奋性和抑制性两种类型，由于神经元具有不同的突触性质和突触强度，其使得有些输入在神经元产生脉冲输出过程中所起的作用比另外一些输入更为重要，因此对神经元的每一个输入都设置有一个权重值，如图7-3所示，其中 $w_{ij}(i=1,2,\cdots,n)$ 为各输入的权重值，其取值正负表示生物神经元的突触处于兴奋或抑制状态，其取值大小表示突触的不同连接强度。

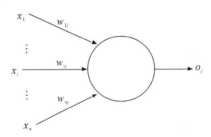

图 7-3　输入加权

假设3：神经元具有空间整合特性和阈值特性，因此，人工神经元需要对全部输入信号进行整合，以确定信号输入作用的总效果，如图7-4所示，求和值相当于生物神经元的膜电位，神经元是否激活取决于某一阈值电平，当信号输入总和超过该阈值时，神经元被激活并发出脉冲信号，否则神经元无信号输出。

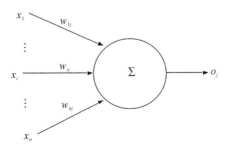

图 7-4　输入加权求和

假设4：忽略时间整合和不应期，由于神经元本身是非时变的，故其突触时延和突触强度均为常数。人工神经元为单输出，输入和输出间的对应关系用某种非线性函数 f 来表示，如图 7-5 所示。

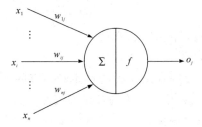

图 7-5　输入—输出函数

建立的人工神经元模型如图 7-6 所示。

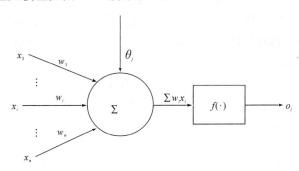

图 7-6　人工神经元模型

图 7-6 中，$x=(x_1,x_2,\cdots,x_i,x_{i+1},\cdots,x_n)$ 表示神经元的 n 个输入信号；各输入信号对应的连接权值为 $w=(w_1,w_2,\cdots,w_i,w_{i+1},\cdots,w_n)$；$\theta_j$ 为阈值；$f(\cdot)$ 为激活函数；o_j 为输出。

上述模型的输入和输出间的关系可用如下式所示的数学表达式进行抽象与概括，即为人工神经元的数学模型。

$$o_j(t)=f\Big[\sum_{i=1}^{n}w_{ij}x_i(t-\tau_{ij})-\theta_j\Big] \tag{7-1}$$

式中：τ_{ij} 为输入和输出间的突触时延；θ_j 为神经元 j 的阈值；w_{ij} 为神经元 i 到神经元 j 的权重，当 $w_{ij}>0$ 时表示突触的兴奋，当 $w_{ij}<0$ 时表示突触的抑制；$f(\cdot)$ 为神经元激活函数。

这里将突触时延 τ_{ij} 取值为单位时间，可将上式转化为如下式所示的形式：

$$o_j(t)=f\Big[\sum_{i=1}^{n}w_{ij}x_i(t)-\theta_j\Big] \tag{7-2}$$

定义　$\mathrm{net}_j'(t)=\sum\limits_{i=1}^{n}w_{ij}x_i(t)$，体现了神经元的空间整合特性，而未考虑时间整合，由于神经元的非时变特性，w_{ij} 与时间无关，当 $\mathrm{net}_j'(t)-\theta_j>0$ 时，神经元被激活。

这里可做进一步的简化，即将其中的 t 省略，并将 net_j' 表示为权重向量 $\boldsymbol{W}_j$ 和输入向量 $\boldsymbol{X}$ 的点积 $\boldsymbol{W}_j^{\mathrm{T}}\boldsymbol{X}$，其中 $\boldsymbol{W}_j=(w_1,w_2,\cdots,w_n)^{\mathrm{T}}$，$\boldsymbol{X}=(x_1,x_2,\cdots,x_n)^{\mathrm{T}}$，则人工神经元的数学模型可转化为如下式的形式：

$$\mathrm{net}_j'-\theta_j=\mathrm{net}_j=\sum_{i=0}^{n}w_{ij}x_i=\boldsymbol{W}_j^{\mathrm{T}}\boldsymbol{X} \tag{7-3}$$

综上，神经元模型可简化为如下式所示的形式：

$$o_j = f(\mathrm{net}_j) = f(\boldsymbol{W}_j^\mathrm{T} \boldsymbol{X}) \tag{7-4}$$

3. 神经元模型的特点

神经元模型具有以下特点：

（1）神经元是一个多输入、单输出的单元；

（2）神经元具有非线性的输入和输出特性；

（3）神经元具有可塑性，反映在新突触的产生和现有的神经突触的调整上，其塑性变化的部分主要是权值 w 的变化，相当于生物神经元突触部分的变化，对于激发状态，w 取值为正；对于抑制状态，w 取值为负。

4. 神经元模型转移函数

神经元各种数学模型的主要区别在于采用了不同的转移函数，从而使神经元具有不同的信息处理特性。神经元的信息处理特性是决定人工神经网络整体性能的三大要素之一，反映了神经元输出与其激活状态之间的关系，最常用的转移函数有以下几种类型。

（1）阈值型转移函数。阈值型转移函数也称单位阶跃函数，代表了状态离散型的神经元模型，其输出只有两种数值，分别用来表示神经元所处的不同状态。该函数特点是其输出只有两个值，当神经元为兴奋状态时，输出为 1；当神经元为抑制状态时，输出为 0，如下式所示：

$$f(x) = \begin{cases} 1, & x \geqslant 0 \\ 0, & x < 0 \end{cases} \tag{7-5}$$

其函数图像如图 7-7 所示。

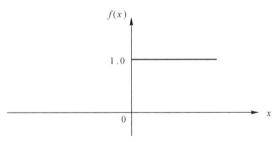

图 7-7　阈值型转移函数图像

（2）非线性转移函数。非线性转移函数代表了状态连续型的神经元模型，最常用的是单极性的 sigmoid 函数，简称 S 型函数，如下式所示：

$$f(x) = \frac{1}{1 + \mathrm{e}^{-x}} \tag{7-6}$$

该函数特点是本身及其导数都是连续的，易于处理，其函数图像如图 7-8 所示。

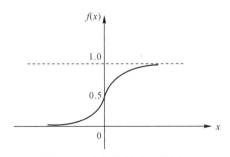

图 7-8　非线性转移函数图像

（3）分段线性转移函数。该函数的特点是神经元的输入与输出在一定区间内满足线性关系，对实际系统中的饱和特性进行了模拟，该类函数也称为伪线性函数，其函数表达式如式 7 - 7 所示：

$$f(x)=\begin{cases}0, & x\leqslant 0 \\ cx, & 0<x\leqslant x_c \\ 1, & x_c\leqslant x\end{cases} \tag{7-7}$$

其函数图像如图 7 - 9 所示。

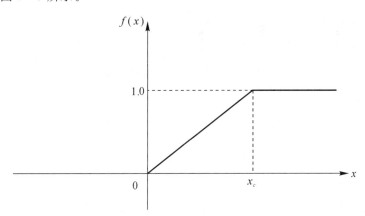

图 7 - 9 分段线性转移函数图像

（4）概率型转移函数。

采用该类函数的神经元模型，其输入与输出之间的关系是不确定的，需要用一个随机函数来描述输出状态为 1 或 0 的概率，设神经元输出为 1 的概率为

$$P(1)=\frac{1}{1+e^{-x/T}} \tag{7-8}$$

式中，T 为温度参数。

由于采用该转移函数的神经元输出状态分布与热力学理论中的 Boltzmann 分布相类似，因此该神经元模型也称为热力学模型。

5. 神经网络模型的分类

神经网络是由许多神经元互相连接在一起所组成的神经结构。将神经元之间的相互作用关系进行数学模型化即可得到人工神经网络模型。神经元和神经网络的关系是元素与整体的关系。人工神经网络中的神经元也称为节点或处理单元，每个节点均具有相同的结构，其动作在时间和空间上均同步。人工神经网络模型可按不同的方法进行分类，其中最常用的有两种分类方法：一种是按照网络连接拓扑结构分类；一种是按照网络内部的信息流向分类。按照网络连接的拓扑结构可将人工神经网络模型分为层次型结构和互连型结构；按照网络内部的信息流向可将人工神经网络模型分为前馈型结构和反馈型结构。

层次型结构是将神经元按功能划分为输入层、中间层（隐含层）和输出层，各层间按照顺序相连，如图 7 - 10 所示。

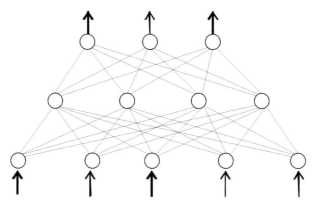

图 7 - 10　层次型神经网络结构

互连型结构是指网络中任意两个节点之间都可能存在连接路径,如图 7 - 11 所示。

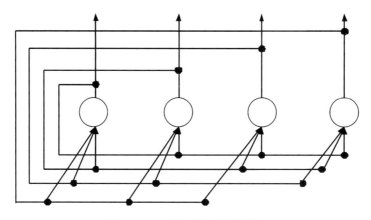

图 7 - 11　互连型神经网络结构

前馈型网络是指网络信息处理的方向是从输入层到隐含层再到输出层,如图 7 - 12 所示。

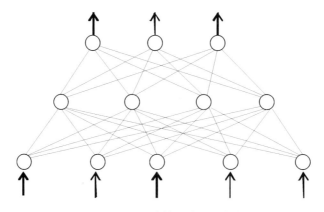

图 7 - 12　前馈型神经网络结构

反馈型网络是指在反馈网络中,其所有的节点都具有信息处理的功能,而且每个节点既可以从外界接收输入,又可以向外界输出,如图 7 - 13 所示。

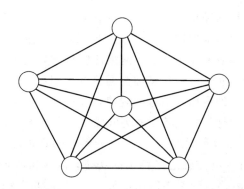

图 7 - 13　反馈型神经网络结构

7.1.3　神经网络学习方法

人工神经网络信息处理可以用数学过程来说明，该过程可分为两个阶段：一是执行阶段；二是学习阶段。学习是智能的基本特征之一，人工神经网络具有近似于人类的学习能力，通过施加于它的权值和阈值调节的交互过程来对环境进行学习，以达到预期的目的。神经网络的学习方法一般分为有导师学习、无导师学习和灌输式学习。

有导师学习又称为有监督学习，在学习时需要给出导师信号(也称为期望输出信号)。神经网络对外部环境是未知的，但可将导师看作是对外部环境的了解，用输入—输出样本集合来表示。导师信号或期望响应代表了神经网络执行情况的最佳效果，即对于网络输入调整权值，使得网络输出逼近导师信号或期望输出信号，如图 7 - 14 所示。

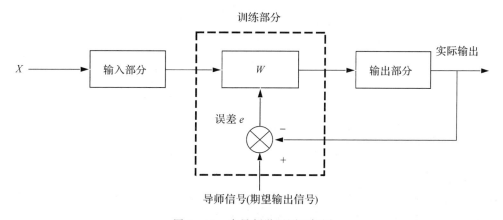

图 7 - 14　有导师学习原理框图

有导师学习模式采用纠错的规则，学习方法要在给出输入模式 X 的同时在输出侧还要给出与之对应的目标模式，两者构成训练对。一般在训练一个网络时需要多个训练对，以构成训练集。在学习时，使用训练集中的某个输入模式，得到一个网络的实际输出模式，再与期望输出模式作比较，当两者不相符时求出误差，按误差的大小和方向调整权值，以使误差向着减小的方向变化。然后逐个使用训练集中的每个训练对，不断地修改网络的权值，整个训练集反复地作用于网络多次，直到误差小于事先规定的允许值位置，此时认为网络在有导师的训练下已经学会了训练数据中包含的知识和规则，学习过程就此结束。

无导师学习又称为无监督学习，在学习过程中，需要不断地给网络提供动态输入信息

（学习样本），但不提供理想的输出，网络根据特有的学习规则，在输入信息流中发现任何可能存在的模式和规律，同时根据网络的功能和输入调整权值。在学习时，训练集仅由各输入模式组成，而不提供相应的输出模式。网络能够根据特有的内部结构和学习规则，响应输入的激励以反复调整权值，该过程又称为网络的自组织。自组织学习是依靠神经元本身对输入模式的不断适应，抽取输入信号的规律，从而将输入模式按其相似程度自动划分为若干类，将其输入特征记忆下来，当其再次出现时，就能将其识别出来。这种学习方法，网络调整权值不受外来导师信号的影响，可认为这种学习评价准则隐含于网络内部。

灌输式学习是指将网络设计成记忆特别的例子，以后当给定有关该例子的输入信息时，例子便被回忆起来。灌输式学习中网络的权值不是通过训练逐渐形成的，而是通过某种设计方法得到的。权值一旦设计好，即一次性地灌输给神经网络而不再变动，因此该种方式神经网络对权值的学习是死记硬背式的，而不是训练式的。

7.1.4 神经网络学习规则

神经网络能够通过对样本的学习训练，不断改变网络的连接权重和拓扑结构，以使网络的输出不断地接近期望的输出，这一过程称为神经网络的学习，其本质是对权值和网络拓扑进行动态调整，图 7 - 15 为权值调整的一般情况。

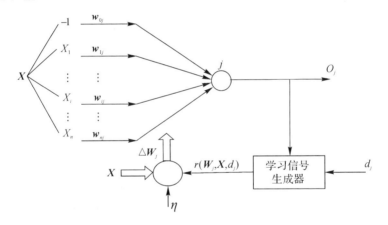

图 7 - 15　权值调整示意图

图中：$\boldsymbol{X}$ 为输入向量；w_{ij} 为从输入 i 指向神经元 j 的权值向量；r 为学习信号；η 为学习效率；d 为导师信号。此时，权值向量的调整准则如下式所示：

$$\Delta \boldsymbol{W}_j = \eta\, r\big[\boldsymbol{W}_j(t), \boldsymbol{X}(t), d_j(t)\big]\boldsymbol{X}(t) \tag{7-9}$$

$$\boldsymbol{W}_j(t+1) = \boldsymbol{W}_j(t) + \eta\, r\big[\boldsymbol{W}_j(t), \boldsymbol{X}(t), d_j(t)\big]\boldsymbol{X}(t) \tag{7-10}$$

神经网络的学习类型可分为有导师学习（有监督学习）、无导师学习（无监督学习）。将权重的修正方法定义为学习规则，常用的有 δ 学习规则、感知器学习规则、Hebbian 学习规则、Widrow - Hoff 学习规则、Correlation 学习规则、Winner - Take - all 学习规则、Outstar 学习规则。

1. δ 学习规则

1986 年，认知心理学家 McClelland 和 Rumelhart 在神经网络训练中引入了 δ 规则，其表达式如下式所示：

$$r=\left[d_j-f(\boldsymbol{W}_j^{\mathrm{T}}\boldsymbol{W})\right]f'(\boldsymbol{W}_j^{\mathrm{T}}\boldsymbol{W})=(d_j-o_j)f'(\mathrm{net}_j) \tag{7-11}$$

式中，$f'()$ 为转移函数的导数，因此该学习规则仅适用于有导师学习中定义的连续转移函数，如 Sigmoid 函数。而事实上，规则很容易由输出值与期望值间的最小平方误差条件推导出来，定义神经元输出与期望输出之间的平均误差如下式所示：

$$E=\frac{1}{2}(d_j-o_j)^2=\frac{1}{2}\left[d_j-f(\boldsymbol{W}_j^{\mathrm{T}}\boldsymbol{X})\right]^2 \tag{7-12}$$

式中，误差 E 是权向量 $\boldsymbol{W}_j$ 的函数。若使得 E 最小，$\boldsymbol{W}_j$ 应与误差的负梯度成正比，如下式所示：

$$\Delta\boldsymbol{W}_j=-\eta\,\nabla E \tag{7-13}$$

式中，比例系数 η 为一个正常数。

误差梯度 ∇E 如下式所示：

$$\nabla E=-(d_j-o_j)f'(\mathrm{net}_j)\boldsymbol{X} \tag{7-14}$$

上式中 η 与 $\boldsymbol{X}$ 之间的部分即为式(7-11)定义的 δ 学习信号。

$\Delta\boldsymbol{W}_j$ 中每个分量可由如下式所示的形式进行调整计算：

$$\Delta w_{ij}=\eta(d_j-o_j)f'(\mathrm{net}_j)x_i,\ i=0,1,\cdots,n \tag{7-15}$$

δ 学习规则可推广到多层前馈神经网络中，权值可初始化为任意值。

δ 学习规则的结构如图 7-16 所示。

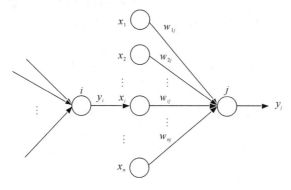

图 7-16　δ 学习规则结构图

δ 学习规则的实施步骤：

(1) 选择一组初始权重 $w_{ij}(1)$；

(2) 计算某一输入模式对应的实际输出与期望输出的误差，如下式所示：

$$E=\frac{1}{2}\sum_{j=1}^{n}(d_j-y_j(t))^2 \tag{7-16}$$

(3) 更新权值，阈值可视为输入恒为 -1 的一个权值，如下式所示：

$$w_{ij}(t+1)=w_{ij}(t)+\eta\left[d_j-y_j(t)\right]x_i(t) \tag{7-17}$$

式中，η 为学习因子；d_j 和 $y_j(t)$ 为第 j 个神经元的期望输出与实际输出；$x_i(t)$ 为第 j 个神经元的第 i 个输入。

(4) 返回第(2)步，直到所有学习模式网络输出均能满足要求为止。

2. 感知器学习规则

1958 年，美国学者 Frank Rosenblatt 首次定义了一个具有单层计算单元的神经网络结构，称为感知器。感知器的学习规则规定，学习信号等于神经元期望输出与实际输出之差，如下式所示：

$$r = d_j - o_j \tag{7-18}$$

式中，d_j 为第 j 个神经元的期望输出；$o_j = f(\boldsymbol{W}_j^{\mathrm{T}} \boldsymbol{W})$ 为第 j 个神经元的实际输出。

感知器采用了与阈值转移函数类似的符号转移函数，如下式所示：

$$f(\boldsymbol{W}_j^{\mathrm{T}} \boldsymbol{X}) = \mathrm{sgn}(\boldsymbol{W}_j^{\mathrm{T}} \boldsymbol{X}) = \begin{cases} 1, & \boldsymbol{W}_j^{\mathrm{T}} \boldsymbol{X} \geqslant 0 \\ -1, & \boldsymbol{W}_j^{\mathrm{T}} \boldsymbol{X} < 0 \end{cases} \tag{7-19}$$

因此，权值调整公式如下式所示：

$$\Delta \boldsymbol{W}_j = \eta [d_j - \mathrm{sgn}(\boldsymbol{W}_j^{\mathrm{T}} \boldsymbol{X})] \boldsymbol{X} \tag{7-20}$$

$\Delta \boldsymbol{W}_j$ 中每个分量可由下式所示的形式进行调整计算：

$$\Delta w_{ij} = \eta [d_j - \mathrm{sgn}(\boldsymbol{W}_j^{\mathrm{T}} \boldsymbol{X})] x_i, \ i = 0, 1, \cdots, n \tag{7-21}$$

式中，当实际输出与期望值相同时，权值不需要调整；当有误差存在时，由于 d_j 和 $\mathrm{sgn}(\boldsymbol{W}_j^{\mathrm{T}} \boldsymbol{X})$ 的取值范围是 $\{-1, 1\}$，则权值调整公式可简化为如下式所示的形式：

$$\Delta \boldsymbol{W}_j = \pm 2 \eta X \tag{7-22}$$

感知器学习规则仅适用于二进制神经元，初始权值可取为任意值，是一种有导师的学习。

感知器的结构示意图如图 7-17 所示，其为双层（输入层、输出层）结构；两层单元之间为全互连，且连接权值可调；输出层神经元个数等于类别数。

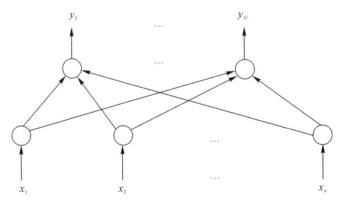

图 7-17 感知器结构示意图

设输入模式向量 $\boldsymbol{X} = [x_1, x_2, \cdots, x_n]^{\mathrm{T}}$，输出层第 j 个神经元对应于第 j 个模式类，其输出如下式所示：

$$y_j = f\left(\sum_{i=1}^{n} w_{ij} x_i - \theta_j\right) \tag{7-23}$$

式中：w_{ij} 为输入模式的第 i 个分量与输出层第 j 个神经元间的连接权值；θ_j 为第 j 个神经元的阈值。

输出单元对所有输入数值进行加权求和，经阈值型输出函数产生一组输出模式，其规则结构如图 7-18 所示。

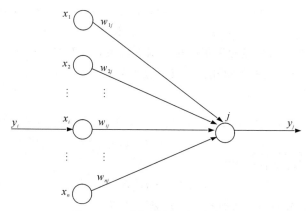

图 7-18 感知器学习规则结构图

设 $\theta_j = -w_{(n+1)j}$，并取 $\boldsymbol{W}_j = [w_{1j}, w_{2j}, \cdots, w_{(n+1)j}]^{\mathrm{T}}$，则有输出如下式所示：

$$y_j = f\left(\sum_{i=1}^{n+1} w_{ij} x_i\right) = f(\boldsymbol{W}_j^{\mathrm{T}} \boldsymbol{X}) \tag{7-24}$$

3. Hebbian 学习规则

1949 年，心理学家 D. O. Hebb 最早提出了关于神经网络学习机理的"突触修正"的假设。该假设指出，当神经元的突触前膜电位与后膜电位同时为正时，突触传导增强；当前膜电位与后膜电位正负相反时，突触传导减弱。也就是说，当神经元 i 与神经元 j 同时处于兴奋状态时，两者之间的连接强度应增强。那么，根据该假设定义的权值调整方法称为 Hebbian学习规则。

在 Hebbian 学习规则中，学习信号等于神经元的输出，如下式所示：

$$r = f(\boldsymbol{W}_j^{\mathrm{T}} \boldsymbol{X}) \tag{7-25}$$

式中，$\boldsymbol{W}$ 为权向量，$\boldsymbol{X}$ 为输入向量。

权向量的调整公式如下：

$$\Delta \boldsymbol{W}_j = \eta f(\boldsymbol{W}_j^{\mathrm{T}} \boldsymbol{X}) \boldsymbol{X} \tag{7-26}$$

$\Delta \boldsymbol{W}_j$ 中每个分量可由如下式所示的形式进行调整计算：

$$\Delta w_{ij} = \eta f(\boldsymbol{W}_j^{\mathrm{T}} \boldsymbol{X}) x_i = \eta o_j x_i \tag{7-27}$$

式 7-27 表明，权值调整量与输入输出的乘积成正比。Hebbian 学习规则需预先设置一个权重饱和值，以防止输入和输出正负始终一致时出现权值无约束地增长。此外，在学习开始前，$\boldsymbol{W}_j(0)$ 要赋予一个在零附近的小随机数。Hebbian 学习规则是一种前馈的、无导师的学习。

4. Widrow-Hoff 学习规则

1962 年，Bernard Widrow 和 Marcian Hoff 提出了 Widrow-Hoff 学习规则，又称为最小均方规则(LMS)，该规则的学习信号如下式所示：

$$r = d - \boldsymbol{W}_j^{\mathrm{T}} \boldsymbol{X} \tag{7-28}$$

权向量的调整公式如下式所示：

$$\Delta \boldsymbol{W}_j = \eta (d - \boldsymbol{W}_j^{\mathrm{T}} \boldsymbol{X}) \boldsymbol{X} \tag{7-29}$$

$\Delta \boldsymbol{W}_j$ 中每个分量可由如下式所示的形式进行调整计算：

$$\Delta w_{ij} = \eta (d_j - \boldsymbol{W}_j^{\mathrm{T}} \boldsymbol{X}) x_i, \quad i = 0, 1, \cdots, n \tag{7-30}$$

实际上，若在 δ 学习规则中假定神经元转移函数 $f(\boldsymbol{W}_j^{\mathrm{T}}\boldsymbol{X})=\boldsymbol{W}_j^{\mathrm{T}}\boldsymbol{X}$，则有 $f'(\boldsymbol{W}_j^{\mathrm{T}}\boldsymbol{X})=1$，此时学习信号［式（7-28）］与 δ 学习规则的学习信号［式（7-11）］相同。因此，Widrow-Hoff 学习规则与神经元采用的转移函数无关，也不需要对转移函数求导，不仅学习速度较快，而且具有较高的计算精度，权值也可初始化为任意数值。

5. Correlation 学习规则

Correlation 学习规则又称为相关学习规则，其学习信号如下式所示：

$$r=d_j \tag{7-31}$$

权向量的调整公式如下式所示：

$$\Delta\boldsymbol{W}_j=\eta\,d_j\boldsymbol{X} \tag{7-32}$$

$\Delta\boldsymbol{W}_j$ 中每个分量可由如下式所示的形式进行调整计算：

$$\Delta w_{ij}=\eta\,d_j x_i,\ i=0,1,\cdots,n \tag{7-33}$$

该规则表明，当 d_j 是 x_i 的期望输出时，相应的权值增量 Δw_{ij} 与两者的乘积成正比。如果 Hebbian 学习规则中的转移函数为二进制函数，且有 $o_j=d_j$，则 Correlation 学习规则可看作是 Hebbian 学习规则的一种特殊情况，但与之不同的是，Correlation 学习规则是无导师学习，要求将权值初始化为零。

6. Winner-Take-All 学习规则

Winner-Take-All 学习规则是一种竞争学习规则，用于无导师学习。将神经网络的某一层确定为竞争层，对于一个特定的输入 $\boldsymbol{X}$，竞争层的所有神经元均有输出响应，其中响应值最大的神经元为在竞争中获胜的神经元，其表达式如下式所示：

$$\boldsymbol{W}_m^{\mathrm{T}}\boldsymbol{X}=\max_{i=1,2,\cdots,p}\,(\boldsymbol{W}_i^{\mathrm{T}}\boldsymbol{X}) \tag{7-34}$$

只有在竞争中胜出的神经元才有权调整其权向量，调整量如下式所示：

$$\Delta\boldsymbol{W}_m=\alpha(\boldsymbol{X}-\boldsymbol{W}_m) \tag{7-35}$$

式中，α 为学习常数，其取值情况随着学习程度的加深而减小。当两个神经元向量的点积越大，说明两者越相似，所以调整获胜神经元权值的结果是使得 $\boldsymbol{W}_m$ 进一步接近当前输入 $\boldsymbol{X}$。那么，当下次出现与 $\boldsymbol{X}$ 相似的输入模式时，上次获胜的神经元就更容易再次获胜。在反复的竞争学习过程中，竞争层的各神经元所对应的权向量被逐渐调整为输入样本空间的聚类中心。以获胜的神经元为中心定义一个获胜区域，除获胜神经元进行权值调整外，区域内的其他神经元也进行不同程度的权值调整。权值一般被初始化为任意数值并进行归一化处理。

7. Outstar 学习规则

Outstar 学习规则又称为外星学习规则。将神经网络中的节点分为两类：一类称为内星节点；一类称为外星节点，如图 7-19 所示。

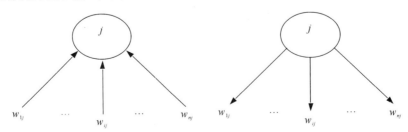

图 7-19 神经网络的内星节点与外星节点

内星节点是信号的汇聚点，接收的是来自各方的加权信号，对应的权值向量称为内星权向量；外星节点是向各方输出加权信号，是信号的发散点，对应的权值向量称为外星权向量。内星学习规则规定内星节点的输出响应是输入向量 X 与内星权向量 W_j 的点积，权值的调整如式(7-35)所示，因此其与 Winner-Take-All 学习规则一致。

外星学习规则属于有导师学习，其目的是生成一个期望的 n 维输出向量，设外星权向量为 W_j，其学习规则如下式所示：

$$\Delta W_j = \eta(d - W_j) \tag{7-36}$$

式中，η 为学习常数，其取值情况随着学习程度的加深而减小。外星学习规则使得节点 j 对应的外星权向量向期望输出向量 d 靠近。

8. 常用学习规则总结

对上述 7 种常用学习规则的总结如表 7-1 所示。

表 7-1　常用学习规则总结

学习规则	权值调整		权值初始化	学习方式	转移函数
	向量表达式	元素表达式			
δ	$\Delta W_j = \eta(d_j - o_j)f'(\mathrm{net}_j)X$	$\Delta w_{ij} = \eta(d_j - o_j)f'(\mathrm{net}_j)x_i$	任意	有导师	连续
感知器	$\Delta W_j = \eta[d_j - \mathrm{sgn}(W_j^{\mathrm{T}}X)]X$	$\Delta w_{ij} = \eta[d_j - \mathrm{sgn}(W_j^{\mathrm{T}}X)]x_i$	任意	有导师	二进制
Hebbian	$\Delta W_j = \eta f(W_j^{\mathrm{T}}X)X$	$\Delta w_{ij} = \eta f(W_j^{\mathrm{T}}X)x_i$	0	无导师	任意
Widrow-Hoff	$\Delta W_j = \eta(d_j - W_j^{\mathrm{T}}X)X$	$\Delta w_{ij} = \eta(d_j - W_j^{\mathrm{T}}X)x_i$	任意	有导师	任意
Correlation	$\Delta W_j = \eta d_j X$	$\Delta w_{ij} = \eta d_j x_i$	0	有导师	任意
Winner-Take-All	$\Delta W_m = \alpha(X - W_m)$	$\Delta w_m = \alpha(x_i - w_{im})$	随机、归一化	无导师	连续
Outstar	$\Delta W_j = \eta(d - W_j)$	$\Delta w_{kj} = \eta(d_k - w_{kj})$	0	有导师	连续

7.2　BP 神经网络算法

Werbos 于 1974 年最早提出 BP 神经网络算法。1986 年，Rumelhart、Hinton 和 Williams对 BP 神经网络算法进行了较为清晰的描述，使得该算法开始被广泛地研究与应用。BP 神经网络算法以其广泛的适应性和有效性，主要用于函数逼近、模式识别、数据分类和数据压缩领域。

BP(Back Propagation)网络是 1986 年由以 Rumelhart 和 McCelland 为首的科学家小组提出，是一种按误差逆传播算法训练的多层前馈网络，是目前应用最广泛的神经网络模型之一。BP 网络能学习和存贮大量的输入-输出模式映射关系，且无须事前揭示描述这种映射关系的数学方程。它的学习规则是使用最速下降法，通过反向传播来不断调整网络的权值和阈值，使网络的误差平方和最小。BP 神经网络模型拓扑结构包括输入层(Input

Layer)、隐含层(Hide Layer)和输出层(Output Layer)，如图 7 - 20 所示。

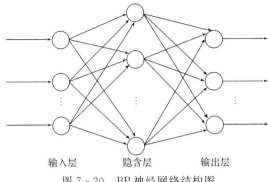

输入层　　　　隐含层　　　　输出层

图 7 - 20　BP 神经网络结构图

7.2.1　BP 神经元

图 7 - 20 给出了第 j 个基本 BP 神经元(节点)，它仅仅模仿了生物神经元所具有的三个最基本功能：加权、求和与转移。其中，x_1，x_2，$\cdots$，x_i，$\cdots$，x_n 分别代表来自神经元 1，2，$\cdots$，i，$\cdots$，n 的输入；w_{j1}，w_{j2}，$\cdots$，w_{ji}，$\cdots$，w_{jm} 则分别表示神经元 1，2，$\cdots$，i，$\cdots$，n 与第 j 个神经元的连接强度，即权值；b_j 为阈值；$f(\cdot)$ 为传递函数；y_j 为第 j 个神经元的输出。

第 j 个神经元的净输入值 S_j 如下式：

$$S_j = \sum_{i=1}^{n} w_{ji} \cdot x_i + b_j = \boldsymbol{W}_j \boldsymbol{X} + b_j \qquad (7-37)$$

其中，$\boldsymbol{X} = [x_1, x_2, \cdots, x_i, \cdots, x_n]^\mathrm{T}$，$\boldsymbol{W}_j = [w_{j1}, w_{j2}, \cdots, w_{ji}, \cdots, w_{jm}]$

若视 $x_0 = 1$，$w_{j0} = b_j$，即令 $\boldsymbol{X}$ 及 $\boldsymbol{W}_j$ 中包括 x_0 及 w_{j0}，则

$$\boldsymbol{X} = [x_0, x_1, x_2, \cdots, x_i, \cdots, x_n]^\mathrm{T}, \quad \boldsymbol{W}_j = [w_{j0}, w_{j1}, w_{j2}, \cdots, w_{ji}, \cdots, w_{jm}]$$

于是节点 j 的净输入 S_j 可表示为如式(7 - 38)所示的形式：

$$S_j = \sum_{i=0}^{n} w_{ji} x_i = \boldsymbol{W}_j \boldsymbol{X} \qquad (7-38)$$

净输入 S_j 通过传递函数 $f(\cdot)$ 后，便得到第 j 个神经元的输出 y_j，如下式所示：

$$y_j = f(s_j) = f\left(\sum_{i=0}^{n} w_{ji} \cdot x_i\right) = F(W_j \boldsymbol{X}) \qquad (7-39)$$

式中，$f(\cdot)$ 是单调上升函数，而且必须是有界函数，因为传递信号不可能无限增加，必有一最大值。

7.2.2　BP 神经网络

BP 算法是由数据流的前向计算(正向传播)和误差信号的反向传播两个过程组成。正向传播时，传播方向为输入层→隐含层→输出层，每层神经元的状态只影响下一层神经元。若在输出层得不到期望的输出，则转向误差信号的反向传播流程。通过这两个过程的交替进行，在权向量空间执行误差函数梯度下降策略，动态迭代搜索一组权向量，使网络误差函数达到最小值，从而完成信息的提取和记忆过程。

1. 正向传播

设 BP 网络的输入层有 n 个节点，隐含层有 q 个节点，输出层有 m 个节点，输入层与隐含

层之间的权值为 v_{ki}，隐含层与输出层之间的权值为 w_{jk}，如图 7 - 20 所示。隐含层的传递函数为 $f_1(\cdot)$，输出层的传递函数为 $f_2(\cdot)$，则隐含层节点的输出（将阈值写入求和项中）如下式所示：

$$z_k = f_1(\sum_{i=0}^{n} v_{ki} x_i), \ k = 1, 2, \cdots, q \qquad (7-40)$$

输出层节点的输出如下式所示：

$$y_j = f_2(\sum_{k=0}^{q} w_{jk} z_k), \ j = 1, 2, \cdots, m \qquad (7-41)$$

至此 BP 神经网络就完成了 n 维空间向量对 m 维空间的近似映射。

2. 反向传播

1）定义误差函数

输入 P 个学习样本，用 $x^1, x^2, \cdots, x^p$ 来表示。第 P 个样本输入到神经网络后得到输出 $y''_j, (j=1, 2, \cdots, m)$。采用平方型误差函数，于是得到第 p 个样本的误差 E_p 如下式所示：

$$E_p = \frac{1}{2} \sum_{j=1}^{m} (t_j^p - y_j^p)^2 \qquad (7-42)$$

式中，t_j^p 为期望输出。

对于 P 个样本，全局误差如下式所示：

$$E = \frac{1}{2} \sum_{p=1}^{p} \sum_{j=1}^{m} (t_j^p - y_j^p) = \sum_{p=1}^{p} E_p \qquad (7-43)$$

2）输出层权值的变化

采用累计误差 BP 算法调整 w_{jk}，使全局误差 E 变小，如下式所示：

$$\Delta w_{jk} = -\eta \frac{\partial E}{\partial w_{jk}} = -\eta \frac{\partial}{\partial w_{jk}} (\sum_{p=1}^{p} E_p) = \sum_{p=1}^{p} \left(-\eta \frac{\partial E_p}{\partial w_{jk}} \right) \qquad (7-44)$$

式中，η 为学习率。

定义误差信号如下式所示：

$$\delta_{yj} = -\frac{\partial E_p}{\partial S_j} = -\frac{\partial E_p}{\partial y_j} \frac{\partial y_j}{\partial S_j} \qquad (7-45)$$

其中，第一项为

$$\frac{\partial E_p}{\partial y_j} = \frac{\partial}{\partial y_j} \left[\frac{1}{2} \sum_{j=1}^{m} (t_j^p - y_j^p)^2 \right] = -\sum_{j=1}^{m} (t_j^p - y_j^p) \qquad (7-46)$$

第二项为

$$\frac{\partial y_j}{\partial S_j} = f_2'(S_j) \qquad (7-47)$$

这是输出层传递函数的偏微分。于是误差信号有如下式所示的形式：

$$\delta_{yj} = \sum_{j=1}^{m} (t_j^p - y_j^p) f_2'(S_j) \qquad (7-48)$$

由链定理可得如下式所示的形式：

$$\frac{\partial E_p}{\partial w_{jk}} = \frac{\partial E_p}{\partial S_j} \frac{\partial S_j}{\partial w_{jk}} = -\delta_{yj} z_k = -\sum_{j=1}^{m} (t_j^p - y_j^p) f_2'(S_j) z_k \qquad (7-49)$$

于是输出层各神经元的权值调整公式为

$$\Delta w_{jk} = \sum_{p=1}^{p} \sum_{j=1}^{m} \eta(t_j^p - y_j^p) f_2'(S_j) z_k \tag{7-50}$$

3）隐含层权值的变化

隐含层权值的变化如下式所示：

$$\Delta v_{ki} = -\eta \frac{\partial E}{\partial v_{ki}} = -\eta \frac{\partial}{\partial v_{ki}} \left(\sum_{p=1}^{p} E_p \right) = \sum_{p=1}^{p} \left(-\eta \frac{\partial E_p}{\partial v_{ki}} \right) \tag{7-51}$$

定义误差信号如下式所示：

$$\delta_{zk} = -\frac{\partial E_p}{\partial S_k} = -\frac{\partial E_p}{\partial z_k} \frac{\partial z_k}{\partial S_k} \tag{7-52}$$

其中，第一项为

$$\frac{\partial E_p}{\partial z_k} = \frac{\partial}{\partial z_k} \left[\frac{1}{2} \sum_{j=1}^{m} (t_j^p - y_j^p)^2 \right] = -\sum_{j=1}^{m} (t_j^p - y_j^p) \frac{\partial y_j}{\partial z_k} \tag{7-53}$$

由链定理可得 $\frac{\partial y_j}{\partial z_k}$ 的形式为

$$\frac{\partial y_j}{\partial z_k} = \frac{\partial y_j}{\partial S_j} \frac{\partial S_j}{\partial z_k} = f_2'(S_j) w_{jk} \tag{7-54}$$

误差信号表达式中的第二项为

$$\frac{\partial z_k}{\partial S_k} = f_1'(S_k) \tag{7-55}$$

这是隐含层传递函数的偏微分。于是 δ_{zk} 可表示为如下式所示的形式：

$$\delta_{zk} = \sum_{j=1}^{m} (t_j^p - y_j^p) f_2'(S_j) w_{jk} f_1'(S_k) \tag{7-56}$$

由链定理可得如下式所示的形式：

$$\frac{\partial E_p}{\partial v_{ki}} = \frac{\partial E_p}{\partial S_k} \frac{\partial S_k}{\partial v_{ki}} = -\delta_{zk} x_i = -\sum_{j=1}^{m} (t_j^p - y_j^p) f_2'(S_j) w_{jk} f_1'(S_k) x_i \tag{7-57}$$

从而得到隐含层各神经元的权值调整公式为

$$\Delta v_{ki} = \sum_{p=1}^{p} \sum_{j=1}^{m} \eta(t_j^p - y_j^p) f_2'(S_j) w_{jk} f_1'(S_k) x_i \tag{7-58}$$

7.2.3 BP 算法

BP 神经网络是一种多层的前馈网络，其训练方法是把网络误差在反方向进行传递，这种算法称作 BP 算法。

基本 BP 算法主要有两个过程，第一个是信号的前向传播过程，第二个是误差的反向传播过程。当网络开始正向传播时，首先输入信号进入到隐含层，然后再进入到输出层，并作用于输出层的节点，最后在输出层会有输出信号出现。倘若实际值和理想值不一样，那么接下来进入到误差的反向传播过程。误差的反向传播是指信号先进入到隐含层，再一层一层地逐渐向输入层传递，与此同时把误差分给各层的所有单元，然后从每层中得到误差信号，并以此为根据对下一层中的权值进行调整。输入节点与隐含层节点是相互连接的，两者之间的连接强度需要做一定的调整与改变。同样地，输出节点和隐含层节点之间也是相互连接的，其两者之间的连接强度和阈值也需要做合理的选择与改变，这样使得误差沿着梯度下降，通过不断的学习和训练，得到与最小误差相对应的网络参数(权值和阈值)，训练即可停止。

BP 网络学习规则的指导思想是：对网络权值和阈值的修正要沿着误差函数下降最快的方向(负梯度方向)进行，如下式所示：

$$x_{k+1} = x_k - a_k g_k \tag{7-59}$$

其中，x_k 是当前的权值和阈值矩阵；g_k 是当前误差函数的梯度；a_k 是学习速度。

下面以只含有一个隐含层的三层 BP 神经网络为例，介绍 BP 算法的推导过程。

对该网络中的相关记号做如下约定：

(1) 输入层节点数设为 I，隐含层节点数设为 J，输出层节点数设为 L。相应各层节点的编号为 $i=1,2,\cdots,I$，$j=1,2,\cdots,J$，$l=1,2,\cdots,L$；

(2) 输入层节点与隐含层各节点间的网络权值为 w_{ji}，隐含层各节点的阈值为 θ_j，隐含层节点与输出层各节点间的网络权值为 v_{lj}，输出层各节点的阈值为 θ_l；

(3) 输入层的第 i 个输入设为 x_i，隐含层第 j 个输出设为 y_j，输出层第 l 个输出设为 z_l；

(4) 输出层对应节点的期望值为 t_l。

下面对 BP 神经网络的模型进行推导。

隐含层节点的输出如下式所示：

$$y_j = f\left(\sum_i w_{ji} x_i - \theta_j\right) = f(\mathrm{net}_j) \tag{7-60}$$

其中，net_j 为

$$\mathrm{net}_j = \sum_i w_{ji} x_i - \theta_j \tag{7-61}$$

输出层节点的计算输出如下式所示：

$$z_l = f\left(\sum_j v_{lj} y_j - \theta_l\right) = f(\mathrm{net}_l) \tag{7-62}$$

其中，net_l 为

$$\mathrm{net}_l = \sum_j v_{lj} y_j - \theta_l \tag{7-63}$$

输出层节点的误差如下式所示：

$$\begin{aligned} E &= \frac{1}{2}\sum_l (t_l - z_l)^2 = \frac{1}{2}\sum_l \left(t_l - f\left(\sum_j v_{lj} y_j - \theta_l\right)\right)^2 \\ &= \frac{1}{2}\sum_l \left(t_l - f\left(\sum_j v_{lj} f\left(\sum_i w_{ji} x_i - \theta_j\right) - \theta_l\right)\right)^2 \end{aligned} \tag{7-64}$$

误差函数对输出层节点求导，如下式所示：

$$\frac{\partial E}{\partial v_{lj}} = \sum_{k=1}^n \frac{\partial E}{\partial z_k}\frac{\partial z_k}{\partial v_{lj}} = \frac{\partial E}{\partial z_l}\frac{\partial z_l}{\partial v_{lj}} \tag{7-65}$$

式中，E 是多个 z_k 的函数，但是有一个 z_l 与 v_{lj} 有关，且各 z_k 间相互独立，其中 $\frac{\partial E}{\partial z_l}$ 和 $\frac{\partial z_l}{\partial v_{lj}}$ 的求解分别如下：

$$\frac{\partial E}{\partial z_l} = \frac{1}{2}\sum_k \left[-2(t_k - z_k)\frac{\partial z_k}{\partial z_l}\right] = -(t_l - z_l) \tag{7-66}$$

$$\frac{\partial z_l}{\partial v_{lj}} = \frac{\partial z_l}{\partial \mathrm{net}_l}\frac{\partial \mathrm{net}_l}{\partial v_{lj}} = f'(\mathrm{net}_l) y_j \tag{7-67}$$

则 $\frac{\partial E}{\partial v_{lj}}$ 为

$$\frac{\partial E}{\partial v_{lj}} = -(t_l - z_l) f'(\text{net}_l) y_j \tag{7-68}$$

设输入节点误差如下式所示：

$$\delta_l = (t_l - z_l) f'(\text{net}_l) \tag{7-69}$$

则 $\dfrac{\partial E}{\partial v_{lj}}$ 为

$$\frac{\partial E}{\partial v_{lj}} = -\delta_l y_j \tag{7-70}$$

误差函数对隐含层节点求导如下式所示：

$$\frac{\partial E}{\partial w_{ji}} = \sum_l \sum_j \frac{\partial E}{\partial z_l} \frac{\partial z_l}{\partial y_j} \frac{\partial y_j}{\partial w_{ji}} \tag{7-71}$$

其中，E 是多个 z_l 的函数，针对某一个 w_{ji}，对应一个 y_j，其与所有的 z_l 相关，其中 $\dfrac{\partial E}{\partial z_l}$、$\dfrac{\partial z_l}{\partial \theta_l}$、$\dfrac{\partial y_j}{\partial w_{ji}}$ 分别为

$$\frac{\partial E}{\partial z_l} = \frac{1}{2} \sum_k \left[-2(t_k - z_k) \frac{\partial z_k}{\partial z_l} \right] = -(t_l - z_l) \tag{7-72}$$

$$\frac{\partial z_l}{\partial \theta_l} = \frac{\partial z_l}{\partial \text{net}_l} \frac{\partial \text{net}_l}{\partial \theta_l} = f'(\text{net}_l) \times (-1) \frac{\partial \text{net}_l}{\partial y_j} = f'(\text{net}_l) v_{lj} \tag{7-73}$$

$$\frac{\partial y_j}{\partial w_{ji}} = \frac{\partial y_j}{\partial \text{net}_j} \frac{\partial \text{net}_j}{\partial w_{ji}} = f'(\text{net}_l) x_i \tag{7-74}$$

则 $\dfrac{\partial E}{\partial w_{ji}}$ 为

$$\frac{\partial E}{\partial w_{ji}} = -\sum_l (t_l - z_l) f'(\text{net}_l) v_{lj} f'(\text{net}_j) x_i$$
$$= -\sum_l \delta_l v_{lj} f'(\text{net}_j) x_i \tag{7-75}$$

设隐含层节点误差如下式所示：

$$\delta'_j = f'(\text{net}_j) \sum_l \delta_l v_{lj} \tag{7-76}$$

则 $\dfrac{\partial E}{\partial w_{ji}}$ 为

$$\frac{\partial E}{\partial w_{ji}} = -\delta'_j x_i \tag{7-77}$$

由于权值修正 Δw_{ji} 和 Δv_{lj} 正比于误差函数且沿梯度下降，则有：

$$\Delta w_{ji} = -\eta' \frac{\partial E}{\partial w_{ji}} = \eta' \delta'_j x_i \tag{7-78}$$

$$v_{lj}(k+1) = v_{lj}(k) + \Delta v_{lj} = v_{lj}(k) + \eta \delta_l y_j \tag{7-79}$$

$$\delta_l = -(t_l - z_l) f'(\text{net}_l) \tag{7-80}$$

$$\Delta \theta_l = \eta \frac{\partial E}{\partial \theta_l} = \eta \delta_l \tag{7-81}$$

$$w_{ji}(k+1) = w_{ji}(k) + \Delta w_{ji} = w_{ji}(k) + \eta' \delta'_j x_i \tag{7-82}$$

$$\delta'_j = f'(\text{net}_j) \sum_l \delta_l v_{lj} \tag{7-83}$$

其中，$\sum_l \delta_l v_{lj}$ 表示输出层节点 z_l 的误差 δ_l 通过权值 v_{lj} 向节点 y_j 反向传播成为隐含层节点

的误差。

对于阈值的修正，误差函数对输出节点的阈值求导，如下式所示：

$$\frac{\partial E}{\partial \theta_l} = \frac{\partial E}{\partial z_l} \frac{\partial z_l}{\partial \theta_l} \qquad (7-84)$$

其中，$\frac{\partial E}{\partial z_l}$ 和 $\frac{\partial z_l}{\partial \theta_l}$ 分别为

$$\frac{\partial E}{\partial z_l} = -(t_l - z_l) \qquad (7-85)$$

$$\frac{\partial z_l}{\partial \theta_l} = \frac{\partial z_l}{\partial \mathrm{net}_l} \frac{\partial \mathrm{net}_l}{\partial \theta_l} = f'(\mathrm{net}_l) \times (-1) \qquad (7-86)$$

则 $\frac{\partial E}{\partial \theta_l}$ 为

$$\frac{\partial E}{\partial \theta_l} = (t_l - z_l) f'(\mathrm{net}_l) = \delta_l \qquad (7-87)$$

进行阈值修正，如下式：

$$\Delta \theta_l = \eta \frac{\partial E}{\partial \theta_l} = \eta \delta_l \qquad (7-88)$$

$$\theta_l(k+1) = \theta_l(k) + \eta \delta_l \qquad (7-89)$$

误差函数对隐含层节点的阈值求导，如下式所示：

$$\frac{\partial E}{\partial \theta_j} = \sum_l \frac{\partial E}{\partial z_l} \frac{\partial z_l}{\partial y_j} \frac{\partial y_j}{\partial \theta_j} \qquad (7-90)$$

其中，$\frac{\partial E}{\partial z_l}$、$\frac{\partial z_l}{\partial y_j}$ 和 $\frac{\partial y_j}{\partial \theta_j}$ 分别为

$$\frac{\partial E}{\partial z_l} = -(t_l - z_l) \qquad (7-91)$$

$$\frac{\partial z_l}{\partial y_j} = f'(\mathrm{net}_l) v_{lj} \qquad (7-92)$$

$$\frac{\partial y_j}{\partial \theta_j} = \frac{\partial y_j}{\partial \mathrm{net}_j} \frac{\partial \mathrm{net}_j}{\partial \theta_j} = f'(\mathrm{net}_j) \times (-1) = -f'(\mathrm{net}_j) \qquad (7-93)$$

则 $\frac{\partial E}{\partial \theta_j}$ 的表达式为

$$\frac{\partial E}{\partial \theta_j} = \sum_l (t_l - z_l) f'(\mathrm{net}_l) v_{lj} f'(\mathrm{net}_j) = \sum_l \delta_l v_{lj} f'(\mathrm{net}_j) = \delta'_j \qquad (7-94)$$

进行阈值修正：

$$\Delta \theta_j = \eta' \frac{\partial E}{\partial \theta_j} = \eta' \delta'_j \qquad (7-95)$$

$$\theta_j(k+1) = \theta_j(k) + \eta' \delta'_j \qquad (7-96)$$

求传递函数 $f(x)$ 的导数。设激活函数为非线性的 sigmoid 函数如下式所示：

$$f(x) = \frac{1}{1+\mathrm{e}^{-x}} \qquad (7-97)$$

对其求导数，如下式所示：

$$f'(x) = f(x)(1-f(x)) \qquad (7-98)$$

$$f'(\mathrm{net}_k) = f(\mathrm{net}_k)(1-f(\mathrm{net}_k)) \qquad (7-99)$$

对输出层节点，有如下式所示的关系表达式：

$$z_l = f(\text{net}_l) \tag{7-100}$$

$$f'(\text{net}_l) = z_l(1-z_l) \tag{7-101}$$

对隐含层节点，有如下式所示的关系表达式：

$$y_j = f(\text{net}_j) \tag{7-102}$$

$$f'(\text{net}_j) = y_j(1-y_j) \tag{7-103}$$

在计算函数梯度时有两种方式：顺序方式和批处理方式。顺序方式就是每增加一个输入样本，重新计算一次梯度并调整权值。该方式所需的临时存储空间较批处理方式小，且随机输入样本有利于权值空间的搜索具有随机性，在一定程度上可以避免学习陷入局部最小，其缺点是误差收敛条件难以建立；批处理方式就是利用所有的输入样本计算梯度，然后调整权值其能够精确计算出梯度向量，误差收敛条件非常简单，易于并行处理。

BP 算法最基本的思想是：输入学习的样本，运用反向传播的算法，选择合适的初始化网络的权值和误差；然后根据实际情况不断地进行修改与调整，使得输出的向量和理想的向量更加相似；最后取最理想的网络权值和误差。其具体步骤如图 7-21 所示。

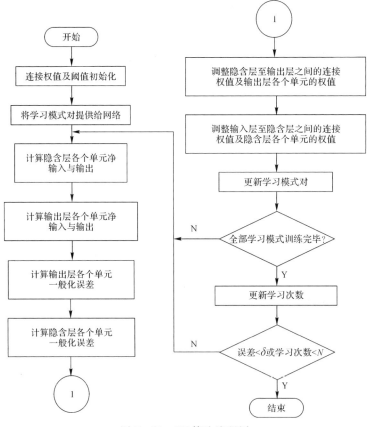

图 7-21 BP 算法流程图

7.2.4 BP 算法的优缺点

1. BP 算法的优点

BP 神经网络能够以任意精度逼近任何非线性连续函数，具有较强的非线性拟合能力，对预测中天气、温度等因素的处理尤为方便。

BP 神经网络算法具有自学习、自组织、自适应和容错性等一系列优点。其自学习和自适应能力是其他常规算法所不具备的,采用人工神经网络方法,能较好地拟合原始数据,将其应用到数据预测领域,预测的输出值与实际值相对误差较小,能很好地满足精度要求。

2. BP 算法的缺点

BP 算法具有三个本质缺点:一是收敛速度慢,一般具有四五个元件的网络用 BP 算法求解,通常必须循环几千次,甚至上万次才能收敛,故难以处理海量数据;二是所得到的网络容错能力差;三是算法不完备。

关于收敛速度慢的问题。BP 算法对样本进行学习有三种方法,即逐个学习、批量学习和随机学习。BP 算法对样本进行逐个学习时,需要对样本进行不断循环的重复学习,这样一来其学习时间必然很长。为克服这个缺点,将逐个学习改为批量学习,但是批量学习又带来新的问题,由于批量学习将各个样本的误差加在一起,根据其和值对权系数进行调整,由于这些误差可能相互抵消,这就降低了算法的调整能力,也就延长了学习的时间。若改用误差的平方和,仍然无法避免落入局部极值的现象。换句话说,即使按批量学习,其收敛速度也必定很慢。同时,批量学习方法还可能产生新的局部极小值点。这是因为如果各误差不为零,但其总和为零,这种情况产生之后算法就稳定在这个状态上,这个状态就是由于使用批量学习算法而产生的新的局部极小值点。若改用随机算法,但是随机算法的复杂性基本上与逐个学习算法一样。总之,BP 算法收敛速度慢是个固有的缺点,因为其是建立在基于仅具有局部搜索能力的梯度法基础之上的。而只具有局部搜索能力的方法,若用于有多个极小值点的目标函数时,是无法避免陷入局部极小和速度较慢两个缺点的。

关于所得到的网络容错能力差的问题。当元件的功能函数是符号函数时,BP 算法的迭代过程是一个从"非解"到"解"的搜索过程,于是最后一个"非解"与"解"之间有"一步之差"。也就是说,到达"解"之后,若受到噪声干扰,就会从"解"变为"非解"。这是因为 BP 算法的目标只是追求学习误差最小,而没有考虑网络的其他性能。另一方面,为了使迭代过程不产生震荡,当接近到"解"时,迭代的步长要很小,从而使"解"与"非解"只有很小的最后一步。于是用 BP 算法得到的网络,其容错能力就必然很差。

关于算法不完备的问题。因为用 BP 算法常会落入局部极小值点,故算法是不完备的。

7.2.5 BP 算法的改进

BP 算法理论具有依据可靠、推导过程严谨、精度较高、通用性较好等优点,但标准 BP 算法还存在以下缺点:收敛速度缓慢;容易陷入局部极小值;难以确定隐含层数和隐含层节点数。在实际应用中,BP 算法很难胜任,因此出现了很多改进算法。

1. 利用动量法改进 BP 算法

标准 BP 算法实质上是一种简单的最速下降静态寻优方法,在修正 $W(K)$ 时,只按照第 K 步的负梯度方向进行修正,而没有考虑到以前积累的经验,即以前时刻的梯度方向,从而常常使学习过程发生振荡,收敛缓慢。动量法权值调整算法将上一次权值调整量的一部分迭加到按本次误差计算所得的权值调整量上,作为本次的实际权值调整量,如下式所示:

$$\Delta W(n) = -\eta \nabla E(n) + \alpha \Delta W(n-1) \qquad (7-104)$$

其中：α 为动量系数，通常 $0 < \alpha < 0.9$；η 为学习率，范围在 $0.001 \sim 10$ 之间。这种方法所加的动量因子实际上相当于阻尼项，它减小了学习过程中的振荡趋势，从而改善了收敛性。动量法降低了网络对于误差曲面局部细节的敏感性，有效抑制了网络陷入局部极小的情况。

2. 自适应调整学习率

标准 BP 算法收敛速度缓慢的一个重要原因是学习率选择不当，学习率选得太小，收敛太慢；学习率选得太大，则有可能修正过头，导致振荡甚至发散。可采用图 7-22 所示的自适应方法调整学习率。

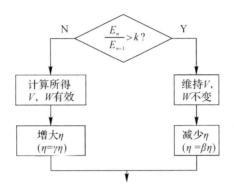

图 7-22 自适应学习算法

学习率调整的基本思想是：在学习收敛的情况下，增大 η，以缩短学习时间；当 η 偏大致使不能收敛时，要及时减小 η，直到收敛为止。

采用动量法时，BP 算法可以找到更优的解；采用自适应学习速率法时，BP 算法可以缩短训练时间。将以上两种方法结合起来，就得到动量-自适应学习速率调整算法。

3. L-M 学习规则

L-M(Levenberg-Marquardt)算法比前述几种使用梯度下降法的 BP 算法要快得多，但对于复杂问题，这种方法需要相当大的存储空间。L-M 优化方法的权值调整率如下式所示：

$$\Delta w = (\boldsymbol{J}^{\mathrm{T}} \boldsymbol{J} + \mu \boldsymbol{I})^{-1} \boldsymbol{J}^{\mathrm{T}} \boldsymbol{e} \tag{7-105}$$

其中，e 为误差向量；J 为网络误差对权值导数的雅可比矩阵；μ 为标量，当 μ 很大时上式接近于梯度法，当 μ 很小时上式变成了 Gauss-Newton 法，在这种方法中，μ 也是自适应调整的。

7.2.6 BP 神经网络的训练策略及结果

神经网络的实际输出值与输入值、权值、阈值有关，为了使实际输出值与网络期望输出值相吻合，可用含有一定数量学习样本的样本集和相应期望输出值的集合来训练网络。

目前，人们尚未找到较好的网络构造方法。确定神经网络的结构和权系数来描述给定的映射或逼近一个未知的映射，只能通过学习方式得到满足要求的网络模型。神经网络的学习可以理解为：对确定的网络结构，寻找一组满足要求的权系数，使给定的误差函数最小。设计多层前馈网络时，主要侧重试验、探讨多种模型方案，在实验中加以改进，直到选取一个满意方案为止，可按下列步骤进行：对任何实际问题都先只选用一个隐含层；使用很少的隐含层节点数；不断增加隐含层节点数，直到获得满意的性能为止；否则再采用两个隐含层重复上述过程。

训练过程实际上是根据目标值与网络输出值之间误差的大小反复调整权值和阈值,直到此误差达到预定值为止。

1. BP 网络结构的确定

将网络层数、各层节点数、传递函数、初始权系数、学习算法等确定后也就确定了 BP 网络。确定这些选项时有一定的指导原则,但更多的是依靠经验和试凑。

(1)隐含层数的确定。

1998 年 Robert Hecht – Nielson 证明了对任何在闭区间内的连续函数,都可以用一个隐含层的 BP 网络来逼近,因而一个三层的 BP 网络可以完成任意的 n 维到 m 维的映照。因此我们从含有一个隐含层的网络开始进行训练。

(2)BP 网络常用传递函数。

BP 网络的传递函数有多种,包括 log – sigmoid 型、tan – sigmod 型、purelin 型函数。log – sigmoid 型函数的输入值可取任意值,输出值在 0 和 1 之间;tan – sigmod 型传递函数 tansig 的输入值可取任意值,输出值在 −1 到 +1 之间;线性传递函数 purelin 的输入与输出值可取任意值。BP 网络通常有一个或多个隐含层,该层中的神经元均采用 sigmoid 型传递函数,输出层的神经元则采用线性传递函数,整个网络的输出可以取任意值。各种传递函数如图 7 – 23 所示。

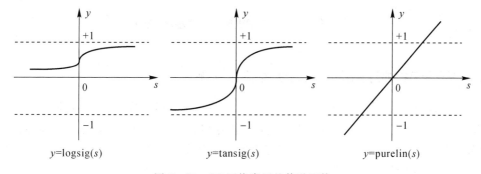

$y=\text{logsig}(s)$　　　$y=\text{tansig}(s)$　　　$y=\text{purelin}(s)$

图 7 – 23　BP 网络常用的传递函数

(3)各层节点数的确定。

对于多层前馈神经网络来说,隐含层节点数的确定是成败的关键。若数量太少,则网络所能获取的用以解决问题的信息就太少;若数量太多,不仅增加了训练时间,更重要的是隐含层节点过多还可能出现“过渡吻合”(Overfitting)的问题,即测试误差增大导致泛化能力下降,因此合理选择隐含层节点数非常重要。关于隐含层数及其节点数的选择比较复杂,一般原则是:在能正确反映输入输出关系的基础上,应选用较少的隐含层节点数,以使网络结构尽量简单。

如训练一个单隐含层的三层 BP 网络,根据如下式所示的经验公式选择隐含层节点数:

$$n_1 = \sqrt{n+m} + a \qquad (7-106)$$

式中:n 为输入节点个数;m 为输出节点个数;a 为 1 到 10 之间的常数。

2. 误差的选取

在神经网络训练过程中选择均方误差 MSE 较为合理,原因如下:

(1)标准 BP 算法中,误差定义如下式所示:

$$E_p = \frac{1}{2} \sum_{j=1}^{m} (t_j^p - y_j^p)^2 \qquad (7-107)$$

每个样本在作用时，都对权矩阵进行了一次修改。由于每次权矩阵的修改都没有考虑权值修改后其他样本作用的输出误差是否也减小，因此将导致迭代次数增加。

（2）累计误差 BP 算法的全局误差定义如下式所示：

$$E = \frac{1}{2} \sum_{p=1}^{p} \sum_{j=1}^{m} (t_j^p - y_j^p) = \sum_{p=1}^{p} E_p \qquad (7-108)$$

该种算法是为了减小整个训练集的全局误差，而不是针对某一特定样本，因此如果做某种修改能使全局误差减小，并不等于说每一个特定样本的误差也都能同时减小。它不能用来比较 p 和 m 不同的网络性能，因为对于同一 BP 网络来说，p 越大，E 也就越大；p 值相同，m 越大，E 也就越大。

（3）均方误差 MSE 如下式所示：

$$\text{MSE} = \frac{1}{mp} \sum_{p=1}^{p} \sum_{j=1}^{m} (\hat{y}_{kj} - y_{kj})^2 \qquad (7-109)$$

其中：m 为输出节点的个数；p 为训练样本数目；$\hat{y}_{kj}$ 为网络期望输出值；y_{kj} 为网络实际输出值。均方误差克服了上述两种算法的缺点，所以选用均方误差算法较为合理。

7.3 神经网络算法实例

7.3.1 基于 BP 神经网络的电力系统负荷预测

电力系统负荷预测是电力生产部门的重要工作之一，通过准确的负荷预测，可以经济合理地安排机组启停，减少旋转备用容量，安排检修计划，降低发电成本，提高经济效益。电力系统负荷预测理论就是因此而发展起来的，尤其是在形成电力交易市场的过程中，负荷预测的研究更具有极其重要的意义。

负荷预测按预测的时间可分为长期、中期和短期预测，其中，在短期负荷预测中，周负荷预测（未来 7 天）、日负荷预测（未来 24 小时负荷预测）以及提前数小时预测对于电力系统的实时运行调度至关重要，这是因为对未来进行预调度要以负荷预测的结果为依据。在当前市场化运营的条件下，由于电力交易更加频繁，以及与经营主体之间的区别，会出现各种不确定性因素，同时负荷对于电价的敏感度也随着市场的完善而逐渐增强，这都给负荷预测带来了新的困难。由于市场各方对信息的获取和运营的经济性较为重视，准确的预测对于提高电力经营主体的运行效益有直接的影响，短期负荷预测的重要性就显得更加突出。

电力系统负荷变化受多方面因素影响。一方面，负荷变化存在着由未知、不确定因素引起的波动；另一方面，具有周期变化的规律性使得负荷曲线具有相似性。同时，由于受天气、节假日等特殊情况的影响，又使得负荷变化出现一定的差异，呈现强烈的非线性特性。

以前，负荷预测往往是凭借调度人员的经验做出直觉判断，即根据已有的资料和经验，编制负荷预测曲线。近年来许多学者对此进行了研究，提出了多种预测方法，并且将数学领域的最新研究成果应用到预测中去，预测水平得到迅速提高，使负荷预测研究取得了很大的进展。已有的负荷预测方法可分为经典方法和智能方法两大类。经典方法主要是基于各种统计理论的时间序列模型，而智能方法包括人工神经网络和专家系统。

运用神经网络技术进行电力负荷预测的优点是其对大量非结构性、非精确性规律具有自适应功能，具有信息记忆、自主学习、逻辑推理和优化计算等特点。其自学习和自适应功能是常规算法和专家系统技术所不具备的。用神经网络预测电力系统负荷是神经网络技术在电力系统中应用最为成功的领域之一，神经网络预测负荷的良好性能也已得到普遍的认可。

以下示例是以某城市的 2019 年 8 月 10 日到 8 月 20 日的每两小时的有功负荷值，以及 2019 年 8 月 11 日到 8 月 21 日的天气情况的状态量作为网络训练样本，用以预测 8 月 21 日的电力负荷，如表 7-2 所示，其中所有数据均已做归一化处理。

表 7-2　电力负荷数据表

样本日期	电力负荷	气象特征
2019-8-10	0.2452 0.1466 0.1314 0.2243 0.5523 0.6642 0.7015 0.6981 0.6821 0.6945 0.7549 0.8215	
2019-8-11	0.2217 0.1581 0.1408 0.2304 0.5134 0.5312 0.6819 0.7125 0.7265 0.6847 0.7826 0.8325	0.2415 0.3027 0
2019-8-12	0.2525 0.1627 0.1507 0.2406 0.5502 0.5636 0.7051 0.7352 0.7459 0.7015 0.8064 0.8165	0.2385 0.3125 0
2019-8-13	0.2016 0.1105 0.1243 0.1978 0.5021 0.5232 0.6819 0.6952 0.7015 0.6825 0.7825 0.7895	0.2216 0.2701 1
2019-8-14	0.2115 0.1201 0.1312 0.2019 0.5532 0.5736 0.7029 0.7032 0.7189 0.7019 0.7965 0.8025	0.2352 0.2506 0.5
2019-8-15	0.2335 0.1322 0.1534 0.2214 0.5623 0.5827 0.719 8 0.7276 0.7359 0.7506 0.8092 0.8821	0.2542 0.3125 0
2019-8-16	0.2368 0.1432 0.1653 0.2205 0.5823 0.5971 0.7136 0.7129 0.7263 0.7153 0.8091 0.8217	0.2601 0.3198 0
2019-8-17	0.2342 0.1368 0.1602 0.2131 0.5726 0.5822 0.7101 0.7098 0.7127 0.7121 0.7995 0.8126	0.2579 0.3099 0
2019-8-18	0.2113 0.1212 0.1305 0.1819 0.4952 0.5312 0.6886 0.6898 0.6999 0.7323 0.7721 0.7956	0.2301 0.2867 0.5
2019-8-19	0.2005 0.1121 0.1207 0.1605 0.4556 0.5022 0.6553 0.6673 0.6798 0.7023 0.7521 0.7756	0.2234 0.2799 1
2019-8-20	0.2123 0.1257 0.1343 0.2079 0.5579 0.5716 0.7059 0.7145 0.7205 0.7401 0.8019 0.8136	0.2314 0.2977 0
2019-8-21	0.2119 0.1215 0.1621 0.2161 0.6171 0.6159 0.7155 0.7201 0.7243 0.7298 0.8179 0.8229	0.2317 0.2936 0

在预测日的前一日中，每间隔 2 小时就对电力负荷进行一次测量，这样一来，一天测量 12 组负荷数据。由于负荷值曲线相邻的点之间不会发生突变，因此后一时刻的值必然和前一时刻的值有关，所以将前一天的负荷数据作为网络的样本数据。

此外，由于电力负荷还与环境因素有关，要通过天气预报的手段来获得预测日的最高、最低气温和天气特征(晴天，阴天还是雨天)。这里用"0"表示晴天，"0.5"表示阴天，"1"表示雨天。

人工神经网络负荷预测模型的建立包括网络的训练与学习两个过程，其流程如下：

(1) 对历史负荷数据进行预处理，从中选出经过处理后的数据作为数据样本。具体为：

对于每天 12 个电力负荷数据经归一化处理后，加上后一天的天气特征值就形成了一组历史数据样本。

（2）将上述一组数据样本分别代入到隐含层的输出方程和输出层的输出向量方程中，求出隐含层输出量 b_j 和输出层输出向量 Y_n 的值。于是，人工神经网络的顺序传播过程得以学习完成。

（3）由误差函数求出实际输出值与期望输出值之间的误差，再利用反向传播函数，对人工神经网络各层的连接权值进行校正，而后刷新所有的连接权值。到此，人工神经网络的误差反方向传播过程得以完成。

（4）重新另取一组数据样本，重复上述(1)～(3)的过程，直至所选的历史数据样本全部学习完毕，得到人工神经网络经过历史负荷数据样本训练和学习后的最终权重值。

（5）检验学习后的误差是否满足要求。若不满足则重复上述过程；满足则保存经人工神经网络训练和学习后所得的各层权重值，并形成最终的负荷预测模型。

上述过程的流程图如图 7-24 所示。

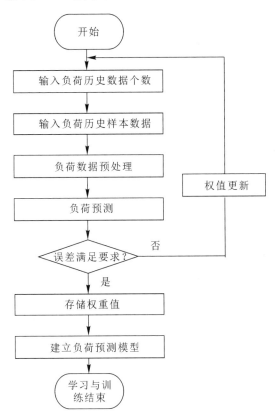

图 7-24 人工神经网络训练与学习流程图

利用预测模型进行负荷预测的过程如下：

（1）对待预测日的天气、温度和日期类型变量进行相应的量化处理，并且将历史数据值也进行归一化处理，形成待进入预测模型的一组数据样本。

（2）将过程(1)中的数据样本输入到已形成的最终预测模型中，得到待预测日的各时刻负荷预测值。

（3）通过反归一化计算，求出待预测日的真实值。

利用 Matlab 软件进行仿真：

（1）网络创建。BP 神经网络一般分为 3 层：输入层、中间层（隐含层）和输出层。

训练前馈网络的第一步是建立网络对象，需要使用 newff 函数。

newff 函数的格式为：

$$net = newff(PR, [S1\ S2\ \cdots\ Si\ \cdots\ SN], \{TF1\ TF2\ \cdots\ TFi\ \cdots\ TFN\}, BTF, BLF, PF)$$

输入参数说明：

PR：$R \times 2$ 的矩阵，以定义 R 个输入向量的最小值和最大值；

Si：第 i 层神经元的个数；

TFi：第 i 层的传递函数，默认函数为 tansig 函数；

BTF：训练函数，默认函数为 trainlm 函数；

BLF：权值/阈值学习函数，默认函数为 learngdm 函数；

PF：性能函数，默认函数为 mse 函数。

这里通过单隐含层的 BP 网络实现。由于输入量有 15 个元素，所以网络输出层的神经元有 15 个，根据 Kolmogorov 定理，网络中间层神经元数取 31 为最佳。根据 12 个输出向量，定义输出层的神经元数为 12 个。网络中间层神经元传递函数采用 S 形正切函数 tansig，输出层神经元函数采用 S 形对数函数 logsig。

由于输出数据位于 $[0,1]$ 之间，故输入量的 $[0,1]$ 之间用变量 threshold 来规定。BP 的网络训练函数为 trainlm，所以在 newff 中调用 trainlm 函数。

相应的程序语句为

```
threshold=[0 1;0 1;0 1;0 1;0 1;0 1;0 1;0 1;0 1;0 1;0 1;0 1;]
net=newff(threshold,[31,12],{'tansig','logsig'},'trainlm')
```

（2）网络训练。训练的样本如表 7 - 3 所示。

表 7 - 3　电力负荷训练样本数据表

样本日期	电力负荷	气象特征
2019 - 8 - 10	0.2452 0.1466 0.1314 0.2243 0.5523 0.6642 0.7015 0.6981 0.6821 0.6945 0.7549 0.8215	0.02415 0.3027 0
2019 - 8 - 11	0.2217 0.1581 0.1408 0.2304 0.5134 0.5312 0.6819 0.7125 0.7265 0.6847 0.7826 0.8325	0.2385 0.3125 0
2019 - 8 - 12	0.2525 0.1627 0.1507 0.2406 0.5502 0.5636 0.7051 0.7352 0.7459 0.7015 0.8064 0.8165	0.2216 0.2701 1
2019 - 8 - 13	0.2016 0.1105 0.1243 0.1978 0.5021 0.5232 0.6819 0.6952 0.7015 0.6825 0.7825 0.7895	0.2352 0.2506 0.5
2019 - 8 - 14	0.2115 0.1201 0.1312 0.2019 0.5532 0.5736 0.7029 0.7032 0.7189 0.7019 0.7965 0.8025	0.2542 0.3125 0
2019 - 8 - 15	0.2335 0.1322 0.1534 0.2214 0.5623 0.5827 0.7198 0.7276 0.7359 0.7506 0.8092 0.8821	0.2601 0.3198 0

样本日期	电力负荷	气象特征
2019－8－16	0.2368 0.1432 0.1653 0.2205 0.5823 0.5971 0.7136 0.7129 0.7263 0.7153 0.8091 0.8217	0.2579 0.3099 0
2019－8－17	0.2342 0.1368 0.1602 0.2131 0.5726 0.5822 0.7101 0.7098 0.7127 0.7121 0.7995 0.8126	0.2301 0.2867 0.5
2019－8－18	0.2113 0.1212 0.1305 0.1819 0.4952 0.5312 0.6886 0.6898 0.6999 0.7323 0.7721 0.7956	0.2234 0.2799 1
2019－8－19	0.2005 0.1121 0.1207 0.1605 0.4556 0.5022 0.6553 0.6673 0.6798 0.7023 0.7521 0.7756	0.2314 0.2977 0

考虑到人工神经网络的结构比较复杂，神经元个数较多，需要适当增大训练次数和学习速率。训练参数的设定如表7－4所示。

表7－4 电力负荷训练参数表

训练次数	训练目标	学习速率
1000	0.01	0.1

有关程序如下：

```
net. trainParam. epochs＝1000；
net. trainParam. goal＝0.01；
LP. lr＝0.1；
```

神经网络训练函数 train 的格式为

[net,tr] = train(net,P,T,Pi,Ai)

其中，输入有 net—神经网络；P—神经网络输入；T—神经网络目标，可选择有或无；Pi—初始输入延迟条件，默认为0；Ai—初始层延迟条件，默认0；返回值有 net—训练过的新网络；tr—存储训练记录。

在本实例中：

net＝train(net,P,T)

（3）网络测试。测试样本为2019—8—20的电力负荷数据（12个）和2019—8—21的天气特征值（3个），构成一个15维的向量，电力负荷数据如表7－5所示。

表7－5 电力负荷数据表（2019—8—20）

时间	2	4	6	8	10	12
测试值	0.2123	0.1257	0.1343	0.2079	0.5579	0.5716
时间	14	16	18	20	22	24
测试值	0.7059	0.7145	0.7205	0.7401	0.8019	0.8136

还有3个天气特征数据值，分别为（0.2317，0.2936，0）。

即有输入的测试值为

p_test＝[.2123 .1257 .1343 .2079 .5579 .5716 .7059 .7145 .7205 .7401 .8019 .8136 .2317 .2936 0]'

将测试样本作为神经网络的输入向量，则神经网络的输出为下一天电力系统负荷的预测值。

这里需用到网络仿真函数 sim( )。

神经网络一旦训练完成，网络的权值就已经确定了，于是可用其来解决实际问题。利用 sim( )函数可对一个神经网络的性能进行仿真，其调用格式有三种：

$$[Y,Pf,Af,E,pert]=sim(NET,P,Pi,Ai,T)$$

$$[Y,Pf,Af,E,pert]=sim(NET,\{Q,TS\},Pi,Ai,T)$$

$$[Y,Pf,Af,E,pert]=sim(NET,Q,Pi,Ai,T)$$

其中，Y 为网络的输出向量；Pf 为训练终止时的输入延迟状态；Af 为训练终止时的层延迟状态；E 为误差向量；perf 为网络的性能值；NET 为要测试的网络对象；P 为网络的输入向量矩阵；Pi 表示初始输入延时，默认值为 0；Ai 表示初始的层延时，默认值为 0；T 为网络的目标矩阵（可省略）；Q 为批处理数据的个数；TS 为网络仿真的时间步数。

在本实例中，语句 out＝sim(net,p_test)；得到预测值。

Matlab 人工神经网络工具箱如图 7－25 所示。

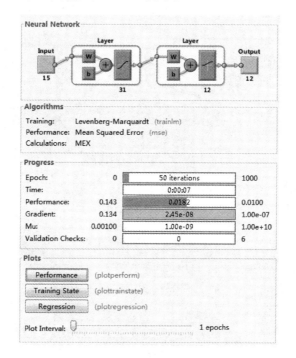

图 7－25　人工神经网络工具箱

预测结果见表 7－6，表 7－7 为当天的实际值。

表 7－6　电力负荷预测值(2019—8—21)

时间	2	4	6	8	10	12
输出值	0.2371	0.1326	0.1610	0.2210	1.0000	0.5973
时间	14	16	18	20	22	24
输出值	0.7158	0.7233	0.7290	0.7421	0.8036	0.8237

表 7 - 7　电力负荷实际值(2019—8—21)

时间	2	4	6	8	10	12
实际值	0.2119	0.1215	0.1621	0.2161	0.6171	0.6159
时间	14	16	18	20	22	24
实际值	0.7155	0.7201	0.7243	0.7298	0.8179	0.8229

日负荷曲线如图 7 - 26 所示,其中用"*"表示的为实际值,用"○"表示的为预测值。

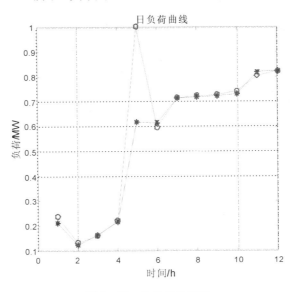

图 7 - 26　日负荷曲线图

电力负荷预测的相对误差曲线如图 7 - 27 所示。

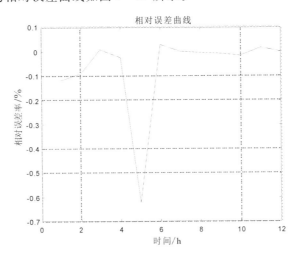

图 7 - 27　日负荷相对误差曲线图

负荷预测的平均相对误差值为 0.0123,在网络允许的误差范围内。所以通过 BP 神经网络进行预测的结果是比较准确的,预测结果比较接近实际情况。

7.3.2　基于 BP 神经网络的语音特征信号识别

将 BP 算法应用到语音识别领域是人工神经网络的重要应用之一。语音识别一般是基于模式匹配的原理实现的。首先，将待识别的语音信号转化为电信号输入到识别系统中，经预处理后利用数学方法提取语音特征信号，可将其看作是该段语音的模式；然后，将该段语音模式同已知的参考模式相比较，获得最佳匹配的参考模式即为该段语音的识别结果。语音识别的流程如图 7-28 所示。

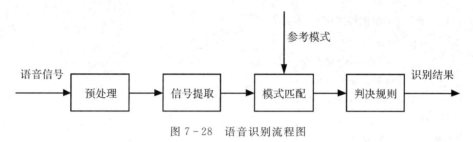

图 7-28　语音识别流程图

本实例选取四种不同类型的音乐，利用 BP 算法对其进行有效分类。其步骤如下：

(1) 训练数据、预测数据的提取和归一化。

下载四类语音信号：

        load data1 c1

        load data2 c2

        load data3 c3

        load data4 c4

首先提取四种音乐的语音特征信号，不同的语音信号分别用 1,2,3,4 进行标识，提取出的信号分别存储在 data1.mat、data2.mat、data3.mat 和 data4.mat 数据库文件中，每组数据为 25 维，第一维为类别标识，剩余 24 维为语音特征信号。

4 个特征信号矩阵合成 1 个矩阵：

        data(1:500,:)=c1(1:500,:);

        data(501:1000,:)=c2(1:500,:);

        data(1001:1500,:)=c3(1:500,:);

        data(1501:2000,:)=c4(1:500,:);

从 1 到 2000 间随机排序：

        k=rand(1,2000);

        [m,n]=sort(k);

其中，sort( ) 为排序函数，其格式有四种：第一种形式为"B=sort(A)"，表示对一维或二维数组进行升序排列，并返回排序后的数组，当 A 为二维时，是对数组的每一列进行排序；第二种形式为"B=sort(A,dim)"，表示对数组按指定方向进行升序排列，当 dim=1 时，表示对每一列进行排序，当 dim=2 时，表示对每一行进行排序；第三种形式为"B=sort(A, dim,mode)"，mode 为指定排序模式，当 mode 为"ascend"时，表示进行升序排列，当 mode 为"descend"时，表示进行降序排列；第四种形式为"[B,I]=sort(A,…)"，I 为返回排序后元素在原数组中的行位置或列位置。

输入输出数据：

```
input=data(:,2:25);
output1 =data(:,1);
```

维数转换，将输出从一维变成四维：

```
for i=1:2000
    switch output1(i)
        case 1
            output(i,:)=[1 0 0 0];
        case 2
            output(i,:)=[0 1 0 0];
        case 3
            output(i,:)=[0 0 1 0];
        case 4
            output(i,:)=[0 0 0 1];
    end
end
```

根据语音类别标识设定每组语音信号的期望输出值：

标识类为"1"时，期望输出向量为[1 0 0 0]；

标识类为"2"时，期望输出向量为[0 1 0 0]；

标识类为"3"时，期望输出向量为[0 0 1 0]；

标识类为"4"时，期望输出向量为[0 0 0 1]。

随机提取 1500 个样本为训练样本，500 个样本为预测样本：

```
input_train=input(n(1:1500),:)';
output_train=output(n(1:1500),:)';
input_test=input(n(1501:2000),:)';
output_test=output(n(1501:2000),:)';
```

将输入数据归一化：

```
[inputn,inputps]=mapminmax(input_train);
```

"数据归一化"是进行人工神经网络操作前，对数据常采用的一种处理方法。其结果是将所有数据均转为[0,1]内的数，目的是消除各维数据间数量级差别，从而有效避免因输入输出数据的数量级差别较大而造成的网络预测误差较大的现象。数据归一化的方法有以下几种：

① 最值法，其函数表达式为

$$x_k=\frac{x_k-x_{min}}{x_{max}-x_{min}} \tag{7-110}$$

式中：x_{min} 为数据的最小值；x_{max} 为数据的最大值。

② 平均数方差法，其函数表达式为

$$x_k=\frac{x_k-x_{mean}}{x_{var}} \tag{7-111}$$

式中：x_{mean} 为数据的平均值；x_{var} 为数据的方差。

本例采用第一种数据归一化方法，利用函数 mapminmax( )来实现，其格式如下所示：

```
inputn_test=mapminmax('apply',input_test,inputps)
```

其中：input_test 为预测输入数据；apply 表示根据 inputps 的值对 input_test 进行归一化；inputn_test 为归一化后的预测数据。

同理，可对预测输出数据进行"反归一化"处理，其格式如下：

$$BPoutput = mapminmax('reverse', an, outputps)$$

其中，an 为神经网络的预测结果，outputps 为训练输出数据归一化后得到的结构体，BPoutput 为反归一化后的网络预测输出，reverse 为对数据进行反归一化处理。

（2）网络结构的初始化。

```
innum = 24;
midnum = 25;
outnum = 4;
```

BP 神经网络的构建需要根据系统的输入、输出数据特点来确定。由于语音特征输入信号有 24 维，待分类的语音信号共有 4 类，即输入层设置 24 个节点，隐含层设置 25 个节点，输出层设置 4 个节点。

权值初始化：

```
w1 = rands(midnum, innum);
b1 = rands(midnum, 1);
w2 = rands(midnum, outnum);
b2 = rands(outnum, 1);
w2_1 = w2; w2_2 = w2_1;
w1_1 = w1; w1_2 = w1_1;
b1_1 = b1; b1_2 = b1_1;
b2_1 = b2; b2_2 = b2_1;
```

学习率：

```
xite = 0.1
alfa = 0.01;
```

（3）BP 神经网络训练。

网络预测输出：

```
x = inputn(:, i);
%隐含层输出
for j = 1:1:midnum
    I(j) = inputn(:, i)' * w1(j, :)' + b1(j);
    Iout(j) = 1/(1 + exp(-I(j)));
end
%输出层输出
yn = w2' * Iout' + b2;
```

权值阈值修正：

```
%计算误差
e = output_train(:, i) - yn;
E(ii) = E(ii) + sum(abs(e));
%计算权值变化率
dw2 = e * Iout;
db2 = e';
```

```
for j=1:1:midnum
    S=1/(1+exp(-I(j)));
    FI(j)=S*(1-S);
end
for k=1:1:innum
    for j=1:1:midnum
        dw1(k,j)=FI(j)*x(k)*(e(1)*w2(j,1)+e(2)*w2(j,2)+e(3)*w2(j,3)+e(4)*w2(j,4));
        db1(j)=FI(j)*(e(1)*w2(j,1)+e(2)*w2(j,2)+e(3)*w2(j,3)+e(4)*w2(j,4));
    end
end
w1=w1_1+xite*dw1';
b1=b1_1+xite*db1';
w2=w2_1+xite*dw2';
b2=b2_1+xite*db2';
w1_2=w1_1;w1_1=w1;
w2_2=w2_1;w2_1=w2;
b1_2=b1_1;b1_1=b1;
b2_2=b2_1;b2_1=b2;
```

（4）语音特征信号分类。

```
inputn_test=mapminmax('apply',input_test,inputps);
for ii=1:1
    for i=1:500%1500
        %隐含层输出
        for j=1:1:midnum
            I(j)=inputn_test(:,i)'*w1(j,:)'+b1(j);
            Iout(j)=1/(1+exp(-I(j)));
        end
        fore(:,i)=w2'*Iout'+b2;
    end
end
```

（5）预测结果分析。

根据网络输出判断数据分类：

```
for i=1:500
    output_fore(i)=find(fore(:,i)==max(fore(:,i)));
end
```

BP 网络预测误差：

```
error=output_fore-output1(n(1501:2000))';
```

找出判断错误的分类属于哪一类：

```
for i=1:500
    if error(i)~=0
        [b,c]=max(output_test(:,i));
        switch c
```

```
            case 1
                k(1)=k(1)+1;
            case 2
                k(2)=k(2)+1;
            case 3
                k(3)=k(3)+1;
            case 4
                k(4)=k(4)+1;
            end
        end
    end
```

求出每类的个体总和：

```
    kk=zeros(1,4);
    for i=1:500
        [b,c]=max(output_test(:,i));
        switch c
            case 1
                kk(1)=kk(1)+1;
            case 2
                kk(2)=kk(2)+1;
            case 3
                kk(3)=kk(3)+1;
            case 4
                kk(4)=kk(4)+1;
            end
        end
```

正确率：

```
    rightridio=(kk-k)./kk
```

通过上述 BP 算法进行语音特征分类后，四种语音分类结果的准确率分别为 73.98％，100％，82.44％，84.38％。预测语音种类和实际语音种类的分类图如图 7-29 所示，分类误差图如图 7-30 所示。

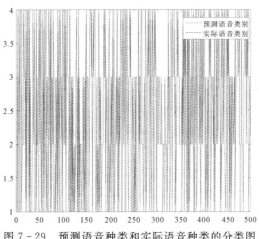

图 7-29　预测语音种类和实际语音种类的分类图

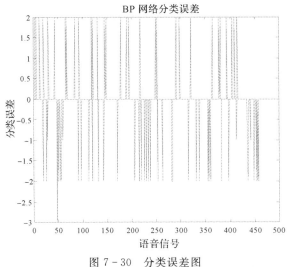

图 7-30　分类误差图

7.4　小　　结

本章阐明了以下几个问题：

（1）人工神经网络的基本概念。

（2）人工神经网络模型，包括生物神经元的组成结构和信息处理，人工神经元的基本模型，神经元模型的特点、转移函数，神经网络模型的分类。

（3）神经网络的学习方法。

（4）神经网络的学习规则，包括 δ 学习规则、感知器规则、Hebbian 规则、Widrow - Hoff 规则、Correlation 规则、Winner - Take - all 规则、Outstar 规则。

（5）BP 神经网络算法，包括其工作原理、工作流程、改进措施、训练策略等。

（6）利用 BP 算法进行电力系统短期负荷预测和语音特征识别的方法。

习　　题

1. 类比生物神经元，人工神经元具有哪些基本特征？

2. 在建立人工神经网络模型前需要做哪些假设？

3. 神经元模型有哪些特点？

4. 神经元模型有哪些常用的转移函数？

5. 人工神经网络模型有哪些分类方法？

6. 神经网络有哪些学习方法？简述各种学习方法的原理及过程。

7. 神经网络有哪些学习规则？

8. 简述如何利用各种学习规则进行神经网络权值调整？

9. 简述 BP 神经网络的结构组成及工作原理。

10. 简述 BP 神经网络正向传播和反向传播两个过程是如何实现的？

11. 基本 BP 算法包括哪两个过程?

12. BP 网络学习规则的指导思想是什么?

13. 简述 BP 算法的推导过程。

14. 计算函数梯度有哪两种方式?

15. BP 算法最基本的思想是什么?

16. 简述 BP 算法的实现步骤。

17. BP 算法有什么优缺点?

18. 利用动量法如何对 BP 算法进行改进?

19. 自适应调整法是如何对 BP 算法的学习率进行调整的?

20. L－M 学习规则相比使用梯度下降的 BP 算法有什么优势?

21. BP 神经网络的结构是如何确定的?

22. 为什么在神经网络训练过程中选择均方误差 MSE 较为合理?

23. 请设计一个 BP 网络，使其逼近函数 $f(x)=1+\sin(k*pi/2*x)$ 实现对该非线性函数的逼近。其中，分别令 $k=2,3,6$ 进行仿真，通过调节参数得出信号的频率与隐含层节点之间、隐含层节点与函数逼近能力之间的关系。

24. 下表为某食品的销售情况，现构建一个如下的三层 BP 神经网络对该食品的销售情况进行预测：输入层有 3 个节点，隐含层有 5 个节点，隐含层的激活函数为 Tansig；输出层有 1 个节点，输出层的激活函数为 logsig。要求利用此网络对食品的销售量进行预测，预测方法采用滚动预测方式，即用前三个月的销售量来预测第四个月的销售量，如用 1、2、3 月的销售量为输入预测第 4 个月的销售量，用 2、3、4 月的销售量为输入预测第 5 个月的销售量，如此反复直至满足预测精度要求为止。

月份	1	2	3	4	5	6
销售量	2056	2395	2600	2298	1634	1600
月份	7	8	9	10	11	12
销售量	1873	1478	1900	1500	2046	1556

25. 简述人工神经网络在工程领域的应用。

第八章 模 糊 系 统

模糊理论最早由美国自动控制专家、美国工程科学院院士扎德于 1965 年在《信息与控制》期刊发表的《模糊集》论文中提出，其通过引进模糊集(边界不明显的类)提供了一种分析复杂系统的新方法，并提出用语言变量代替数值变量来描述系统的行为，使人们找到了一种处理不确定性的方法，给出了一种较好的人类推理模式。为 20 世纪模糊理论的研究与发展奠定了基础。本章首先对模糊数学理论进行概述，包括模糊数学的基本概念、模糊集合、模糊关系、模糊矩阵及其运算、模糊逻辑推理；然后叙述模糊逻辑控制理论，重点讲解模糊逻辑控制系统的结构组成、控制规则与控制策略；接下来对模糊控制器进行设计，并针对模糊控制存在的问题进行改进；最后将模糊控制应用到 PID 水箱液位控制系统中。

8.1 模糊数学概述

与精确性相悖的模糊性并不完全是消极的、无价值的，甚至有时还要比精确性好。"模糊性"主要是指客观事物差异的中间过渡的"不分明性"，例如"高与矮""干净与脏""美与丑""冷与热"等，都难以明确划定界限。模糊数学是研究和处理模糊现象的数学方法。经典数学是以精确性为特征的，而模糊数学是用精确的数学方法来处理过去无法用数学描述的模糊事物。

人脑具有处理模糊信息的能力，善于判断和处理模糊现象，但计算机对模糊现象识别能力较差。为了提高计算机识别模糊现象的能力，需要把常用的模糊语言设计成机器能接受的指令和程序。这就需要寻找一种描述和加工模糊信息的数学工具，即模糊数学。模糊数学不是让数学变成模糊的概念，其关键在于如何寻求适当的数学语言来描述事物的模糊性。

8.1.1 模糊数学的基本概念

有些事物可以根据某种精确标准对它们进行界限明确的认识，从而得出是否明确的断言，此类事物称为清晰事物。清晰事物所具有的明确类属特性称为清晰性。有些事物无法找出它们精确的分类标准，这类事物的类属是逐步过渡的，即从属于某类事物到不属于某类事物是逐渐变化的，不同类别之间不存在截然分明的界限，这类事物称为模糊事物。事物的这种不清晰类属特性称为模糊性。一般情况下，凡是在类属问题上能够判断或是或非的对象，即为清晰事物，如行星、整数、鸡蛋，是一种绝对性的概念；凡是在类属问题上只能区别程度等级的对象，即为模糊事物，如高山、优秀、胖子，是一种相对性的概念。但也要注意，同一事物在一方面是清晰的，在另一方面可能是不清晰的。

此外，还要注意几个易与模糊性相混淆的概念。首先是"近似性"。模糊性问题本身有精确解，这时的不精确性来源于认识条件的局限性和认识过程发展的不充分性。而近似性问题本身无精确解，这时的不精确性自然来源于对象自身固有的状态上的不确定性，其仅为模糊对象中的一种。

其次是"随机性"。模糊性问题具有内在的不确定性，且不服从排中律(两个相互排斥的思想不可能同时为假，其中必有一真)，与信息的意义密切相关。而随机性问题仅状态属性确定，具有外在的不确定性，且服从排中律，只涉及信息的量。

最后是"含混性"。一个命题之所以是模糊的，原因在于其所涉及的类本身是模糊的。一个含混的命题既是模糊的，又是二义的，其对一个特定的目的只提供了不充分的信息。一个命题是否带有含混性与其应用对象或与上下文有关，而模糊性却并非如此。

模糊数学已经广泛应用到国民经济的各个领域，如计算机图像识别、计算机辅助诊断、气象预测与实验、信息分类与评估等，涉及农业、环境、地质、医学、金融等多个部门。

8.1.2 模糊集合

1. 经典集合与模糊集合

具有某种共同性质事物的全体称为集合，而每一个个体事物称为该集合的"元素"。集合是由元素组成的，可理解为存在于自然界中的任何具体和抽象的客观物质。经典集合具有彼此互异和无重复两种基本属性。其中的某一个元素要么属于该集合，要么不属于该集合，两者必居其一，具有边界分明的范围。我们将研究对象的范围叫论域，也称为全集，通常用符号 $\cup$ 来表示，$\cup$ 为一种特殊的集合形式，其选取一般不唯一，应根据具体情况来确定。集合中的元素数量可以任意取值，并且一些毫不相关的事物均可作为同一集合中的元素。按照集合是否有限，分为有限集合和无限集合；按照集合是否可列举，分为可列集合和不可列集合；按照集合取值情况，分为空集和全集。

集合的表示方法有枚举法、描述法、特征函数法和文氏图法。枚举法是将集合中的所有元素一一列举出来，写在大括号内表示集合的方法，如 $A=\{x_1,x_2,\cdots,x_n\}$；描述法是将集合中所有元素的公共属性描述出来，写在大括号内表示集合的方法。如 $A=\{x|P(x)\}$；特征函数法是利用某一函数来表示集合中的元素特征；文氏图法是用一条封闭曲线的内部来表示集合的方法。

设 A 为论域 $\cup$ 中的集合，映射 $f:X\rightarrow Y$，定义集合 A 的特征函数如下式：

$$x_A(x)=\begin{cases}1, & x\in A \\ 0, & x\notin A\end{cases} \tag{8-1}$$

特征函数是一个布尔函数。论域中属于 A 的元素，其特征函数为 1；不属于 A 的元素，其特征函数为 0，不存在特征值介于 0 到 1 之间的元素。特征函数是将经典集合理论推广到模糊集合理论的关键桥梁。

集合论中有一些基本的概念。子集与包含是指集合 A 中的每一个元素都是集合 B 的元素，记作 $A\subseteq B$；相等是指两个集合互相包含，记作 $A=B$；幂集是指由集合 A 的所有子集作为元素构成的集合，如 $A=\{1,2,3\}$，则 A 的幂集 $P(A)=\{\{1,2,3\},\{1,2\},\{1,3\},\{1\}$,$\{2,3\},\{2\},\{3\},\{\ \}\}$。两个集合 X 和 Y 的笛卡尔积，又称为直积，表示为 $X\times Y$，意思是第一个对象是 X 的成员而第二个对象是 Y 的所有可能有序对的其中一个成员，即 $X\times Y=\{(X,Y)|x\in X,y\in Y\}$。

设 $\cup$ 为一个论域，如果给定了一个映射，如下式：

$$\mu_A:\cup\rightarrow[0,1], \ x\rightarrow\mu_A(x)\in[0,1] \tag{8-2}$$

则该映射确定了一个模糊集合 A，其映射 μ_A 称为模糊集 A 的隶属函数，$\mu_A(x)$ 称为 x 对模

糊集 A 的隶属度, $\mu_A(x)$ 越靠近 1, 则表示 x 属于 A 的程度越高; $\mu_A(x)$ 越靠近 0, 则表示 x 属于 A 的程度越低, 使得 $\mu_A(x)=0.5$ 的点 x 称为模糊集 A 的过渡点, 同时也是模糊性最大的点。

2. 模糊集的表示与运算

对于有限论域 $U=\{x_1,x_2,\cdots,x_n\}$, 设 $A\in F(U)$, 则模糊集有三种表示方法:

(1) Zadeh 表示法, 如下式:

$$A=\sum_{i=1}^{N}\frac{\mu_A(x_i)}{x_i}=\frac{\mu_A(x_1)}{x_1}+\frac{\mu_A(x_2)}{x_2}+\cdots+\frac{\mu_A(x_n)}{x_n} \tag{8-3}$$

这里的 $\frac{\mu_A(x_i)}{x_i}$ 不是分数;"+"不代表求和, 只是符号, 表示点 x_i 对模糊集 A 的隶属度是 $\mu_A(x_i)$。

(2) 序偶表示法, 如下式:

$$A=\{(x_1,\mu_A(x_1)),(x_2,\mu_A(x_2)),\cdots,(x_n,\mu_A(x_n))\} \tag{8-4}$$

(3) 向量表示法, 如下式:

$$A=(\mu_A(x_1),\mu_A(x_2),\cdots,\mu_A(x_n)) \tag{8-5}$$

模糊集与普通集有着相同的运算和相应的运算规律。

设模糊集 $A,B\in F(U)$, 其隶属函数为 $\mu_A(x)$ 和 $\mu_B(x)$, 对任意的 $x\in U$, 有

(1) 若有 $\mu_B(x)\leqslant\mu_A(x)$, 则称 A 包含 B, 记为 $B\subseteq A$。

(2) 若有 $A\subseteq B$ 且 $B\subseteq A$, 则称 A 与 B 相等, 记为 $A=B$, 也就是 $\mu_A(x)=\mu_B(x)$。

(3) 模糊集的并集: 记为 $A\bigcup B$, 有 $\mu_{A\bigcup B}(x)=\mu_A(x)\bigvee\mu_B(x)=\max(\mu_A(x),\mu_B(x))$。

(4) 模糊集的交集: 记为 $A\bigcap B$, 有 $\mu_{A\bigcap B}(x)=\mu_A(x)\bigwedge\mu_B(x)=\min(\mu_A(x),\mu_B(x))$。

(5) 模糊集的补集: 记为 $\overline{A}$, 有 $\mu_{\overline{A}}(x)=1-\mu_A(x)$。

(6) 模糊集的空集: 记为 $A=\varnothing$, 有 $\mu_A=0$。

其中的"$\bigvee$"和"$\bigwedge$"分别表示取大算子和取小算子, 并且模糊集的并运算和交运算可以推广到任意有限及无限的情况, 同时也满足普通集合中的交换律、结合律、分配率等运算规律。

模糊集运算具有下述基本性质:

(1) $A\subseteq A$。

(2) 若 $A\subseteq B$, $B\subseteq A$, 则有 $A=B$。

(3) 若 $A\subseteq B$, $B\subseteq C$, 则有 $A\subseteq C$。

(4) 幂等律: $A\bigcup A=A$, $A\bigcap A=A$。

(5) 交换律: $A\bigcup B=B\bigcup A$, $A\bigcap B=B\bigcap A$。

(6) 结合律: $(A\bigcup B)\bigcup C=A\bigcup(B\bigcup C)$, $(A\bigcap B)\bigcap C=A\bigcap(B\bigcap C)$。

(7) 吸收律: $A\bigcup(A\bigcap B)=A$, $A\bigcap(A\bigcup B)=A$。

(8) 分配律: $A\bigcup(B\bigcap C)=(A\bigcup B)\bigcap(A\bigcup C)$, $A\bigcap(B\bigcup C)=(A\bigcap B)\bigcup(A\bigcap C)$。

(9) 还原律: $\overline{\overline{A}}=A$。

(10) 对偶律: $\overline{A\bigcup B}=\overline{A}\bigcap\overline{B}$, $\overline{A\bigcap B}=\overline{A}\bigcup\overline{B}$。

(11) 0−1 律: $A\bigcup\Omega=\Omega, A\bigcap\Omega=A, A\bigcup\varnothing=A, A\bigcap\varnothing=\varnothing$。

(12) 排中律: $A\bigcup A\neq\Omega, A\bigcap A\neq\varnothing$。

3. 隶属函数

模糊数学的基本思想是对隶属程度的刻画。应用模糊数学方法建立数学模型的关键是建立符合实际情况的隶属函数。隶属函数的确定主要有模糊统计方法、指派方法和其他方法。

模糊统计方法是一种客观方法，主要是在模糊统计试验的基础上根据隶属度的客观存在性来确定的。模糊统计实验包含下面四个基本要素：

（1）论域 U；

（2）U 中的一个固定元素 x_0；

（3）U 中的一个随机变动的集合 A^*（普通集）；

（4）U 中的一个以 A^* 作为弹性边界的模糊集 A，对 A^* 的变动起着制约作用，其中 $x_0 \in A^*$ 或 $x_0 \notin A^*$，致使 x_0 对 A 的隶属关系是不确定的。

假设作 n 次模拟统计试验，可以算出 x_0 对 A 的隶属频率如下式：

$$x_0 \text{ 对 } A \text{ 的隶属频率} = \frac{x_0 \in A^* \text{ 的次数}}{n} \tag{8-6}$$

事实上，当 n 不断变大时，隶属频率逐渐趋于稳定，该稳定值称为 x_0 对 A 的隶属度，如下式：

$$\mu_A(x_0) = \lim_{n \to \infty} \frac{x_0 \in A^* \text{ 的次数}}{n} \tag{8-7}$$

模糊统计方法体现了用确定的手段去把握和研究模糊性，并且通过部分人评分的方法来确定隶属度。

指派方法是一种主观的方法，其主要依据人们的实践经验来确定某些模糊集隶属函数。如果模糊集定义在实数集 $\mathbf{R}$ 上，则称模糊集的隶属函数为模糊分布。指派方法就是根据问题的性质和经验主观地选择某些形式的模糊分布，然后根据实际测量数据确定其中所包含的参数。

除此之外，对于隶属函数的确定，还有蕴含解析定义法、二元对比法、三分法、模糊分布法和经验法。

8.1.3 模糊关系

1. 关系与映射

定义 $X \times Y$ 的子集 R 称为从 X 到 Y 的二元关系，特别地，当 $X = Y$ 时，称之为 X 上的二元关系，简称为关系。若 $(x, y) \in R$，则称 x 与 y 有关系，记为 $R(x, y) = 1$；若 $(x, y) \notin R$，则称 x 与 y 没有关系，记为 $R(x, y) = 0$。其中，R 是集合 X 到集合 Y 的关系，记作：$R \subseteq X \times Y$；关系 R 的定义域记为 $D(R)$；关系 R 的值域记为 $C(R)$；同时，所有的集合运算及其性质在关系中均适用。

设集合 $X = \{x_1, x_2, \cdots, x_n\}$，$Y = \{y_1, y_2, \cdots, y_m\}$，$X$ 到 Y 存在关系 R，则关系 R 的关系矩阵为 $\boldsymbol{M}_R = [r_{ij}]_{n \times m}$，其中 r_{ij} 的表达式为

$$r_{ij} = \begin{cases} 0, & (x_i, y_j) \notin R \\ 1, & (x_i, y_j) \in R \end{cases} \tag{8-8}$$

该关系矩阵也为布尔矩阵。

设 R 是一个集合 X 到集合 Y 的关系，则从 Y 到 X 的关系为 $R^{\mathrm{T}} = \{(y, x) | (x, y) \in R\}$，

称之为 R 的逆关系。

关系具有自反性、对称性和传递性等特性。设 R 为 X 上的关系，若 X 上的任何元素都与自己有关系 R，即 $R(x,y)=1$，则称关系 R 具有自反性。对于 X 上的任意两个元素 x 和 y，若 x 与 y 有关系 R 时，则 y 与 x 也有关系 R，即若 $R(x,y)=1$，则 $R(y,x)=1$，那么称关系 R 具有对称性。对于 X 上的任意三个元素 x，y 和 z，若 x 与 y 有关系 R，y 与 z 也有关系 R 时，则 x 与 z 也有关系 R，即若 $R(x,y)=1$，$R(y,z)=1$，则 $R(x,z)=1$，那么称关系 R 具有传递性。

设 R 是非空集合 X 上的关系，若 R 具有自反性和对称性，则称 R 是集合 X 上的相似关系，除此之外，若 R 还具有传递性，则称 R 是集合 X 上的等价关系。在等价关系中，对任意给定的 $x \in X$，由所有与 x 有关系的元素组成的集合称为 x 的等价类，记为 $[x]_R$，其表达式为

$$[X]_R = \{y \mid y \in X, (x,y) \in R\} \tag{8-9}$$

设 f 为从集合 X 到集合 Y 的一个关系，若对于任意 $x \in X$，存在唯一的 $y \in Y$，使得 $(x,y) \in f$，则称关系 f 是从集合 X 到集合 Y 的一个映射，记为 $f: X \to Y$。其中，y 称为元素 x 在映射 f 下的象，记作 $y = f(x)$，x 称为 y 关于映射 f 的原象，集合 X 中所有元素的象的集合称为映射 f 的值域，记为 $f(X)$。若集合 X 中不同的元素在集合 Y 中有不同的象，则称这个映射 f 为单射；若 Y 中所有的元素，X 中都存在原象，则称映射 f 为满射。既是单射又是满射的映射称为双射，也称为一一映射。对于 f 所构成的逆关系称为 f 的逆映射，记为 $f^{-1}: Y \to X$。注意，并非任何映射都有逆映射。

2. 模糊关系的定义与性质

根据关系的定义，对于直积 $U \times V$ 的一个模糊子集 R，称为从 U 到 V 的一个模糊关系，记为 $U \xrightarrow{R} V$。对于隶属度函数 $R(x,y)$，称为 $(u,v) \in U \times V$ 关于 R 的相关程度。特别的，当 $U=V$ 时，R 称为 U 上的二元模糊关系；若 R 的论域为 n 个集合的直积 $U_1 \times U_2 \times \cdots \times U_n$，则称 R 为 n 元模糊关系。若 R 和 S 都是从 U 到 V 的模糊关系，且 $\forall (u,v) \in U \times V$，当 $R(u,v)=S(u,v)$ 时，称 R 与 S 相等，记作 $R=S$。例如 X 为某工厂同一工种的全体人员组成的集合，"技术水平相当"是建立在 X 上的一个模糊关系 R，对于任意的 $u,v \in U$，若 u，v 的技术水平完全一样，则令 $R(u,v)=1$，若相差甚远则令 $R(u,v)=0$，其余情况取 $[0,1]$ 内的值。

设 R 和 S 都是 U 到 V 上的模糊关系，它们的隶属函数分别为 $R(u,v)$，$S(u,v)$，若 $\forall (u,v) \in U \times V$，有如下关系：

$$(R \cup S)(u,v) \cong R(u,v) \vee S(u,v) \tag{8-10}$$

$$(R \cap S)(u,v) \cong R(u,v) \wedge S(u,v) \tag{8-11}$$

$$\overline{R(u,v)} \cong 1 - R(u,v) \tag{8-12}$$

则 $R \cup S$，$R \cap S$ 分别称为模糊关系 R 与 S 的并与交，$\overline{R}$ 称为模糊关系 R 的余关系。

R，$S \in F(U \times V)$，对 $\forall (u,v) \in (U \times V)$，若有 $R(u,v) \geqslant S(u,v)$，则称模糊关系 R 包含 S，记为 $R \supseteq S$。特别的，若定义模糊关系 $R^T(v,u) \cong R(u,v)$，则称 R^T 为 R 的倒逆关系，也称倒置关系。当 $R \in F(U \times V)$，且 $R^T = R$ 时，R 称为模糊对称关系。

若 I 为 X 到 X 的模糊关系，且 $\forall (u,u') \in U \times U$，有如下的关系式：

$$I(u,u') = \begin{cases} 1, & u = u' \\ 0, & u \neq u' \end{cases} \tag{8-13}$$

则 I 称为在 U 上的恒等关系。

若 O 和 E 均为 U 到 V 的模糊关系，且 $\forall(u,v)$ 恒有 $O(u,v)=0$ 和 $E(u,v)=1$，则 O 称为 U 到 V 的零关系；E 称为 U 到 V 的全称关系。

模糊关系具有以下性质：

(1) $\overline{\overline{R}}=R,(R^{\mathrm{T}})^{\mathrm{T}}=R$

(2) $R\bigcup E=E,R\bigcap E=R$

(3) $R\bigcap O=O,R\bigcup O=R$

(4) 对 $\forall R$，有 $O\subseteq R\subseteq E$

(5) 若 $R\supseteq S$，有 $\overline{R}\subseteq\overline{S}$

(6) $(\overset{n}{\underset{i=1}{Y}}R_i)^{\mathrm{T}}=\overset{n}{\underset{i=1}{Y}}R_i^{\mathrm{T}},(\overset{n}{\underset{i=1}{I}}R_i)^{\mathrm{T}}=\overset{n}{\underset{i=1}{I}}R_i^{\mathrm{T}}$

3. 模糊关系的合成

设 $Q\in F(U\times V)$，$R\in F(V\times W)$，若从 U 到 W 确定一种模糊关系，则称是 Q 对 R 的合成，记作 $Q\circ R$，其隶属函数如下：

$$(Q\circ R)(u,w)=\bigvee_{v\in V}(Q(u,v)\wedge R(v,w)) \tag{8-14}$$

其中，$u\in U$，$v\in W$，$Q\circ R$ 也称为 Q 与 R 的复合模糊关系。特别的，当 $R\in F(U\times U)$ 时，记为

$$R^2\cong R\circ R,\ R^n\cong R^{n-1}\circ R \tag{8-15}$$

设 R 为 X 上的模糊关系，$\forall\lambda\in[0,1]$，有如下的关系：

$$R_\lambda=\{(u,v)\mid R(u,v)\geqslant\lambda\} \tag{8-16}$$

则此式称为模糊关系 R 的 λ -截关系。

设 R 为 U 到 U 的模糊关系，若 $\forall(u,u)\in U\times U$，若有 $R(u,u)=1$，则 R 称为模糊自反关系；若 $\forall(u,v),(v,w),(u,w)\in U\times U$ 以及 $\forall\lambda\in[0,1]$，有如下的关系：

$$R(u,v)\geqslant\lambda,R(v,w)\Rightarrow R(u,w)\geqslant\lambda \tag{8-17}$$

则 R 称为模糊传递关系。

设 $R\in F(U\times U)$，若 R 为传递关系，则需满足的充要条件是，$\forall u,v,w\in U$，有如下的关系：

$$R(u,w)\geqslant\bigvee_{v\in U}(R(u,v)\wedge R(v,w)) \tag{8-18}$$

对于该定理的证明如下：

必要性证明 设 R 为模糊传递关系，$\forall v_0\in U$，有如下的关系：

$$R(u,v_0)\wedge R(v_0,w)=\lambda \tag{8-19}$$

由此得到 $R(u,v_0)\geqslant\lambda$，$R(v_0,w)\geqslant\lambda$，因为 R 为传递的，故有 $R(u,w)\geqslant\lambda$，从而得到如下的关系式：

$$R(u,w)\geqslant R(u,v_0)\wedge R(v_0,w) \tag{8-20}$$

由 $v_0\in U$ 的任意性，得到如下的关系式：

$$R(u,w)\geqslant(R(u,v)\wedge R(v,w)) \tag{8-21}$$

充分性证明 设 $\forall u,v,w\in U$，有式(8-18)成立，此时令如下关系式成立：

$$R(u,v)\wedge R(v,w)=\lambda \tag{8-22}$$

从而有 $R(u,v)\geqslant\lambda$，$R(v,w)\geqslant\lambda$，且 $\forall v$ 也有式(8-18)成立，故有 $R(u,w)\geqslant\lambda$，即有如下的关系式成立：

$$R(u,v) \geqslant \lambda, R(v,w) \geqslant \lambda \Rightarrow R(u,w) \geqslant \lambda \qquad (8-23)$$

所以 R 为传递关系。

R 为模糊传递关系的充要条件也可表示成如下的形式：

$$R \supseteq R \circ R（即 R \supseteq R^2） \qquad (8-24)$$

除了模糊传递关系外，还存在着两类特殊的模糊关系，分别为模糊相似关系和模糊等价关系。设 $R \in F(U \times U)$，若 R 是自反、对称和传递的模糊关系，则 R 称为 U 上的一个模糊相似关系。若 R 是自反、对称的模糊关系，则 R 称为 U 上的一个模糊等价关系。

8.1.4 模糊矩阵及其运算

当论域 U、V 都是有限论域时，模糊关系 R 可以用矩阵 $\boldsymbol{R}$ 来表示，即 $\boldsymbol{R}=[r_{ij}]$，其中 $r_{ij}=\mu_R(x_i, y_j)$，且有如下的关系式成立：

$$0 \leqslant r_{ij} \leqslant 1, (1 \leqslant i, j \leqslant n) \qquad (8-25)$$

该矩阵称为模糊矩阵。

这里，当 r_{ij} 取值为 0 和 1 时，称 $\boldsymbol{R}$ 为布尔矩阵；当 $\boldsymbol{R}$ 的对角线上元素 r_{ij} 都为 1 时，称 $\boldsymbol{R}$ 为模糊自反矩阵。

例如要探究人身高与体重间的模糊关系，设身高的论域为 $U=\{140, 150, 160, 170, 180\}$（单位：cm），体重的论域为 $V=\{40, 50, 60, 70, 80\}$（单位：kg），由统计方法可得如表 8-1 所示的模糊关系 $\boldsymbol{R}$，这也符合医学上常用的描述两者间关系的公式：体重（kg）= 身高（cm）-100。

表 8-1 身高—体重的模糊关系 $R(u_i, y_j)$

u_i	y_j				
	40	50	60	70	80
140	1.0	0.8	0.2	0.1	0
150	0.8	1.0	0.8	0.2	0.1
160	0.2	0.8	1.0	0.8	0.2
170	0.1	0.2	0.8	1.0	0.8
180	0	0.1	0.2	0.8	1.0

用矩阵表示，则有如下的表达式：

$$\boldsymbol{R}=\begin{bmatrix} 1.0 & 0.8 & 0.2 & 0.1 & 0 \\ 0.8 & 1.0 & 0.8 & 0.2 & 0.1 \\ 0.2 & 0.8 & 1.0 & 0.8 & 0.2 \\ 0.1 & 0.2 & 0.8 & 1.0 & 0.8 \\ 0 & 0.1 & 0.2 & 0.8 & 1.0 \end{bmatrix} \qquad (8-26)$$

设 $\boldsymbol{R}$、$\boldsymbol{R}^T$、$\boldsymbol{S} \in U_{m \times n}$，其中 $\boldsymbol{R}=[r_{ij}]$，$\boldsymbol{R}^T=[r_{ij}]^T$，$\boldsymbol{S}=[s_{ij}]$，$\forall i, j$，若 $r_{ij}=s_{ij}$，则称 $\boldsymbol{R}$ 与 $\boldsymbol{S}$ 相等，记为 $\boldsymbol{R}=\boldsymbol{S}$；若 $r_{ij} \leqslant s_{ij}$，则称 $\boldsymbol{S}$ 包含 $\boldsymbol{R}$，记为 $\boldsymbol{S} \supseteq \boldsymbol{R}$；若 $[r_{ij}^T]=[r_{ji}]$，则 $\boldsymbol{R}^T$ 称为 $\boldsymbol{R}$ 的转置矩阵。

设 $\boldsymbol{R}$、$\boldsymbol{S} \in U_{m \times n}$，其中 $\boldsymbol{R}=[r_{ij}]$，$\boldsymbol{S}=[s_{ij}]$，定义 $\boldsymbol{R} \bigcup \boldsymbol{S} \cong (r_{ij} \vee s_{ij})$ 为 $\boldsymbol{R}$ 与 $\boldsymbol{S}$ 的并；定义 $\boldsymbol{R} \bigcap \boldsymbol{S} \cong (r_{ij} \vee s_{ij})$ 为 $\boldsymbol{R}$ 与 $\boldsymbol{S}$ 的交；定义 $\overline{\boldsymbol{R}} \cong (1-r_{ij})$ 为 $\boldsymbol{R}$ 的余。

例如，现有模糊矩阵 R、S 分别为

$$R=\begin{bmatrix}0.5 & 0.3\\0.4 & 0.8\end{bmatrix} \qquad S=\begin{bmatrix}0.8 & 0.5\\0.3 & 0.7\end{bmatrix}$$

则有

$$R\cup S=\begin{bmatrix}0.8 & 0.5\\0.4 & 0.8\end{bmatrix}, \quad R\cap S=\begin{bmatrix}0.5 & 0.3\\0.3 & 0.7\end{bmatrix}$$

$$\bar{R}=\begin{bmatrix}0.5 & 0.7\\0.6 & 0.2\end{bmatrix}, \quad S^{\mathrm{T}}=\begin{bmatrix}0.8 & 0.3\\0.5 & 0.7\end{bmatrix}$$

模糊矩阵的运算具有下述性质：

(1) 交换律：$R\cap S=S\cap R$，$R\cup S=S\cup R$。

(2) 结合律：$(R\cup S)\cup T=R\cup(S\cup T)$，$(R\cap S)\cap T=R\cap(S\cap T)$。

(3) 分配律：$(R\cup S)\cap T=(R\cap T)\cup(S\cap T)$，$(R\cap S)\cup T=(R\cup T)\cap(S\cup T)$。

(4) 幂等律：$R\cup R=R$，$R\cap R=R$。

(5) 吸收律：$(R\cup S)\cap S=S$，$(R\cap S)\cup S=S$。

(6) 复原律：$\bar{\bar{R}}=R$。

(7) $O\cup R=R$，$O\cap R=O$，$E\cup R=E$，$E\cap R=R$，$O\subseteq R\subseteq E$。

(8) $R\subseteq S\Leftrightarrow R\cup S=S\Leftrightarrow R\cap S=R$。

(9) $\overline{(R\cup S)}=\bar{R}\cap\bar{S}$，$\overline{(R\cap S)}=\bar{R}\cup\bar{S}$。

(10) 若 $R_1\subseteq S_1$，$R_2\subseteq S_2$，则有 $(R_1\cup R_2)\subseteq(S_1\cup S_2)$，$(R_1\cap R_2)\subseteq(S_1\cap S_2)$。

(11) $R\subseteq S\Leftrightarrow\bar{R}\supseteq\bar{S}$。

(12) $(R^{\mathrm{T}})^{\mathrm{T}}=R$。

(13) $(R\cup S)^{\mathrm{T}}=R^{\mathrm{T}}\cup S^{\mathrm{T}}$，$(R\cap S)^{\mathrm{T}}=R^{\mathrm{T}}\cap S^{\mathrm{T}}$。

(14) $R\subseteq S\Rightarrow R^{\mathrm{T}}\subseteq S^{\mathrm{T}}$。

主对角线上均为 1，其余元素均为 0 的矩阵称为单位模糊矩阵，记为如下所示的形式：

$$I=\begin{bmatrix}1 & 0 & \cdots & 0\\0 & 1 & \cdots & 0\\\vdots & \vdots & & \vdots\\0 & 0 & \cdots & 1\end{bmatrix} \tag{8-27}$$

设 $R\in\mu_{n\times n}$，若 $R\supseteq I$，则 R 称为模糊自反矩阵。包含 R 而又被任何包含 R 的自反矩阵所包含的自反矩阵，称为 R 的自反闭包，记作 $r(R)$，并且有 $r(R)=R\cup I$。

对于 $\forall R\in\mu_{n\times n}$，有 $r(R)=R\cup I$ 的证明，先需证明 $R\cup I$ 为自反矩阵。因为 $R\supseteq O$，$I\supseteq I$，所以有 $R\cup I\supseteq O\cup I=I$，说明 $R\cup I$ 为自反矩阵。接下来需要证明任意包含 R 的自反矩阵必然包含 $R\cup I$。设 Q 为任一包含 R 的自反矩阵，即有 $R\subseteq Q$ 且 $I\subseteq Q$，故有 $R\cup I\subseteq Q$，从而可证得 $r(R)=R\cup I$。

设 $R\in\mu_{n\times n}$，若 $R^{\mathrm{T}}=R$，则 R 称为模糊对称矩阵。包含 R 而又被任何包含 R 的对称矩阵所包含的对称矩阵，叫 R 的对称闭包，记作 $s(R)$。

$\forall R\in\mu_{n\times n}$，有 $s(R)=R\cup R^{\mathrm{T}}$ 的证明，先需证明 $R\cup R^{\mathrm{T}}$ 为对称矩阵。因为对 $R\cup R^{\mathrm{T}}$ 有 $(R\cup R^{\mathrm{T}})^{\mathrm{T}}=R^{\mathrm{T}}\cup(R^{\mathrm{T}})^{\mathrm{T}}=R^{\mathrm{T}}\cup R=R\cup R^{\mathrm{T}}$，所以 $R\cup R^{\mathrm{T}}$ 为对称矩阵。接下来需要证明任意包含 R 的对称矩阵包含 $R\cup R^{\mathrm{T}}$，设 Q 为任意包含 R 的对称矩阵，即 $R\subseteq Q$ 且 $Q^{\mathrm{T}}=Q$，于是

有 $R^T \subseteq Q^T = Q$，由此可得 $R \cup R^T \subseteq Q \cup Q$，从而 $R \cup R^T \subseteq Q$，故可证明 $R \cup R^T = s(R)$。

设 $U = \{u_1, u_2, \cdots, u_n\}$，$V = \{v_1, v_2, \cdots, v_m\}$，$W = \{w_1, w_2, \cdots, w_l\}$，$Q = [q_{ik}]_{n \times m}$，$R = [r_{kj}]_{m \times l}$，定义 $Q \circ R = S = [s_ij]_{n \times l}$，其中 $s_{ij} = \bigvee_{k=1}^{m}(q_{ik} \wedge r_{kj})$，$S$ 称为 Q 对 R 的模糊乘积，或称为 Q 对 R 的合成。

例如，有模糊矩阵 Q 与 R，分别为

$$Q = \begin{bmatrix} 0.3 & 0.7 & 0.2 \\ 1.0 & 0 & 0.4 \\ 0 & 0.5 & 1.0 \\ 0.6 & 0.7 & 0.8 \end{bmatrix}, \quad R = \begin{bmatrix} 0.1 & 0.9 \\ 0.9 & 0.1 \\ 0.6 & 0.4 \end{bmatrix}$$

则有 Q 对 R 的模糊乘积为

$$Q \circ R = \begin{bmatrix} 0.3 & 0.7 & 0.2 \\ 1.0 & 0 & 0.4 \\ 0 & 0.5 & 1.0 \\ 0.6 & 0.7 & 0.8 \end{bmatrix} \circ \begin{bmatrix} 0.1 & 0.9 \\ 0.9 & 0.1 \\ 0.6 & 0.4 \end{bmatrix} = \begin{bmatrix} 0.7 & 0.3 \\ 0.4 & 0.9 \\ 0.6 & 0.4 \\ 0.7 & 0.6 \end{bmatrix}$$

模糊矩阵乘积具有下述性质：

(1) $(Q \circ R) \circ S = Q \circ (R \circ S)$，该性质的推论为 $R^m \circ R^n = R^{m+n}$。

(2) $(Q \cup R) \circ S = (Q \circ S) \cup (R \circ S)$，$S \circ (Q \cup R) = (S \circ Q) \cup (S \circ R)$。该性质可推广为：$(\bigcup_{t \in T} Q^{(t)}) \circ R = \bigcup_{t \in T}(Q^{(t)} \circ R)$ 和 $R \circ (\bigcup_{t \in T} Q^{(t)}) = \bigcup_{t \in T}(R \circ Q^{(t)})$，但与此同时，也需要注意的是：$(Q \cap R) \circ S \neq (Q \circ S) \cap (R \circ S)$ 和 $S \circ (Q \cap R) \neq (S \circ Q) \cap (S \circ R)$。

(3) $(Q \cap R) \circ S = (Q \circ S) \cap (R \circ S)$，$S \circ (QIR) = (S \circ Q)I(S \circ R)$。

(4) $O \circ R = R \circ O = O$，$I \circ R = R \circ I = R$。

(5) 若 $Q \subseteq R$，则有 $Q \circ S \subseteq R \circ S$，$S \circ Q \subseteq S \circ R$，$Q^n \subseteq R^n$。

(6) $(Q \circ R)^T = R^T \circ Q^T$，$(R^n)^T = (R^T)^n$。

设 $R \in \mu_{n \times n}$，$R = [r_{ij}]$，$\forall \lambda \in [0,1]$，记作 $R_\lambda = [\lambda r_{ij}]$，其中 λr_{ij} 的表达式如下：

$$\lambda r_{ij} = \begin{cases} 1, & r_{ij} \geq \lambda \\ 0, & r_{ij} < \lambda \end{cases} \tag{8-28}$$

则 $R_\lambda = [\lambda r_{ij}]$ 称为 R 的 λ 的截矩阵。

λ 的截矩阵具有下述性质：

(1) $\forall \lambda \in [0,1]$，有 $R \subseteq S \Leftrightarrow R_\lambda \subseteq S_\lambda$。

(2) $(R \cup S)_\lambda = R_\lambda \cup S_\lambda$，$(R \cap S)_\lambda = R_\lambda \cap S_\lambda$。

(3) $(Q \circ R)_\lambda = Q_\lambda \circ R_\lambda$。

(4) $(R^T)_\lambda = (R_\lambda)^T$。

设 $R \in \mu_{n \times n}$，若 $R^2 \subseteq R$，则 R 称为模糊传递矩阵。若 R 是自反、对称、传递的模糊矩阵，则 R 称为模糊等价矩阵。这是因为有 $R \circ R = R^2 \subseteq R$。对于 R 是等价矩阵的充要条件是，对 $\forall \lambda \in [0,1]$，其 λ 的截矩阵 R_λ 都是等价的普通矩阵。并且，若 $0 \leq \lambda < \mu \leq 1$，则 R_μ 所分出的每一个类必是 R_λ 所分出的子类。

例如 U 上的模糊关系 R 的矩阵为

$$\boldsymbol{R} = \begin{bmatrix} 1.0 & 0.4 & 0.8 & 0.5 & 0.5 \\ 0.4 & 1.0 & 0.4 & 0.4 & 0.4 \\ 0.8 & 0.4 & 1.0 & 0.5 & 0.5 \\ 0.5 & 0.4 & 0.5 & 1.0 & 0.6 \\ 0.5 & 0.4 & 0.5 & 0.6 & 1.0 \end{bmatrix}$$

令 $\lambda = 1$，则有

$$\boldsymbol{R}_1 = \begin{bmatrix} 1 & 0 & 0 & 0 & 0 \\ 0 & 1 & 0 & 0 & 0 \\ 0 & 0 & 1 & 0 & 0 \\ 0 & 0 & 0 & 1 & 0 \\ 0 & 0 & 0 & 0 & 1 \end{bmatrix}$$

令 $\lambda = 0.8$，则有

$$\boldsymbol{R}_{0.8} = \begin{bmatrix} 1 & 0 & 1 & 0 & 0 \\ 0 & 1 & 0 & 0 & 0 \\ 1 & 0 & 1 & 0 & 0 \\ 0 & 0 & 0 & 1 & 0 \\ 0 & 0 & 0 & 0 & 1 \end{bmatrix}$$

令 $\lambda = 0.6$，则有

$$\boldsymbol{R}_{0.6} = \begin{bmatrix} 1 & 0 & 1 & 0 & 0 \\ 0 & 1 & 0 & 0 & 0 \\ 1 & 0 & 1 & 0 & 0 \\ 0 & 0 & 0 & 1 & 1 \\ 0 & 0 & 0 & 1 & 1 \end{bmatrix}$$

令 $\lambda = 0.5$，则有

$$\boldsymbol{R}_{0.5} = \begin{bmatrix} 1 & 0 & 1 & 1 & 1 \\ 0 & 1 & 0 & 0 & 0 \\ 1 & 0 & 1 & 1 & 1 \\ 1 & 0 & 1 & 1 & 1 \\ 1 & 0 & 1 & 1 & 1 \end{bmatrix}$$

8.1.5　模糊逻辑推理

模糊集合论的应用，包括控制、辨识等，是基于专家知识采用模糊逻辑语言表示的。模糊逻辑语言是用来表述模糊知识，而模糊知识的推理是指运用已掌握的模糊知识，找出其中蕴含的事实，或者归纳出新的事实，这一过程称为推理。

1. 模糊命题与模糊逻辑

模糊命题是指模糊知识的陈述句，一般用"～"来表示，如 $\underset{\sim}{A}$：他很帅气；$\underset{\sim}{B}$：电流过大。

模糊命题的真值不能用"T"或"F"来说明，与二值逻辑命题相比，模糊命题具有以下特点：

（1）若 $\underset{\sim}{A}$ 的真值为 α，用 $\alpha \in [0,1]$ 来说明模糊命题的真假程度，即 α 作为隶属函数，取

值可以是连续的，也可以是多值的，如"电压偏高"，针对市电，其范围在 220 V～240 V 之间；

（2）若一个模糊命题 A 的真值 α 只能取值为 0 或 1，则该命题称为清晰命题，清晰命题是模糊命题的一个特例；

（3）模糊命题的一般形式可写成 $A:P(x)$ 或 $P_A(x)$，P 是对应于模糊命题 A 所指的该模糊概念所对应的论域 X 中的一个模糊子集，即 $\underset{\sim}{P} \subset X$，在书写中，常将符号"～"省略；

（4）当有 $A:x$ 是 P，若对 $\forall x \in X$，有 $\mu_p(x) \geqslant \alpha$，且 $\alpha \in [0,1]$，则称 $\underset{\sim}{A}$ 为 α 的恒真命题；当 $\alpha=1$ 时，则为清晰恒真命题，这类似于模糊集合中的截集概念；

（5）模糊命题类似于二值逻辑命题，同样可进行各种逻辑运算。

模糊逻辑是建立在模糊集合和二值逻辑概念基础上的一类特殊的多值逻辑，是二值逻辑的模糊化。二值逻辑是阈值逻辑，而模糊逻辑是在 $[0,1]$ 内的连续值逻辑。二值逻辑用布尔函数进行运算，而模糊逻辑是用摩根代数——软代数进行运算。

一个集合 L，若在其中定义了"$\vee$"（折取）、"$\wedge$"（合取）两种运算，且满足幂等律、结合律、交换律和吸收率，则称 L 为一个格，且是完备格，写成 $(L, \vee, \wedge)$。也就是说，对于 $\forall x,y \in L$，若有幂等律：$x \vee x=x$，$x \wedge x=x$；交换律：$x \wedge y=y \wedge x$，$x \vee y=y \vee x$；结合律：$(x \wedge y) \wedge w=x \wedge (y \wedge w)$，$(x \vee y) \vee w=x \vee (y \vee w)$；吸收律：$x \wedge (x \vee y)=x$，$x \vee (x \wedge y)=x$，则有一个完备格 $(L, \wedge, \vee)$。若 L 满足分配律：$x \vee (y \wedge w)=(x \vee y) \wedge (x \vee w)$ 和 $x \wedge (y \vee w)=(x \wedge y) \vee (x \wedge w)$，则称 L 为一个分配格。若完备格 L 具有最大元 1 和最小元 0，且满足 $x \vee 1=x$；$x \wedge 0=0$，$x \vee y=1$；$x \wedge y=0$，则称 y 为 x 的一个补元，即 $y=\bar{x}$。具有补元的分配格称为有补分配格，在有补分配格中进行的代数运算即为布尔代数，记为 $(L, \wedge, \vee, c)$，又称为布尔格。在布尔格中，补元 $y=\bar{x}$ 是唯一的，且满足还原律 $(\bar{\bar{x}}=x)$；互补律 $((x \vee \bar{x})=1$，$(x \wedge \bar{x})=0)$；对偶律，也称摩根律 $(\overline{x \wedge y}=\bar{x} \vee \bar{y}$，$\overline{x \vee y}=\bar{x} \wedge \bar{y})$。若在有补分配格（布尔格）中，不满足互补律，其他逻辑运算不变，同时满足对 $\forall x \in L$，有以下关系成立：$x \vee \bar{x} \neq 1 \Rightarrow x \vee \bar{x}=\max(x,1-x)$ 和 $x \wedge \bar{x} \neq 0 \Rightarrow x \wedge \bar{x}=\min(x,1-x)$，则称 L 为摩根格。

在模糊命题中，其真值的变量 x，即 $\mu_p(x)$ 的大小，称为模糊变量。对 x 施以某种逻辑运算的数学关系则称为模糊逻辑函数，这一运算用逻辑代式表示，遵循软代数规则。

在数学意义上，将模糊逻辑函数通过代数运算关系的映射称为模糊逻辑公式。设 $\forall x \in [0,1]$，模糊变量的集合为 $\{x_1,x_2,\cdots,x_n\}$，定义映射 $F:[0,1]^n \rightarrow [0,1]$，其中 $[0,1]^n$ 表示由 n 个模糊变量组成的 F 映射，其结果是在 $[0,1]$ 范围内来确定其值为真的程度。一般情况下，模糊逻辑公式可简写成 $f(x_1,x_2,\cdots,x_n)$，全体 f 的集合为 $\underset{\sim}{f}$。每个公式 f 都有一个运算结果，即为真值，记作 $T(f)$。真值函数为 $T:F \rightarrow [0,1]$，也就是将每个公式的结果映射到 $[0,1]$ 上。

设 $f=f(x_1,x_2,\cdots,x_n)$ 是模糊逻辑公式，则有 $0,1,x_i(i=1,2,\cdots,n) \in F$ 也是模糊逻辑公式。如果 f_1 和 f_2 是公式，则有 $f_1 \vee f_2$，$f_1 \wedge f_2$，$\overline{f_1}$，$\overline{f_2}$ 也是公式，且有下述关系成立：

$$T(\bar{f})=1-T(f)$$
$$T(f_1+f_2)=\max(T(f_1),T(f_2))$$
$$T(f_1 \circ f_2)=\min(T(f_1),T(f_2))$$

$$T(f_1 \rightarrow f_2) = \min(1, 1 - T(f_1) + T(f_2))$$

若 $f(x)$ 对于变量 x 所有的赋值都有 $T(f) \geqslant 0.5$，则称 f 为模糊恒真，或具有相容性；反之，对所有赋值都有 $T(f) < 0.5$，则称 $T(f)$ 为模糊恒假，或具有不相容性。实际上的 $f(x)$ 可能是既不恒真也不恒假，也可以是恒真或恒假。

2. 模糊逻辑函数的范式

将命题变项目及其否定的总称称为范式。由有限个文字构成的析取式叫简单析取式，如 p，$\neg q$，$p \vee \neg q$，$p \vee q \vee r$。一个简单析取式为重言式，且它同时含有一个命题变项及它的否定。由有限个文字构成的合取式叫简单合取式，如 p，$\neg q$，$p \wedge \neg q$，$p \wedge q \wedge r$。一个简单和取式为矛盾式，且它同时含有一个命题变项及它的否定。由有限个简单合取式组成的析取式称为析取范式，如 $A_1 \vee A_2 \vee \cdots \vee A_r$，其中的 $A_1, A_2, \cdots, A_r$ 是简单合取式。由有限个简单析取式组成的合取式称为合取范式，如 $A_1 \wedge A_2 \wedge \cdots \wedge A_r$，其中的 $A_1, A_2, \cdots, A_r$ 是简单析取式。

需要注意的是，在析取范式和合取范式中，没有联结词 $\rightarrow$，$\leftrightarrow$；联结词 $\neg$ 也只会出现在原子命题前面；析取范式是合取式的析取式，同样，合取范式是析取式的合取式。单个文字既是简单析取式，又是简单合取式，对于 $p \wedge \neg q \wedge r$，$\neg p \vee q \vee \neg r$ 等形式的公式，其既是析取范式，又是合取范式。

对于任何的命题公式，都存在着与之等值的析取范式和合取范式，即为范式存在定理。求取公式 A 的范式的步骤，首先，若公式 A 中存在 $\rightarrow$ 和 $\leftrightarrow$，则将其消去；然后内移或消去否定联结词 $\neg$；最后利用分配律，将 $\wedge$ 对 $\vee$ 分配，形成析取范式，将 $\vee$ 对 $\wedge$ 分配，形成合取范式。范式存在定理也具有一定的局限性，这是因为公式的范式虽然存在，但不唯一。

例如：求公式 $A = (p \rightarrow \neg q) \vee \neg r$ 的析取范式与合取范式。

（1）消去 $\rightarrow$，即公式 A 可转化为 $(\neg p \vee \neg q) \vee \neg r$；

（2）利用结合律，将上式转化为 $\neg p \vee \neg q \vee \neg r$，可见，其是由 3 个简单合取式组成的析取式，故其是 A 的析取范式；同时，其也是由一个简单的析取式组成的合取式，故又是 A 的合取范式。

例如：求公式 $B = (p \rightarrow \neg q) \rightarrow r$ 的析取范式与合取范式。

（1）消去第一个 $\rightarrow$，即将 B 转化为 $(\neg p \vee \neg q) \rightarrow r$；

（2）消去第二个 $\rightarrow$，即将上式转化为 $\neg(\neg p \vee \neg q) \vee r$；

（3）利用摩根律将否定号内移，即为 $(p \wedge q) \vee r$，可见其由两个简单的合取式构成，也就是析取范式；

（4）利用分配律，将 $(p \wedge q) \vee r$ 转化为 $(p \vee r) \wedge (q \vee r)$，可见其由两个简单析取式构成，也就是合取范式。

在含有 n 个命题变项的简单合取式中，若每个命题变项均以文字的形式在其中出现且只出现一次，而且第 $i(1 \leqslant i \leqslant n)$ 个文字出现在左起第 i 位上，这样的简单合取式称为极小项，如 $p \wedge \neg q$，$p \wedge \neg q \wedge r$。n 个命题变项会产生 2^n 个极小项，且这 2^n 个极小项均互不等值。若用 m_i 表示第 i 个极小项，其中 i 是该极小项成真赋值的十进制表示，m_i 也称为极小项的名称。由 p，q 两个命题变项形成的极小项如表 8-2 所示，由 p，q，r 三个命题变项形成的极小项如表 8-3 所示。

表 8-2　由 p，q 两个命题变项形成的极小项

公　式	成真赋值	极小项
$\neg p \wedge \neg q$	0　0	m_0
$\neg p \wedge q$	0　1	m_1
$p \wedge \neg q$	1　0	m_2
$p \wedge q$	1　1	m_3

表 8-3　由 p，q，r 三个命题变项形成的极小项

公　式	成真赋值	极小项
$\neg p \wedge \neg q \wedge \neg r$	0　0　0	m_0
$\neg p \wedge \neg q \wedge r$	0　0　1	m_1
$\neg p \wedge q \wedge \neg r$	0　1　0	m_2
$\neg p \wedge q \wedge r$	0　1　1	m_3
$p \wedge \neg q \wedge \neg r$	1　0　0	m_4
$p \wedge \neg q \wedge r$	1　0　1	m_5
$p \wedge q \wedge \neg r$	1　1　0	m_6
$p \wedge q \wedge r$	1　1　1	m_7

　　由极小项构成的析取范式称为主析取范式，例如，当 $n=3$，命题变项为 p，q，r 时，$(\neg p \wedge \neg q \wedge r) \vee (\neg p \wedge q \wedge r) \Leftrightarrow m_1 \vee m_3$ 是主析取范式。任何命题公式都存在着与之等值的主析取范式，并且是唯一的，称为公式的主析取范式存在定理。求取公式的主析取范式一般用等值演算法来进行，其步骤如下：首先，求取析取范式；然后，将不是极小项的简单合取式转化成与之等值的若干个极小项的析取，可使用同一律、分配律、等幂律等；最后，将极小项用名称 m_i 来表示，按角标从小到大的顺序进行排序。

　　例如，求公式 $(p \rightarrow \neg q) \rightarrow r$ 的主析取范式。

　　(1) 求析取范式：$(p \rightarrow \neg q) \rightarrow r \Leftrightarrow (p \wedge q) \vee r$；

　　(2) 将不是极小项的 $(p \wedge q)$ 和 r 转化成与之等值的若干个极小项的析取，则针对 $(p \wedge q)$，有 $(p \wedge q) \Leftrightarrow (p \wedge q) \wedge (\neg r \vee r) \Leftrightarrow (p \wedge q \wedge \neg r) \vee (p \wedge q \wedge r) \Leftrightarrow m_6 \vee m_7$，针对 r，有 $r \Leftrightarrow (\neg p \vee p) \wedge (\neg q \vee q) \wedge r \Leftrightarrow (\neg p \wedge \neg q \wedge r) \vee (\neg p \wedge q \wedge r) \vee (p \wedge \neg q \wedge r) \vee (p \wedge q \wedge r) \Leftrightarrow m_1 \vee m_3 \vee m_5 \vee m_7$；

　　(3) 对极小项进行排序：$(p \rightarrow \neg q) \rightarrow r \Leftrightarrow m_1 \vee m_3 \vee m_5 \vee m_6 \vee m_7$ 即为公式的主析取范式。

　　主析取范式的作用有以下几点：其一，与真值表相同，可以求取公式的成真赋值和成假赋值，例如 $(p \rightarrow \neg q) \rightarrow r \Leftrightarrow m_1 \vee m_3 \vee m_5 \vee m_6 \vee m_7$，其成真赋值为 001,011,101,110,111，其余的赋值 000,010,100 为成假赋值；其二，可用来判断公式的类型，设 A 含有 n 个命题变项，则有 A 为重言式 $\Leftrightarrow A$ 的主析取范式含 2^n 个极小项，A 为矛盾式 $\Leftrightarrow A$ 的主析取范式为 0，A 为非重言式的可满足式 $\Leftrightarrow A$ 的主析取范式中至少含一个但不含全部极小项；其三，可用来判断两个公式是否为等值，如判断 $p \rightarrow (q \rightarrow r)$ 与 $(p \wedge q) \rightarrow r$ 是否等值，对于前一个公式的主析取范式有 $p \rightarrow (q \rightarrow r) \Leftrightarrow m_0 \vee m_1 \vee m_2 \vee m_3 \vee m_4 \vee m_5 \vee m_7$，对于后一个公式的主析取范式有 $(p \wedge q) \rightarrow$

$r \Leftrightarrow m_0 \vee m_1 \vee m_2 \vee m_3 \vee m_4 \vee m_5 \vee m_7$，可见两个公式的主析取范式相同，则两公式等值。

利用主析取范式可分析和解决一些实际问题，如指派问题，现要从 A、B、C 三人中指派一些人去完成某项任务，指派必须满足下述条件：(1)若 A 去，则 C 也可以去；(2)若 B 去，则 C 不能去；(3)若 C 不去，则 A 或 B 可以去。针对此类问题，首先可将简单命题符号化；然后列写出各复合命题；接着列写出由上述复合命题所组成的合取式；最后求取上述步骤所得公式的主析取范式。具体解答过程如下所示：

(1) 设 p：指派 A 去，q：指派 B 去，r：指派 C 去；

(2) 各复合命题分别为：$p \to r$，$q \to \neg r$，$\neg r \to (p \vee q)$；

(3) 由上述复合命题组成的合取式为：$A = (p \to r) \wedge (q \to \neg r) \wedge (\neg r \to (p \vee q))$；

(4) 求主析取范式：$A \Leftrightarrow (\neg p \wedge \neg q \wedge r) \vee (\neg p \wedge q \wedge \neg r) \vee (p \wedge \neg q \wedge r) \Leftrightarrow \sum (1,2,5)$。

由得到的主析取范式可知，A 的成真赋值为 $001,010,101$，因此方案有以下三种，C 去，而 A 和 B 不去；B 去，而 A 和 C 不去；A 和 C 去，而 B 不去。

在含有 n 个命题变项的简单析取式中，若每个命题变项均以文字的形式在其中出现且只出现一次，而且第 $i(1 \leq i \leq n)$ 个文字出现在左起第 i 位上，这样的简单析取式称为极大项。对于 n 个命题变项，会产生 2^n 个极大项，且互不等值。常用 M_i 表示第 i 个极大项，其中 i 是该极大项成假赋值的十进制表示，M_i 称为极大项的名称。由 p,q 两个命题变项形成的极大项如表 8-4 所示，由 p,q,r 三个命题变项形成的极大项如表 8-5 所示。

表 8-4 由 p,q 两个命题变项形成的极大项

公　式	成假赋值	极大项
$p \vee q$	0 0	M_0
$p \vee \neg q$	0 1	M_1
$\neg p \vee q$	1 0	M_2
$\neg p \vee \neg q$	1 1	M_3

表 8-5 由 p,q,r 三个命题变项形成的极大项

公　式	成真赋值	极小项
$p \vee q \vee r$	0 0 0	M_0
$p \vee q \vee \neg r$	0 0 1	M_1
$p \vee \neg q \vee r$	0 1 0	M_2
$p \vee \neg q \vee \neg r$	0 1 1	M_3
$\neg p \vee q \vee r$	1 0 0	M_4
$\neg p \vee q \vee \neg r$	1 0 1	M_5
$\neg p \vee \neg q \vee r$	1 1 0	M_6
$\neg p \vee \neg q \vee \neg r$	1 1 1	M_7

将极小项与极大项进行比较，如表 8-6 和表 8-7 所示。

表 8-6　由 p, q 两个命题变项形成的极小项与极大项

极　小　项			极　大　项		
公式	成真赋值	名称	公式	成假赋值	名称
$\neg p \wedge \neg q$	0 0	m_0	$p \vee q$	0 0	M_0
$\neg p \wedge q$	0 1	m_1	$p \vee \neg q$	0 1	M_1
$p \wedge \neg q$	1 0	m_2	$\neg p \vee q$	1 0	M_2
$p \wedge q$	1 1	m_3	$\neg p \vee \neg q$	1 1	M_3

表 8-7　由 p, q, r 三个命题变项形成的极小项与极大项

极　小　项			极　大　项		
公式	成真赋值	名称	公式	成假赋值	名称
$\neg p \wedge \neg q \wedge \neg r$	0 0 0	m_0	$p \vee q \vee r$	0 0 0	M_0
$\neg p \wedge \neg q \wedge r$	0 0 1	m_1	$p \vee q \vee \neg r$	0 0 1	M_1
$\neg p \wedge q \wedge \neg r$	0 1 0	m_2	$p \vee \neg q \vee r$	0 1 0	M_2
$\neg p \wedge q \wedge r$	0 1 1	m_3	$p \vee \neg q \vee \neg r$	0 1 1	M_3
$p \wedge \neg q \wedge \neg r$	1 0 0	m_4	$\neg p \vee q \vee r$	1 0 0	M_4
$p \wedge \neg q \wedge r$	1 0 1	m_5	$\neg p \vee q \vee \neg r$	1 0 1	M_5
$p \wedge q \wedge \neg r$	1 1 0	m_6	$\neg p \vee \neg q \vee r$	1 1 0	M_6
$p \wedge q \wedge r$	1 1 1	m_7	$\neg p \vee \neg q \vee \neg r$	1 1 1	M_7

　　由表中的对比可知，极小项 m_i 与极大项 M_i 的关系为：$\neg m_i \Leftrightarrow M_i$，$\neg M_i \Leftrightarrow m_i$。

　　由极大项构成的合取范式称为主合取范式，如当 $n=3$，命题变项为 p, q, r 时，$(p \vee q \vee \neg r) \wedge (\neg p \vee q \vee \neg r) \Leftrightarrow M_1 \wedge M_5$ 是主合取范式。求取主合取范式的方法包括等值演算法主析取范式利用法、真值表法。等值演算法的步骤包括：① 求合取范式；② 将不是极大项的简单析取式转化为与之等值的若干个极大项的合取，可利用零律、同一律、分配律等；③ 将极大项用名称 M_i 来表示，并按照角标从小到大的顺序进行排序。

　　例如，求公式 $(p \to \neg q) \to r$ 的主合取范式。

$$(p \to \neg q) \to r \Leftrightarrow (p \vee r) \wedge (q \vee r)$$
$$p \vee r \Leftrightarrow p \vee (q \wedge \neg q) \vee r$$
$$\Leftrightarrow (p \vee q \vee r) \wedge (p \vee \neg q \vee r)$$
$$\Leftrightarrow M_0 \wedge M_2$$
$$q \vee r \Leftrightarrow (p \wedge \neg p) \vee q \vee r$$
$$\Leftrightarrow (p \vee q \vee r) \wedge (\neg p \vee q \vee r)$$
$$\Leftrightarrow M_0 \wedge M_4$$

则有 $(p \to \neg q) \to r \Leftrightarrow M_0 \wedge M_2 \wedge M_4$，即为主合取范式。

　　利用公式的主析取范式求公式的主合取范式。例如，如果 $A \Leftrightarrow m_0 \vee m_3 \vee m_5 \vee m_7$，则可知 A 的成真赋值为 $000, 011, 101, 111$；成假赋值为 $001, 010, 100, 110$。因此可得到 A 的主合取范式为 $A \Leftrightarrow M_1 \wedge M_2 \wedge M_4 \wedge M_6$。

利用真值表，找出公式的成假赋值，也可求得公式的主合取范式。

3. 模糊逻辑语言

在模糊控制中，知识是用模糊逻辑语言来进行表述。凡是含有模糊概念的语言称为模糊语言，用符号系统来描述。模糊语言分为自然语言和形式语言两大类，自然语言具有模糊性；形式语言一般为二值逻辑语言，如计算机语言。

语言变量可用一个五元组 $(x,T(x),U,G,M)$ 来表征，其中 x 为变量名称；$T(x)$ 为 x 的术语集合，即 x 语言取值名称的集合，其中 x 的每一个语言取值都对应一个在 U 上的模糊集合；U 是论域；G 为 x 语言取值的语法规则；M 为解释 x 每个语言取值的语义规则。若一个变量能够用普通语言中的词（如大、小、快、慢等）来取值，则该变量就定义为语言变量。所用的词往往是模糊集合的标识词。另外，一个语言变量的取值既可以为词也可以为数据。

模糊逻辑语言的表述仿照集合概念，设"单词"的论域为 X，"模糊的单词"是 X 上的一个模糊子集 A，单词通过"或""与""非"构成词组，例如[黑外套]＝[黑色]∧[外套]；[非机动车]＝[机动]∧[汽车]。

在单词或词组的前面加上一些前缀词，可构成不同性质的词组，这些前缀称为语言算子，常用的算子有语气算子、模糊算子和判定化算子三种。语气算子是表达语言中对某一单词或词组的确定性程度的描述，如"很""非常""十分"等等。

设 A 为论域 X 的一个模糊子集，则有如下式所示的关系式成立：

$$A(x)\subset X \text{ 或 } A\in F(x) \tag{8-29}$$

则有 $H_\lambda A(x)\triangleq[A(x)]^\lambda$ 或简写成 $H_\lambda A\triangleq A^\lambda$。其中，$H_\lambda$ 称为语气算子；λ 为正实数，相当于"水平"。当 $\lambda>1$ 时，表现为强化（集中）作用；当 $\lambda<1$ 时，表现为淡化（扩展）作用。一般做以下设定：若 $H_{5/4}$ 为"相当"，则有 $A^{5/4}$；若 $H_{3/4}$ 为"比较"，则有 $A^{3/4}$；若 H_2 为"很"，则有 A^2；若 $H_{1/2}$ 为"略"，则有 $A^{1/2}$；若 H_4 为"极"，则有 A^4；若 $H_{1/4}$ 为"微"，则有 $A^{1/4}$。A 是说明某事物的语句，加上 H_λ，即可进行相关运算，如集中或扩展。

使清晰概念的词或词组的词义模糊化，称为模糊算子，如"大概""近似"等等。对已模糊的概念，加上模糊算子后，可改变其模糊程度。若用 F 表示模糊算子，有如下式所示的关系式成立：

$$FA(x)\triangleq(R\circ A)(x)=\bigvee(R\wedge A(x)) \tag{8-30}$$

设 R 为论域 X 上的一个相似关系，一般取为正态分布，如式 8-31 所示。

$$R(x,x_0)=\begin{cases}e^{-(x-x_0)^2/\delta^2}, & |x-x_0|<\delta \\ 0, & |x-x_0|\geqslant\delta\end{cases} \tag{8-31}$$

A 是一个确定子集，在 $x=x_0$ 时，有 $A(x_0)=1$，加上模糊算子 $(R\circ A)$ 后，在一个区间 x_0 内，有"大约"的模糊程度。若 δ 越大，则模糊化程度也就越大，如果原来已经是模糊化的，则改变 δ 的同时也会改变其模糊程度。

对一个模糊集 A，乘上一个判定算子，可求出其"倾向性"。判定算子与模糊算子构成一对对偶关系，可表示为 $P_\alpha:F(x)\to F'(x),A\to P_\alpha(A),\alpha\in[0,1/2]$，其中的 P 为判定算子，是定义在 $[0,1]$ 区间上的实函数，其表达式如下式所示：

$$P_\alpha(A(x)) = \begin{cases} 0 & A(x) \leqslant \alpha \\ \dfrac{1}{2}, & \alpha \leqslant A(x) \leqslant 1-\alpha \left(0 < \alpha < \dfrac{1}{2}\right) \\ 1, & A(x) \geqslant 1-\alpha \end{cases} \tag{8-32}$$

当 $\alpha = \dfrac{1}{2}$ 时，即 $P_{\frac{1}{2}}$ 表示[倾向]。

当语言用符号表示后，均可以成为实数域 R 或其子集为论域的一个子集，以进行计算。如在论域 $X = [1,2,\cdots,10]$ 上，定义以下语言：

$$[大]: \frac{0.2}{4} + \frac{0.4}{5} + \frac{0.6}{6} + \frac{0.8}{7} + \frac{1}{8} + \frac{1}{9} + \frac{1}{10}$$

$$[小]: \frac{1}{1} + \frac{0.8}{2} + \frac{0.6}{3} + \frac{0.4}{4} + \frac{0.1}{5}$$

$$[倾向大] = P_{\frac{1}{2}}[大] = \frac{1}{6} + \frac{1}{7} + \frac{1}{8} + \frac{1}{9} + \frac{1}{10}$$

$$[倾向小] = P_{\frac{1}{2}}[小] = \frac{1}{1} + \frac{1}{2} + \frac{1}{3}$$

$$[不大不小] = \overline{[大]} \wedge \overline{[小]} = \overline{[大 \vee 小]}$$

$$= \overline{\frac{1}{1} + \frac{0.8}{2} + \frac{0.6}{3} + \frac{0.2 \vee 0.4}{4} + \frac{0.4 \vee 0.1}{5} + \frac{0.6}{6} + \frac{0.8}{7} + \frac{1}{8} + \frac{1}{9} + \frac{1}{10}}$$

$$= \frac{0.2}{2} + \frac{0.4}{3} + \frac{0.6}{4} + \frac{0.6}{5} + \frac{0.4}{6} + \frac{0.2}{7}$$

将语言当成模糊数，且模糊数可进行四则运算，运算结果仍是模糊数。设有两个模糊数 x，y，则有 $x * y = z(*: +, -, \times, \div)$ 也是模糊数，且有 $\mu_{x*y} = \bigvee\limits_{z=x*y} (\mu(x) \wedge \mu(y))$。例如，有模糊数 x 和 y，分别有 $x = \dfrac{1}{1} + \dfrac{0.6}{2} + \dfrac{0.4}{3}$，$y = \dfrac{0.4}{2} + \dfrac{0.6}{3} + \dfrac{1}{4}$，可求得：

$$x + y = \frac{1 \wedge 0.4}{1+2} + \frac{1 \wedge 0.6}{1+3} + \frac{1 \wedge 1}{1+4} + \frac{0.6 \wedge 0.4}{2+2} + \frac{0.6 \wedge 0.6}{2+3} + \frac{0.6 \wedge 1}{2+4}$$

$$+ \frac{0.4 \wedge 0.4}{3+2} + \frac{0.4 \wedge 0.6}{3+3} + \frac{0.4 \wedge 1}{3+4}$$

$$= \frac{0.4}{3} + \frac{0.6}{4} + \frac{1}{5} + \frac{0.4}{4} + \frac{0.6}{5} + \frac{0.6}{6} + \frac{0.4}{5} + \frac{0.4}{6} + \frac{0.4}{7}$$

$$= \frac{0.4}{3} + \frac{0.6}{4} + \frac{1}{5} + \frac{0.6}{6} + \frac{0.4}{7}$$

语言变量是指以自然或人工语言中的"字"或"句"作为变量。当语言变量取为模糊集合时，则称为模糊语言变量。模糊语言变量与模糊变量相比，其是一个级别更高的变量，具有句法规则和语义规则。模糊逻辑函数 $F(x_1, x_2, \cdots, x_n)$ 中的 x_i 即为模糊变量，或称为"字"。

一个完整的模糊语言变量可定义为一个五元体，即一个五维数组，可简写成如下式所示的形式：

$$(x, T(x), U, G, M) \tag{8-33}$$

其中：x 为语言变量；$T(x)$ 为语言变量语言值名称的集合；U 为论域；G 为语言规则，说明一个完整的语句形式；M 为语义规则，说明语句所在论域的范围。

4. 模糊推理

利用已知模糊逻辑与模糊语言知识，可对事件进行判断推理，这种推理即为模糊推理。被研究对象具有或不具有某种属性，对其进行判断，结果分别为肯定（T）或否定（F）。对各种事物进行分析、综合，最后做出决策时，通常是由已知事实和条件知识出发，通过运用已掌握的知识，找出其中蕴含的事实，或归纳出新的事实，该过程称之为推理，其是按照某种策略由已知判断推出另一判断的思维过程。

模糊推理的方式分为演绎、归纳和默认。演绎推理是由全称判断推导出特殊判断的过程，即由一般知识推出适合于某一具体情况的结论。演绎过程不会产生新的知识，结论不会与已知前提矛盾，常采用三段式来完成。归纳推理是从足够多的事例中，归纳出一般性结论，可分为完全归纳和不完全归纳。完全归纳是一种必然性的推理，如 A 同学的各课成绩均为优良→A 是好学生，就是一种完全归纳；A 同学的大部分课程成绩为优良→A 是好学生，就是一种不完全归纳。归纳可以产生新的知识。默认推理，也称为缺省推理，是在知识不完全的情况下，假设某些条件已经具备而进行的推理。如 A 条件已确定成立，但没有充足的条件证明 B 条件不成立，则默认 B 条件也成立，并可在此条件下进行推理。若在推理过程中，某一刻发现默认不正确，则取消该默认，重新按新的情况进行推理。默认的定义式可表述为：当且仅当没有新事实证明 A 不成立时，B 总是成立。例如 A 是教师，则 A 具备教育教学技能，且已获得教师资格证书。

模糊推理的分类包括第一种分类、第二种分类、第三种分类和其他分类。第一种分类的依据是其是否具有确定性，可分为确定性分类和不确定性分类。第二种分类的依据是其单调性，可分为单调推理和非单调推理。单调推理是指从推理过程到结论是呈单调增加的方式；非单调推理是指从推理过程到结论呈非单调增加的方式，多用在知识不完全的情况下，如当新知识加入时，发现原来的假设不成立，则进行删除和增加知识等，默认推理就是一种非单调推理。第三种分类的依据是其是否具有启发性，可分为启发性推理和非启发性推理。启发性知识是指与推理有关，能加快推理求解进程或求得最优解的知识，如在评选三好学生时，先淘汰学习成绩差、有过违纪行为的同学。与启发性推理相对应的就是非启发性推理。除此之外，还有其他划分方法，如基于知识的推理、基于统计的推理、基于直觉的推理等。

演绎推理是一种经典逻辑推理。作为不确定性推理的模糊逻辑推理是直接由经典逻辑的演绎推理延伸而来的。演绎推理可分为归结演绎、与/或演绎和自然演绎。对于归结演绎，如对于前提 A 及结论 B，要证明 $A{\rightarrow}B$ 成立，称为证明 $A{\rightarrow}B$ 永真，但直接证明 $A{\rightarrow}B$ 较困难。因为 $A{\rightarrow}B=\overline{A}\vee B$，则有 $\overline{A{\rightarrow}B}=A\wedge\overline{B}$，因此，归结演绎要证明 $A{\rightarrow}B$ 成立，是通过证明 $A\wedge\overline{B}$ 不成立来实现的。整个证明过程是以鲁滨逊归结原理为依据，是一个归结过程，故称之为归结演绎，可作为"定理证明"的一种推理方法。与/或演绎是将 $A{\rightarrow}B=\overline{A}\vee B$ 写成与/或的形式，即给出的问题只有用"$\vee$"和"$\wedge$"关系表示成的一些简单的词句，并以树状结构来描述的与/或关系，称为与/或树。与/或树其实是将问题写成合取范式的一种树状表示，再根据一定的规则，通过与/或树，利用"匹配"的概念推导出求证的目标。其中的"匹配"是指按照一定的控制策略，从规则库中选取规则与数据库中的已知事实进行匹配比较，若一致或近似一致，则匹配成功。若匹配成功的规则不止一条，则采用冲突裁决处理，如排序优先等。自然演绎一般对一阶谓词给出问题，再给出推理过程。如一阶谓词公式，即判断句，一般的命题基本上都是判断句，其定义式为：$A=\{a(x)="T",x\in X\}$；$\overline{A}=\{a(x)="F",x\in X\}$，其中 a 是一个清晰概念的词或词组，A 是 a 的集合。例如 $X=[1,2,\cdots,9,10]$，$x=1$，$a=$ 小，则有 $A=\{(a)\to x$ 恒真，$x\in X\}$，其中"1"是 A 的恒真，"1"是 $\overline{A}$ 的恒假。

自然演绎的推理是用推理句来表述的，有假言推理、拒取式推理、直言演绎推理、三段论式推理等方法。假言推理是直接运用经典逻辑的推理规则推出结论的过程，即从命题 A 的真假，由蕴含 $A\to B$ 来推断 B 的真假，可表示为：$A,A\to B\Rightarrow B$。例如输电线 L 的保护动作为 A，线路故障为 B，若线路的保护动作，则说明线路故障为 $A\to B$。现有 $A\Rightarrow T(A$ 为真)，即保护动作，说明线路发生故障，符合上述的关系式。拒取式推理是指由 $A\to B$ 为真而 B 为假，则推出 A 为假，可表示为：$A\to B,\overline{B}\Rightarrow\overline{A}$。例如天下雨表示为 A，则地上湿表示为 B，现地上不湿($\overline{B}$)，故天未下雨($\overline{A}$)。若肯定 B，并不能因此肯定 A，即地上湿(B 为"T")，并不一定说明天下雨(A 不一定为"T")。直言演绎推理表示为：若前件 x 是 a，则后件 x 是 b，可写成$[(a)\to(b)](x)$。例如在论域$[1,2,\cdots,10]$中，若 x 为 1，则 x 是小，可写成$[1\to$ 小$](x)$。与拒取式类似，若后件 b 为真，不一定表示前件 a 为真，对应上例，若 x 为小，则 x 为 1 就不一定成立。例如若 x 是本科生，则 x 是学生，这是全真的，而 x 是学生，则 x 是本科生这一个直言推理就不一定成立。$[(a)\to(b)](x)$ 以子集的形式表示，可写成 $A(x)\to B(x)$，则有如下推理关系式：$A(x)\to B(x)\Rightarrow\overline{A(x)}\vee B(x)=\overline{A}\vee B$，则上例的直言演绎推理 x 不是本科生但是学生，可用文字表示为：研究生$(x)\to$生$(x)\Rightarrow\overline{研究生(x)}\vee$学生$(x)$。三段论式推理是最常用的演绎推理方法，是指以一般原则(第一判断)为大前提，特定条件为小前提，由此作出结论的推理，其表示形式为：$[(a)\to(b)](x)$恒真，即 $a(x)\to b(x)$ 为大前提；且有(b)对(c)为真，有 $b(x)\to c(x)$ 为小前提；则(a)对(c)为真，则 $a(x)\to c(x)$ 为结论。三段论式的叙述可以说成是：因为……所以……；现……因此……。上述的三段式是以直言推理形式为大前提，还可以以假言推理形式为大前提，小前提是直言判断句(令有……)，由此推出结论(故……)，其形式为：假言(大前提)：$A\to B$；直言判断(小前提)：A_1；结论：$A_1,A\to B\Rightarrow B_1$。标准的三段论式也可写成：$(A\to B)\wedge(B\to C)\Rightarrow A\to C$。

当清晰判断和推理语句的真假用隶属度来说明时，称为模糊推理句。模糊推理句的形式与清晰语句是相似的，但推理结论得到的是"真"的程度。如用直言推理表示：若今天(x)下雨(a)，则今天比较凉快(b)，其语句表示为：$((a)\to(b))(x)$，但若想表示"比较凉快"，则是模糊的含义，应用隶属函数来说明。

模糊推理句的真值有两种定义。第一种定义是，$(a)\to(b)$ 对 x 的真值为 R_1，则有下述关系：$R_1=T((a)\to(b))(x)=\overline{(A-B)}(x)=\overline{A}\cup B=(1-A(x))\vee B(x)$，模糊推理句的真值就是隶属函数，故有 $R_1=(1-A(x))\vee B(x)$。当已知 $A(x)$ 和 $B(x)$ 的隶属度曲线，可求出推理句的真值曲线。第二种定义是，$(a)\to(b)$ 对 x 的真值为 R_2，则有下述相应关系式成立：$R_2=T((a)\to(b))(x)=(1-A(x))\vee(A(x)\wedge B(x))$，即若 A 且 B，否则不是 A。不论 R_1 和 R_2 的真值如何定义，当 $T((a)\to(b))(x)>0.5$ 时，称$(a)\to(b)$为偏真；反之，则称为偏假。另外，R_1 和 R_2 均是单个论域中的推理句。

上述给出的是在单论域(X)中的推理句，即$[(a)\to(b)](x)$均在 X 域内，也就是前提条件与结论均在同一论。实际上，一些复杂语言的推理句很多时候是条件在一个论域，而结论却在另一个论域，即(X,Y)。此时，进行模糊推理要应用模糊关系来表示模糊条件句，推理与判断过程则转化为对隶属函数的合成（。）及其运算。

广义取式推理是一种对前提的肯定。如作为大前提的前提 1：x 是 A'，这也是一种假言推理。作为小前提的前提 2：如果 x 是 A，同时 y 是 B，这也是一种直言推理。结论：y 是 B'。其中的 A'、A、B' 和 B 均为模糊集合，x 和 y 为语言变量。广义拒式推理是一种对结论的肯定。如作为大前提的前提 1：y 是 B'，这也是一种假言推理。作为小前提的前提 2：如果 x 是 A，同时 y 是 B，这也是一种直言推理。结论：x 是 A'。其中的 A'，A，B' 和 B 均为模糊集合，x 和 y 为语言变量。

设 A 和 B 分别为定义在 U 和 V 上的模糊集合，则由 $A{\rightarrow}B$ 所表示的定义在 $U{\times}V$ 上的一个特殊的模糊关系称为模糊蕴涵，其隶属函数的相关定义如下：

模糊与：$\mu_{A{\rightarrow}B}(\mu,v)=T(\mu_A(\mu),\mu_B(v))$

模糊或：$\mu_{A{\rightarrow}B}(\mu,v)=S(\mu_A(\mu),\mu_B(v))$

实质蕴涵：$\mu_{A{\rightarrow}B}(\mu,v)=S(\mu_{\overline{A}}(\mu),\mu_B(v))$

命题演算：$\mu_{A{\rightarrow}B}(\mu,v)=S(\mu_{\overline{A}}(\mu),\mu_{A{\cap}B}(v))$

一个模糊蕴涵可以理解为这样一条"if-then"规则：if x is A, then y is B，其中 $x{\in}U$，$y{\in}V$，x 和 y 均为语言变量。

上述的广义取式推理可用如下的模糊蕴涵的形式表示：

$$\mu_{A{\rightarrow}B}(\mu,v)=\vee\{c{\in}[0,1]|T(c,\mu_A(\mu)){\leqslant}\mu_B(v)\} \qquad (8-34)$$

上述的广义拒式推理可用如下的模糊蕴涵的形式表示：

$$\mu_{A{\rightarrow}B}(\mu,v)=\wedge\{c{\in}[0,1]|S(c,\mu_A(v)){\leqslant}\mu_B(\mu)\} \qquad (8-35)$$

对于结论的求取与单域(X)的求取式不相同。对于此处的"若 A 则 B"的隶属函数定义为如下的形式：

$$\mu_{A{\rightarrow}B}(x,y)=[\mu_A(x)\wedge\mu_B(y)]\vee[1-\mu_A(x)] \qquad (8-36)$$

例如：设 $x=y=[1,2,3,4,5]$，有

$$[大]=\frac{0.7}{4}+\frac{1}{5}$$

$$[小]=\frac{1}{1}+\frac{0.7}{2}$$

$$[较小]=\frac{1}{1}+\frac{0.6}{2}+\frac{0.3}{3}$$

若 x 小则 y 大，现 x 较小，则 $y=$？

[若 x 小则 y 大]：$[A{\rightarrow}B](x,y)=([小]_x\wedge[大]_y)\vee(1-[小]_x)=\boldsymbol{R}$

对于矩阵 $\boldsymbol{R}$ 中的元素，利用 $\mu_{小{\rightarrow}大}(x,y)=[\mu_小(x)\wedge\mu_大(y)]\vee[1-\mu_小(\boldsymbol{x})]$ 进行求解，则有

$$\mu_{小{\rightarrow}大}(1,1)=[\mu_小(1)\wedge\mu_大(1)]\vee[1-\mu_小(1)]=(1\wedge0)\vee(1-1)=0$$

$$\mu_{小{\rightarrow}大}(2,1)=[\mu_小(2)\wedge\mu_大(1)]\vee[1-\mu_小(2)]=(0.7\wedge0)\vee(1-0.7)=0.3$$

$$\cdots\cdots$$

$$\mu_{小{\rightarrow}大}(2,4)=[\mu_小(2)\wedge\mu_大(4)]\vee[1-\mu_小(2)]=(0.7\wedge0.7)\vee(1-0.7)=0.7$$

则可得矩阵 $\boldsymbol{R}$ 为

$$R = \begin{bmatrix} 0 & 0 & 0 & 0.7 & 1 \\ 0.3 & 0.3 & 0.3 & 0.7 & 0.7 \\ 1 & 1 & 1 & 1 & 1 \\ 1 & 1 & 1 & 1 & 1 \\ 1 & 1 & 1 & 1 & 1 \end{bmatrix}$$

现 x 为较小，求 B_1：A_1 为较小。

$$B_1 = A_1 \circ (A \rightarrow B) = A_1 \circ R = [1, 0.6, 0.3, 0, 0] \circ [R]$$

按照"先小后大"的规则：

$$b_{ij} = \bigvee_k [a_{ik}, b_{kj}] \Rightarrow B_1 = [0.3, 0.3, 0.3, 0.7, 1]$$

这是一个"较大"的概念，故可得

$$\mu_{较大}(y) = \frac{0.3}{1} + \frac{0.3}{2} + \frac{0.3}{3} + \frac{0.7}{4} + \frac{1}{5}$$

模糊条件推理句是一种应用较广的推理语句，其句型为：若 a 则 b，或不是 a 则 c，其表达式如下：

$$(a(x) \rightarrow b(y)) \vee (\overline{a(x)} \rightarrow c(y)) \tag{8-37}$$

其命题形式为：$(A \rightarrow B) \vee (\overline{A} \rightarrow C)$，这是一个 $X \times Y$（直积）上的模糊关系 R。其中 R 上的元素为：$\mu_{(A \rightarrow B) \vee (\overline{A} \rightarrow C)}(x, y) = [\mu_A(x) \wedge \mu_B(x)] \vee [(1 - \mu_A(x)) \wedge \mu_C(y)]$。当有小前提 A_1 时，有结论：

$$B_1 = A_1 \circ [(A \rightarrow B) \vee (\overline{A} \rightarrow C)] = A_1 \circ R$$

例如一个模糊控制炉温的过程，其控制规则为：如果炉温 (x) 低 (A)，则外加电压 (y) 应高 (B)。如果炉温不低，则电压不很高 (C)。现状态是：如果炉温很低 (A_1)，外加电压 (B_1) 应如何调节？

设调控的电压范围取离散值为 340V、360V、380V、400V、420V；调控温度为 96℃、98℃、100℃、102℃、104℃。$X = \{x\}$ 为炉温，$Y = \{y\}$ 为电压。其论域 $X = Y = [1, 2, 3, 4, 5]$，分别对应上述炉温和电压。则对各种公式的设定为

$$A = [炉温低] = \frac{1}{1} + \frac{0.8}{2} + \frac{0.6}{3} + \frac{0.4}{4} + \frac{0.2}{5}$$

$$\overline{A} = [炉温不低] = 1 - A = \frac{1-1}{1} + \frac{1-0.8}{2} + \frac{1-0.6}{3} + \frac{1-0.4}{4} + \frac{1-0.2}{5}$$

$$= \frac{0}{1} + \frac{0.2}{2} + \frac{0.4}{3} + \frac{0.6}{4} + \frac{0.8}{5}$$

$$B = [外加电压高] = \frac{0.2}{1} + \frac{0.4}{2} + \frac{0.6}{3} + \frac{0.8}{4} + \frac{1}{5}$$

$$C = [电压不很高] = 1 - B^2 = \frac{1-0.2^2}{1} + \frac{1-0.4^2}{2} + \frac{1-0.6^2}{3} + \frac{1-0.8^2}{4} + \frac{1-1^2}{5}$$

$$= \frac{0.96}{1} + \frac{0.84}{2} + \frac{0.64}{3} + \frac{0.36}{4} + \frac{0}{5}$$

$$A_1 = [炉温很低] = A^2 = \frac{1^2}{1} + \frac{0.8^2}{2} + \frac{0.6^2}{3} + \frac{0.4^2}{4} + \frac{0.2^2}{5}$$

$$= \frac{1}{1} + \frac{0.64}{2} + \frac{0.36}{3} + \frac{0.16}{4} + \frac{0.04}{5}$$

模糊关系 $R=(A \rightarrow B) \vee (\overline{A} \rightarrow C) \Rightarrow A \times B + \overline{A} \times C = R_1 + R_2$，也就是[（温度低×电压高）＋（温度不低×电压不很高）]，则有如下的表达式：

$$\mu_{ij}(x,y)=[\mu_A(x_i) \wedge \mu_B(y_j)] \vee [(1-\mu_A(x_i)) \wedge \mu_C(y_j)] \tag{8-38}$$

对应所给的 μ 值，可得 $\boldsymbol{R}$ 为

$$\boldsymbol{R}=\boldsymbol{R}_1+\boldsymbol{R}_2=\begin{bmatrix} 0.2 & 0.4 & 0.6 & 0.8 & 1 \\ 0.2 & 0.4 & 0.6 & 0.8 & 0.8 \\ 0.2 & 0.4 & 0.6 & 0.6 & 0.6 \\ 0.2 & 0.4 & 0.4 & 0.4 & 0.4 \\ 0.2 & 0.2 & 0.2 & 0.2 & 0.2 \end{bmatrix}+\begin{bmatrix} 0 & 0 & 0 & 0 & 0 \\ 0.2 & 0.2 & 0.2 & 0.2 & 0.2 \\ 0.4 & 0.4 & 0.4 & 0.36 & 0 \\ 0.6 & 0.6 & 0.6 & 0.36 & 0 \\ 0.8 & 0.8 & 0.64 & 0.36 & 0 \end{bmatrix}$$

$$=\begin{bmatrix} 0.2 & 0.4 & 0.6 & 0.8 & 1 \\ 0.2 & 0.4 & 0.6 & 0.8 & 0.8 \\ 0.4 & 0.4 & 0.6 & 0.6 & 0.6 \\ 0.6 & 0.6 & 0.6 & 0.4 & 0.4 \\ 0.8 & 0.8 & 0.64 & 0.36 & 0.2 \end{bmatrix}$$

其中 $\mu_{ij}(x,y)$ 为

$$\mu_{ij}(1,1)=[1 \wedge 0.2] \vee [(1-1) \wedge 0.96]=0.2 \vee 0=0.2$$

$$\mu_{ij}(1,2)=[1 \wedge 0.4] \vee [(1-1) \wedge 0.84]=0.4 \vee 0=0.4$$

$$\cdots$$

$$\mu_{ij}(3,2)=[0.6 \wedge 0.4] \vee [(1-0.6) \wedge 0.84]=0.4 \vee 4=0.4$$

$$\cdots$$

现炉温很低，则应有电压

$$B_1=A_1 \circ R=(1,0.64,0.36,0.16,0.04) \circ R$$
$$=(0.36,0.4,0.6,0.8,1)=（电压很高）$$

其中：

$$\mu_{B_1}(1)=(1 \wedge 0.2) \vee (0.64 \wedge 0.2) \vee (0.36 \wedge 0.4) \vee (0.16 \wedge 0.6) \vee (0.04 \wedge 0.8)$$
$$=0.36$$

当实际问题条件更多时，设有

$$A_1 \rightarrow B_1；A_2 \rightarrow B_2；\cdots；A_n \rightarrow B_n$$

则模糊关系 R 如下式所示：

$$R=(A_1 \times B_1)+(A_2 \times B_2)+\cdots+(A_n \times B_n)=R_1+R_2+\cdots+R_n \tag{8-39}$$

当输入为 A_k 时，有 $B_k=A_k \circ R$。

8.2　模糊逻辑控制理论

8.2.1　模糊逻辑控制概述

模糊控制是用模糊数学的知识模仿人脑的思维方式，对模糊现象进行识别和判决，给出精确的控制量，对被控对象进行控制，是以模糊集合论、模糊语言变量和模糊逻辑控制推理为基础的一种计算机数字控制技术。对于明确的系统，传统的控制理论对其有较强的

控制能力，但对于过于复杂或难以精确描述的系统，则可采用模糊控制理论来处理。与经典控制理论和现代控制理论相比，模糊控制的主要特点是无须建立对象的精确模型。1973年，美国的 L. A. Zadeh 最早给出了模糊逻辑控制的定义和相关的定理；1974 年，英国的E. H. Mamdani 首次根据模糊逻辑控制语句组成模糊逻辑控制器，并将其应用在锅炉和蒸汽机控制领域，也标志着模糊控制论的诞生。

操作人员根据对象的当前状态和以往的控制经验，用手动控制的方法给出适当的控制量，对被控对象进行控制，称为手动控制。用计算机模拟操作人员手动控制的经验，对被控对象进行控制，称为经验控制。模糊控制是首先根据操作人员手动控制的经验，总结出一套完整的控制规则，再根据系统当前的运行状态，经过模糊推理、模糊判决等运算，求出控制量，实现对被控对象的控制。

模糊控制是智能控制的一个十分活跃的研究与应用领域。一方面，模糊控制提出一种新的机制用于实现基于知识(规则)甚至语义描述的控制规律；另一方面，模糊控制为非线性控制器提出了一个比较容易的设计方法，尤其是当受控装置(对象或过程)含有不确定性而且很难用常规非线性控制理论处理时更加有效。

在人参与的实际控制系统中，有些有经验的操作人员，即使不通过被控对象的数学模型和自动控制原理，仍旧能够凭借经验采取相应的决策，以完成控制功能，如维修工程师对设备故障的检测，车间操作人员对机床的控制等等。模糊控制系统的工作和人机控制系统一样，但其操作者为模糊控制器。模糊控制器将根据输入信息进行模糊决策，输出一个模糊量，然后将其精确化并作用于被控对象。模糊控制系统由模糊控制器、输入输出接口、执行机构、被控对象和传感器组成。其中，模糊控制器是整个控制系统的核心部分，是一种采用基于知识表和规则推理的语言型控制器，可实现模糊量化处理、模糊推理(决策)和非模糊化处理。

模糊控制器的控制规则是由计算机程序实现，计算机通过采样获取被控制量的精确值，然后将此量与给定值比较得到误差信号 e，再将误差信号作为模糊控制器的输入量，把误差信号 e 的精确量进行模糊化变成模糊量，可用相应的模糊语言表示，至此得到了误差 e 的模糊语言集合的一个子集 E，即为模糊向量，再由 E 和模糊控制规则 R，也就是模糊关系，根据推理合成规则进行决策，得到模糊控制量 U，$U=E\circ R$。U 是一个模糊量，为了对被控对象实施精确的控制，还需将模糊量 U 转换为精确量 μ，即非模糊化处理。得到精确数字量后，经数模转换变为精确的模拟量转送给执行机构，对被控对象进行第一步控制。然后进行第二次采样，完成第二步的控制。如此循环下去，最终实现对被控对象的模糊逻辑控制。模糊逻辑控制系统的原理框图如图 8-1 所示。

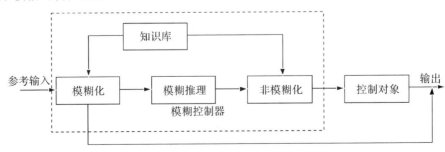

图 8-1 模糊逻辑控制系统原理框图

8.2.2 模糊逻辑控制系统

模糊控制适用于具有模糊环境且难以进行数学建模的控制系统，而模糊控制器的设计则依赖于基于专家知识的模糊推理规则库。我们把模糊推理施加于被控对象，然后利用模糊逻辑系统的插值机理将既得的模糊推理规则库转变为某种变系数非线性微分方程，称为HX方程，从而得到控制系统的数学模型，这样的建模方法称为模糊推理建模法。该种建模方法不局限于控制系统，还适用于一般系统的建模。

模糊控制器的组成框图如图8-2所示，由图可知，对于模糊逻辑控制，必须要解决的三个问题是精确量的模糊化、模糊控制规则的构成和输出信息的模糊判决。

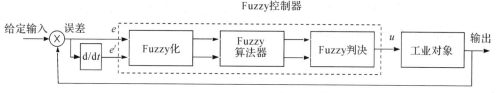

图 8-2　Fuzzy 控制器的组成框图

模糊控制器的设计包括：确定输入输出变量；控制规则设计；模糊化与去模糊化处理；选择输入输出变量的论域并确定量化因子和比例因子等参数；编制应用程序及系统的软硬件实现；采样时间的合理选择。

模糊控制器的结构设计是指确定模糊控制器的输入变量和输出变量，输入变量称为控制量，输出变量称为被控制量。具有一个输入变量和一个输出变量的系统叫单变量系统；具有多个输入或输出变量的系统叫多变量系统。模糊控制系统是将一个被控制量（通常为输入量）的偏差、偏差变化及偏差变化的变化率作为模糊控制器的输入。从形式上看，输入量是三个，但由于输入量均与偏差有着直接关系，故称为单变量模糊控制系统。模糊控制器按照输入量维数的不同，可分为一维模糊控制器、二维模糊控制器、三维模糊控制器等，如图8-3、图8-4和图8-5所示。

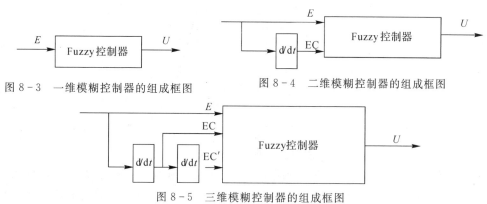

图 8-3　一维模糊控制器的组成框图　　　　图 8-4　二维模糊控制器的组成框图

图 8-5　三维模糊控制器的组成框图

控制规则是模糊逻辑控制器的核心，它的正确与否直接影响到控制器的性能，其数目的多少也是衡量控制器性能的一个重要因素。控制规则的设计是设计模糊逻辑控制器的关键，一般包括3部分的设计内容：选择描述输入和输出变量的词集；定义各模糊变量的模糊子集；建立模糊逻辑控制器的控制规则。

首先是选择描述输入和输出变量的词集。模糊逻辑控制器的控制规则表现为一组模糊条件语句，在条件语句中描述输入—输出变量状态的一些词汇，如"正大""负小"等的集合，则称为这些变量的词集，也称变量的模糊状态。若选择较多的词汇描述输入、输出变量，可以使制定控制规则更加方便，但控制规则也相应变得复杂；若选择的词汇过少，则使得描述变量变得粗糙，导致控制器的性能变坏。在一般情况下，我们会选择 7 个词汇，但也可以根据实际系统的需要选择 3 个或 5 个语言变量。针对被控对象，改善模糊逻辑控制结果的目的之一是尽量减小稳态误差。另外，人们总是习惯于把事物分为"大、中、小"或"快、中、慢"三级，再加上正负两个方向。因此，对应于控制器输入输出误差采用的词集为：{负大，负中，负小，零，正大，正中，正小}，对应的英文字头缩写为：{NB,NM,NS,O,PS,PM,PB}。

然后是定义各模糊变量的模糊子集。定义一个模糊子集，实际上就是要确定模糊子集隶属函数曲线的形状。将确定的隶属函数曲线离散化，就得到了有限个点上的隶属度，即构成了一个相应的模糊变量的模糊子集。

例如设

$$X=\{-6,-5,-4,-3,-2,-1,0,1,2,3,4,5,6\}$$

则有

$$\mu_A(2)=\mu_A(6)=0.2, \ \mu_A(3)=\mu_A(5)=0.7, \ \mu_A(4)=1$$

可得

$$A=\frac{0.2}{2}+\frac{0.7}{3}+\frac{1}{4}+\frac{0.7}{5}+\frac{0.2}{6}$$

其隶属函数曲线如图 8-6 所示。

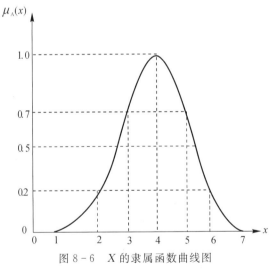

图 8-6　X 的隶属函数曲线图

理论研究显示，在众多隶属函数曲线中，用正态型模糊变量来描述人进行控制活动时的模糊概念是适宜的。但在实际的工程中，机器对于正态型分布的模糊变量的运算是相当复杂和缓慢的，而三角形分布的模糊变量的运算简单、迅速。因此，控制系统的众多控制器一般采用计算相对简单、控制效果迅速的三角形分布。

最后是建立模糊逻辑控制器的控制规则。模糊逻辑控制器的控制规则是基于手动控制策略，而手动控制策略又是人们通过学习、试验以及长期经验积累而逐渐形成的，存储在操作者头脑中的一种技术知识集合。

手动控制过程一般是通过对被控对象(过程)的一些观测,操作者再根据已有的经验和技术知识进行综合分析并做出控制决策,调整加到被控对象的控制作用,从而使系统达到预期的目标。手动控制的作用同自动控制系统中的控制器的作用是基本相同的,所不同的是,手动控制决策是基于操作系统经验和技术知识,而控制器的控制决策是基于某种控制算法的数值运算。利用模糊集合理论和语言变量的概念,可以把利用语言归纳的手动控制策略上升为数值运算,于是可以采用微机来完成这个任务,以代替人的手动控制,实现模糊自动控制。

手动控制策略一般可用条件语句加以描述。常见的模糊控制语句及其对应的模糊关系 R 可概括如下:

(1) 若 A 则 B(if A then B): $R = A \times B$。例如:若水温偏低则加大热水流量。

(2) 若 A 则 B,否则 C(if A then B else C): $R = (A \times B) \bigcup (\bar{A} \times C)$。例如:若水温高则加些冷水,否则加些热水。

(3) 若 A 且 B 则 C(if A and B then C): $R = (A \times B) \bigcap (B \times C)$。或者若 A 则若 B 则 C(if A and B then C): $R = A \times (B \times C) = A \times B \times C$。例如:若水温偏低且温度继续下降,则加大热水流量。

(4) 若 A 或 B 且 C 或 D 则 E(if A or B and C or D then E): $R = [(A \bigcup B) \times E] \bigcap [(C \bigcup D) \times E]$。例如:若水温高或偏高且温度继续上升快或较快,则加大冷水流量。

(5) 若 A 则 B 且若 A 则 C(if A then B and if A then C): $R = (A \times B) \bigcap (A \times C)$ 或者若 A 则 B、C(if A then B, C)。例如:若水温已到,则停止加冷水、停止加热水。

(6) 若 A_1 则 B_1 或若 A_2 则 B_2(if A_1 then B_1 or if A_2 then B_2): $R = (A_1 \times B_1) \bigcup (A_2 \times B_2)$。例如:若水温偏低则加大热水流量或若水温偏高则加大冷水流量。或:若 A_1 则 B_1 否则若 A_2 则 B_2(if A_1 then B_1 else if A_2 then B_2)。

这里,以手动操作控制水温为例,给出一类模糊控制规则。设温度的偏差为 E、温度偏差的变化率为 EC,热水流量的变化为 U。选取 E 和 U 的语言变量的词集如下:

$$\{\text{NB, NM, NS, NO, PO, PS, PM, PB}\} \tag{8-40}$$

选取 EC 的语言变量的词集如下:

$$\{\text{NB, NM, NS, O, PS, PM, PB}\} \tag{8-41}$$

将操作过程中各种可能出现的情况和相应的控制策略汇总如表8-8所示。

表 8-8　模糊控制规则表

U		EC						
		NB	NM	NS	O	PS	PM	PB
E	NB	PB	PB	PB	PB	PM	O	O
	NM	PB	PB	PB	PB	PM	O	O
	NS	PM	PM	PM	PM	O	NS	NS
	NO	PM	PM	PS	O	NS	NM	NM
	PO	PM	PM	PS	O	NS	NM	NM
	PS	PS	PS	O	NM	NM	NM	NM
	PM	O	O	NM	NB	NB	NB	NB
	PB	O	O	NM	NM	NB	NB	NB

选取控制量变化的原则是当误差大或者较大时，以尽快消除误差为主；当误差较小时，要注意防止超调，以系统稳定性为主。

8.2.3 精确量和模糊量的相互转换

将精确量转化为模糊量的过程称为模糊化，或模糊量化。系统中变量的变化范围叫变量的基本论域。如把在$[-6,+6]$变化的连续量分为七个档，每个档次对应一个模糊集；否则，每个精确量对应一个模糊集，将有无穷多个模糊子集，使模糊化复杂。

设变量x的基本论域为$[a,b]$，可通过如下变换式：

$$y=\frac{12}{b-a}\left(x-\frac{a+b}{2}\right) \tag{8-42}$$

将$[a,b]$间变化的变量x转化为$[-6,+6]$之间变量y。

再将其离散化为$(-n,-n+1,\cdots,0,\cdots,n-1,n)$档，$(-n,\cdots,n)$称为模糊集的论域。取模糊变量的语言值，如{负大，负中，负小，零，正小，正中，正大}，每个值对应一个模糊子集，缩写为{NB，NM，NS，O，PS，PM，PB}，离散化的模糊变量表如表8-9所示。

表8-9 离散化的模糊变量表

语言变量值	隶　　属　　度												
	-6	-5	-4	-3	-2	-1	0	1	2	3	4	5	6
PB	0	0	0	0	0	0	0	0	0	0.1	0.4	0.8	1.0
PM	0	0	0	0	0	0	0	0	0.2	0.7	1.0	0.7	0.2
PS	0	0	0	0	0	0	0	0.9	1.0	0.7	0.2	0	0
O	0	0	0	0	0	0.5	1.0	0.5	0	0	0	0	0
NS	0	0	0.2	0.7	1.0	0.9	0	0	0	0	0	0	0
NM	0.2	0.7	1.0	0.7	0.2	0	0	0	0	0	0	0	0
NB	1.0	0.8	0.4	0.1	0	0	0	0	0	0	0	0	0

精确量的模糊化，实际上是找出该模糊量隶属于某个模糊子集的隶属函数值。

模糊控制器的输出是一个模糊子集，它包含控制量的各种信息，反映控制语言的不同取值的一种组合。当被控对象只能接受一个确切的控制量，要进行模糊判决，将模糊量转化为精确量，称为清晰化、去模糊化、模糊判决，通常有三种方法：

(1) 最大隶属度法。设$U=\{u_1,u_2,\cdots,u_m\}$，则取u'，使得：$\mu_U(u')\geqslant\mu_U(u)$，$u\in U$，若$U$中有$p$个最大点：$u'_1\leqslant u'_2\leqslant\cdots\leqslant u'_p$，则取$[u'_1,u'_p]$的中点$(u'_1+u'_p)/2$作为判决结果。该方法的优点是简单易行，缺点是概括的信息量较少。这就要求控制器算法应能保证其结果是正规的凸Fuzzy子集。

例如：当$U=\frac{0.1}{2}+\frac{0.4}{3}+\frac{0.7}{4}+\frac{1.0}{5}+\frac{0.7}{6}+\frac{0.3}{7}$时，按最大隶属度的原则，应取执行量$u'=5$；若有

$$U=\left[\frac{0.3}{-4}\right]+\left[\frac{0.8}{-3}\right]+\left[\frac{1}{-2}\right]+\left[\frac{1}{-1}\right]+\left[\frac{0.8}{0}\right]+\left[\frac{0.3}{1}\right]+\left[\frac{0.1}{2}\right]$$

则按中点值法取$u_{\max}=\frac{-3}{2}=-1.5$。

（2）中位数判决法。将隶属函数曲线与横坐标所围成的面积平分成两部分的横坐标值作为执行量 u'。u' 应满足如下的关系式：

$$\sum_{u_{\min}}^{u'} \mu_U(u) = \sum_{u'}^{u_{\max}} \mu_U(u) \qquad (8-43)$$

例如：

$$U_1 = \frac{0}{-7} + \frac{0}{-6} + \frac{0}{-5} + \frac{0}{-4} + \frac{0.5}{-3} + \frac{0.7}{-2} + \frac{0}{-1} + \frac{0}{0} + \frac{0}{1} + \frac{0.3}{2} + \frac{0.5}{3} + \frac{0.7}{4} + \frac{1}{5} + \frac{0.7}{6} + \frac{0.2}{7}$$

$$S = 0.5 + 0.7 + 0.3 + 0.5 + 0.7 + 1 + 0.7 + 0.2 = 4.6$$

$$S/2 = 2.3$$

将 S 分成相等的两部分的点 δ^* 落在 $+3$ 和 $+4$ 之间，经过插值计算可得

$$\Delta u = \frac{0.3}{0.7} = 0.43$$

因此，有

$$u' = 3 + 0.43 = 3.43$$

该方法虽然能够概括出更多的信息，但主要信息并没有突出。

（3）加权平均判决法。使用该方法的关键在于权系数 k_i 的选取。当权系数 $k_i(i=1,2,\cdots,m)$ 已确定时，模糊量的判决输出为如下的表达式：

$$u' = \frac{\sum_{i=1}^{m} k_i u_i}{\sum_{i=1}^{m} k_i} \qquad (8-44)$$

为简便起见，取隶属度为加权系数，作为加权平均判决输出，如下式：

$$u' = \frac{\sum_{i=1}^{m} \mu_U(u_i) u_i}{\sum_{i=1}^{m} \mu_U(u_i)} \qquad (8-45)$$

如上例中的模糊输出 U_1 若采用加权平均输出，则 u 如下式：

$$u' = \frac{\sum_{i=1}^{15} \mu_{U_1}(u_i) u_i}{\sum_{i=1}^{15} \mu_{U_1}(u_i)} = \frac{12.6}{4.6} = 2.74 \qquad (8-46)$$

8.2.4　论域、量化因子、比例因子的选取

将模糊控制器输入、输出变量的实际变化范围称为变量的基本论域，基本论域内的量称为精确量。设误差的基本论域表示为 $[-x_e, x_e]$，其所取的模糊子集的论域表示为 $[-n, -n+1, \cdots, 0, \cdots, n-1, n]$。设误差变化率的基本论域表示为 $[-x_{e'}, x_{e'}]$，其所取的模糊子集的论域为 $[-m, -m+1, \cdots, 0, \cdots, m-1, m]$。设控制量的基本论域为 $[-y_u, y_u]$，其所取的模糊子集的论域为 $[-l, -l+1, \cdots, 0, \cdots, l-1, l]$。

对于论域的选择，一般误差论域 $n \geqslant 6$，误差变化论域 $m \geqslant 6$，控制量的论域 $I \geqslant 7$。模糊论域中所含元素的个数需满足为模糊语言词集总数的两倍以上，以确保模糊集较好地覆盖论域，

避免出现失控的现象。增加论域中的元素个数，可提高控制精度，但同时也会增大计算量。

为了进行模糊化处理，必须将输入变量从基本论域转换到相应的模糊集论域，这中间须将输入变化量乘以相应的量化因子。误差的量化因子定义为 $K_e = n/x_e$，误差变化率的量化因子定义为 $K_{e'} = m/x_{e'}$。在一般情况下，K_e 和 $K_{e'}$ 均远大于 1。输出控制量的比例因子定义为 $K_u = y_u/l$，则实际控制输出量为 $y_{ui} = K_u/l_j$。

量化因子和比例因子的大小及不同量化因子之间大小的相对关系对控制性能影响极大。合理的确定量化因子和比例因子要考虑计算机的字长，并充分考虑与模/数和数/模转换精度的协调。若 K_e 较大，则超调也大，过渡过程较长；若 $K_{e'}$ 较大，则超调越小，但响应速度变慢；若 K_u 过小，则过渡过程较长；若 K_u 过大，则振荡加剧。相应的变化情况如表 8-10 和表 8-11 所示。

表 8-10 　　$K_{e'} = 150$ 不变，K_e 变化对控制性能的影响

序号	量化因子 K_e	超调量 σ（%）	响应时间 t_s/s
1	12	0	6.25
2	15	1.0	6.75
3	20	3.9	8.75
4	30	4.6	9
5	60	5.3	10

表 8-11 　　$K_e = 12$ 不变，$K_{e'}$ 变化对控制性能的影响

序号	量化因子 $K_{e'}$	超调量 σ（%）	响应时间 t_s/s
1	67	11	8.75
2	75	9	8.25
3	85	8.3	8
4	150	0	6.25

8.3　模糊控制器的结构和设计

模糊控制器的基本结构通常由模糊化接口、规则库、模糊推理和清晰化接口四部分组成，如图 8-7 所示。

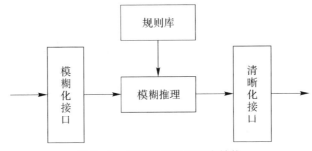

图 8-7　模糊控制器的基本结构

8.3.1 模糊化接口

模糊化就是通过在控制器的输入、输出论域上定义语言变量,将精确的输入、输出值转换为模糊的语言值。模糊化接口的设计步骤事实上就是定义语言变量的过程,可分为以下步骤:

(1) 语言变量的确定。

针对模糊控制器的每个输入、输出空间,各自定义一个语言变量。通过取系统的误差值 e 和误差变化率 ec 为模糊控制器的两个输入,在 e 的论域上定义语言变量"误差 E",在 ec 的论域上定义语言变量"误差变化 EC";在控制量 u 的论域上定义语言变量"控制量 U"。

(2) 语言变量论域的设计。

在模糊控制器的设计中,通常把语言变量的论域定义为有限整数的离散论域。例如可以将 E 的论域形式定义为 $\{-m,-m+1,\cdots,-1,0,1,\cdots,m-1,m\}$;可以将 EC 的论域形式定义为 $\{-n,-n+1,\cdots,-1,0,1,\cdots,n-1,n\}$;将 U 的论域形式定义为 $\{-l,-l+1,\cdots,-1,0,1,\cdots,l-1,l\}$。为了提高实时性,模糊控制器常常以控制查询表的形式出现。该表反映了通过模糊控制算法求出的模糊控制器输入量和输出量在给定离散点上的对应关系。为了能方便地产生控制查询表,在模糊控制器的设计中,通常把语言变量的论域定义为有限整数的离散论域。

一般通过引入量化因子 k_e、k_{ec} 和比例因子 k_u 来实现实际的连续域到有限整数离散域的转换,过程如图 8-8 所示。

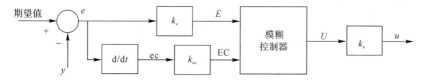

图 8-8 模糊控制器连续域到有限整数离散域的转换

假设在实际中,误差的连续取值范围是 $e=[e_L,e_H]$,e_L 表示低限值,e_H 表示高限值。则有 k_e 的表达式为

$$k_e=\frac{2m}{e_H-e_L} \tag{8-47}$$

同理,假如误差变化率的连续取值范围是 $ec=[ec_L,ec_H]$,控制量的连续取值范围是 $u=[u_L,u_H]$,则量化因子 k_{ec} 和比例因子 k_u 可分别表示为如下所示的形式:

$$\begin{cases} k_{ec}=\dfrac{2n}{ec_H-ec_L} \\ k_u=\dfrac{u_H-u_L}{2l} \end{cases} \tag{8-48}$$

确定了量化因子和比例因子之后,误差 e 和误差变化率 ec 可通过下式转换为模糊控制器的输入 E 和 EC:

$$E=\langle k_e\left(e-\frac{e_H+e_L}{2}\right)\rangle \tag{8-49}$$

$$EC=\langle k_{ec}\left(ec-\frac{ec_H+ec_L}{2}\right)\rangle \tag{8-50}$$

式中,$\langle\ \rangle$ 代表的是取整运算。

模糊控制器的输出 U 可通过下式转换为实际的输出值 u:

$$u = k_u U + \frac{u_{\mathrm{H}} + u_{\mathrm{L}}}{2} \tag{8-51}$$

（3）定义各语言变量的语言值。

通常在语言变量的论域上，可将其划分为有限的几个档级。例如，可将 E，EC 和 U 划分为 {"正大（PB）"，"正中（PM）"，"正小（PS）"，"零（O）"，"负小（NS）"，"负中（NM）"，"负大（NB）"} 七个档级。若档级多，则规则制定越灵活，规则也越细致。但规则多、复杂，导致编制程序困难，占用的内存也较多。若档级少，则规则也越少，规则的实现更加方便，但过少的规则可能会使得控制作用变粗而达不到预期的效果。因此，在选择模糊状态时要兼顾简单性和控制效果。

（4）定义各语言值的隶属函数。

隶属函数主要包括正态分布型、三角型和梯型。其对应的函数表达式分别如下：

$$\mu_{A_i}(x) = \mathrm{e}^{-\frac{(x-a_i)^2}{b_i^2}} \tag{8-52}$$

其中，a_i 为函数的中心值，b_i 为函数的宽度。

$$\mu_{A_i} = \begin{cases} \dfrac{1}{b-a}(x-a), & a \leqslant x < b \\ \dfrac{1}{b-c}(u-c), & b \leqslant x \leqslant c \\ 0, & \text{其他} \end{cases} \tag{8-53}$$

$$\mu_{A_i}(x) = \begin{cases} \dfrac{x-a}{b-a}, & a \leqslant x < b \\ 1, & b \leqslant x \leqslant c \\ \dfrac{d-x}{d-c}, & c \leqslant x \leqslant d \\ 0, & \text{其他} \end{cases} \tag{8-54}$$

隶属函数在确定时需要考虑以下几个问题：

（1）隶属函数曲线形状对控制性能的影响。

当隶属函数曲线形状较尖时，则分辨率较高，输入引起的输出变化比较强烈，控制灵敏度较高。当隶属函数曲线形状较缓时，则分辨率较低，输入引起的输出变化没有那么强烈，控制特性也较为平缓，具有较好的系统稳定性。因而，通常在输入较大的区域内采用低分辨率曲线（形状较缓），在输入较小的区域内采用较高分辨率曲线（形状较尖），当输入接近零则选用高分辨率的曲线（形状尖）。

（2）隶属函数曲线的分布对控制性能的影响。

当相邻两个曲线的交点对应的隶属度值较小时，控制灵敏度较高，但鲁棒性不好；若取值较大时，控制系统的鲁棒性较好，但控制的灵敏度将降低。相邻隶属函数之间的区别必须是明确的，具有清晰性。隶属函数的分布必须覆盖语言变量的整个论域，具有完备性，否则，就会出现"空档"，从而导致失控。

在输入输出空间定义了语言变量，从而可将输入输出的精确值转换为相应的模糊值。具体步骤如下：

第一步，将实际检测的系统误差和误差变化率量化为模糊控制器的输入。假设实际检测的系统误差和误差变化率分别为 e^* 和 ec^*，可以通过量化因子将其量化为模糊控制器的

输入 E^* 和 EC^*，分别如下：

$$E^* = \left\langle k_e \left(e^* - \frac{e_{\mathrm{H}} + e_{\mathrm{L}}}{2} \right) \right\rangle \tag{8-55}$$

$$\mathrm{EC}^* = \left\langle k_{ec} \left(\mathrm{ec}^* - \frac{\mathrm{ec}_{\mathrm{H}} + \mathrm{ec}_{\mathrm{L}}}{2} \right) \right\rangle \tag{8-56}$$

第二步，将模糊控制器的精确输入 E^* 和 EC^* 通过模糊化接口转化为模糊输入 A^* 和 B^*。将 E^* 和 EC^* 所对应的隶属度最大的模糊值当作当前模糊控制器的模糊输入量 A^* 和 B^*。假设 $E^* = -6$，系统误差采用三角形隶属函数来进行模糊化。E^* 属于 NB 的隶属度最大（值为1），则此时，相对应的模糊控制器的模糊输入量为

$$A^* = \mathrm{NB} = \frac{1}{-6} + \frac{0.5}{-5} + \frac{0}{-4} + \frac{0}{-3} + \frac{0}{-2} + \frac{0}{-1} + \frac{0}{0} + \frac{0}{1} + \frac{0}{2} + \frac{0}{3} + \frac{0}{4} + \frac{0}{5} + \frac{0}{6}$$

其隶属函数曲线图如图 8-9 所示。

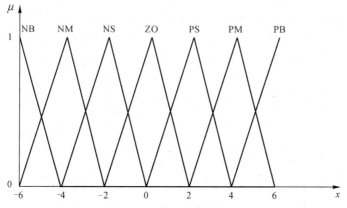

图 8-9 隶属函数曲线图

对于某些输入精确量，有时无法判断其属于哪个模糊值的隶属度最大，例如当 $E^* = -5$ 时，其属于 NB 和 NM 的隶属度一样大。此时有两种方法进行处理：第一种方法是在隶属度最大的模糊值之间任取一个，例如当 $E^* = -5$ 时，$A^* = \mathrm{NB}$ 或 NM；第二种方法是重新定义一个模糊值，该模糊值对于当前输入精确量的隶属度为1，对于其他精确量的隶属度为0，其隶属函数曲线如图 8-10 所示。

$$A^* = \frac{0}{-6} + \frac{1}{-5} + \frac{0}{-4} + \frac{0}{-3} + \frac{0}{-2} + \frac{0}{-1} + \frac{0}{0} + \frac{0}{1} + \frac{0}{2} + \frac{0}{3} + \frac{0}{4} + \frac{0}{5} + \frac{0}{6}$$

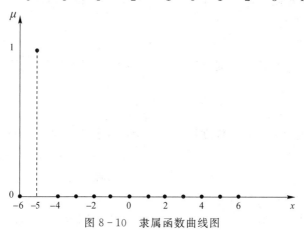

图 8-10 隶属函数曲线图

8.3.2 控制规则库

规则库由若干条控制规则组成，这些控制规则是根据人类控制专家的经验总结得出，按照 IF...is...AND...is...THEN...is... 的形式来表达，如下式所示。

$$R_1: \text{IF } E \text{ is } A_1 \text{ AND EC is } B_1 \text{ THEN } U \text{ is } C_1$$

$$R_2: \text{IF } E \text{ is } A_2 \text{ AND EC is } B_2 \text{ THEN } U \text{ is } C_2$$

$$\cdots$$

$$R_n: \text{IF } E \text{ is } A_n \text{ AND EC is } B_n \text{ THEN } U \text{ is } C_n$$

$$(8-57)$$

式中：E、EC 分别是输入语言变量"误差"和"误差变化率"；U 是输出语言变量"控制量"。A_i、B_i、C_i 是第 i 条规则中与 E、EC、U 相对应的语言值。

规则库也可以用矩阵表的形式进行描述。例如在模糊控制直流电机调速系统中，模糊控制器的输入为 E（转速误差）、EC（转速误差变化率），输出为 U（电机的力矩电流值）。在 E、EC、U 的论域上各定义了 7 个语言子集：{PB,PM,PS,ZO,NS,NM,NB}。对于 E 和 EC 可能的每种取值，进行专家分析和总结后，得到的控制规则如表 8-12 所示。

表 8-12 控制规则表

U		EC						
		NB	NM	NS	Z	PS	PM	PB
E	NB	NB	NB	NB	NB	NM	Z	Z
	NM	NB	NB	NB	NB	NM	Z	Z
	NS	NM	NM	NM	NM	Z	PS	PS
	Z	NM	NM	NS	Z	PS	PM	PM
	PS	NS	NS	Z	PM	PM	PM	PM
	PM	Z	Z	PM	PB	PB	PB	PB
	PB	Z	Z	PM	PB	PB	PB	PB

规则库中第 i 条控制规则：R_i: IF E is A_i AND EC is B_i THEN U is C_i，其蕴涵的模糊关系为

$$R_i = (A_i \times B_i) \times C_i \qquad (8-58)$$

控制规则库中的 n 条规则之间可以看作是"或"，也就是"求并"的关系，则整个规则库蕴涵的模糊关系为

$$R = \bigcup_i R_i \qquad (8-59)$$

模糊控制规则的提取方法在模糊控制器的设计中起着举足轻重的作用，它的优劣直接关系到模糊控制器性能的好坏，是模糊控制器设计中最重要的部分。模糊控制规则的生成有以下几种方法：第一种方法，根据专家经验或过程控制知识生成控制规则。这种方法通过对控制专家的经验进行总结描述来生成特定领域的控制规则原型，并经过反复的实验和修正形成最终的规则库。第二种方法，根据过程的模糊模型生成控制规则。这种方法通过

用模糊语言描述被控过程的输入输出关系来得到过程的模糊模型，进而根据这种关系来得到控制器的控制规则。第三种方法，根据学习算法获取控制规则。运用自适应学习算法，如神经网络、遗传算法等，对控制过程的样本数据进行分析和聚类，生成和在线优化较为完善的控制规则。

模糊控制规则要注意规则数量的合理性、规则的一致性、规则的完备性。控制规则的增加可以增加控制的精度，但会影响系统的实时性；控制规则数量的减少会提高系统的运行速度，但控制的精度又会下降。因此，我们需要在控制精度和实时性之间进行权衡。控制规则的目标准则要相同。不同的规则之间不能出现相互矛盾的控制结果。如果各规则的控制目标不同，就会引起系统的混乱。控制规则应能对系统可能出现的任何一种状态进行控制，否则系统就会出现失控的现象。

8.3.3 模糊推理与清晰化接口

根据模糊输入和规则库中蕴涵的输入输出关系，根据模糊推理方法可得到模糊控制器的输出模糊值，如式(8-60)所示：

$$C^* = (A^* \times B^*) \circ R \tag{8-60}$$

由模糊推理得到的模糊输出值 C^* 是输出论域上的模糊子集，只有其转化为精确控制量 μ，才能施加于对象，实现这种转化的方法叫清晰化或去模糊化。可采用的方法主要有最大隶属度法和加权平均法。

最大隶属度法是把 C^* 中隶属度最大的元素 U^* 作为精确输出控制量，例如：

$$C^* = \frac{0}{-6} + \frac{0.5}{-5} + \frac{1}{-4} + \frac{0.5}{-3} + \frac{0}{-2} + \frac{0}{-1} + \frac{0}{0} + \frac{0}{1} + \frac{0}{2} + \frac{0}{3} + \frac{0}{4} + \frac{0}{5} + \frac{0}{6}$$

式中，元素-4对应的隶属度最大，则根据最大隶属度法得到的精确输出控制量为-4。

若模糊输出量的元素隶属度有几个相同的最大值，则取相应各元素的平均值，并进行四舍五入取整，作为控制量。例如：

$$C^* = \frac{0}{-6} + \frac{0.5}{-5} + \frac{1}{-4} + \frac{1}{-3} + \frac{1}{-2} + \frac{0.5}{-1} + \frac{0}{0} + \frac{0}{1} + \frac{0}{2} + \frac{0}{3} + \frac{0}{4} + \frac{0}{5} + \frac{0}{6}$$

式中，元素-4，-3，-2对应的隶属度均为1，则精确输出控制量为

$$U^* = \frac{(-4)+(-3)+(-2)}{3} = -3$$

加权平均法也称为重心法，该方法是对模糊输出量中各元素及其对应的隶属度求加权平均值，并进行四舍五入取整，来得到精确输出控制量，如下式：

$$U^* = \left\langle \frac{\sum_i \mu_{C^*}(U_i)U_i}{\sum_i \mu_{C^*}(U_i)} \right\rangle \tag{8-61}$$

式中，〈 〉代表四舍五入取整操作。

例如：

$$C^* = \frac{0}{-6} + \frac{0.5}{-5} + \frac{1}{-4} + \frac{1}{-3} + \frac{1}{-2} + \frac{0.5}{-1} + \frac{0}{0} + \frac{0}{1} + \frac{0}{2} + \frac{0}{3} + \frac{0}{4} + \frac{0}{5} + \frac{0}{6}$$

利用加权平均法得到的精确输出控制量为

$$U^* = \left\langle \frac{0.5 \times (-5) + 1 \times (-4) + 1 \times (-3) + 1 \times (-2) + 0.5 \times (-1)}{0.5 + 1 + 1 + 1 + 0.5} \right\rangle$$

清晰化处理后得到的模糊控制器的精确输出量 U^*，经过比例因子可以转化为实际作用于控制对象的控制量，如下式：

$$u^* = k_u \cdot U^* + \frac{u_H + u_L}{2} \tag{8-62}$$

8.3.4 模糊查询表

模糊控制器的工作流程为：

(1) 模糊控制器实时检测系统的误差和误差变换率 e^* 和 ec^*；

(2) 通过量化因子 k_e 和 k_{ec} 将 e^* 和 ec^* 量化为控制器的精确输入 E^* 和 EC^*；

(3) E^* 和 EC^* 通过模糊化接口转化为模糊输入 A^* 和 B^*；

(4) 将 A^* 和 B^* 根据规则库蕴涵的模糊关系进行模糊推理，得到模糊控制输出量 C^*；

(5) 对 C^* 进行清晰化处理，得到控制器的精确输出量 U^*；

(6) 通过比例因子 k_U 将 U^* 转化为实际作用于控制对象的控制量 u^*。

将第(3)～(5)步进行离线计算，对于每一种可能出现的 E 和 EC 取值，计算出相应的输出量 U，并以表格的形式储存在计算机内存中，这样的表格称之为模糊查询表。

例如：若 E，EC 和 U 的论域均为 $\{-6, -5, -4, -3, -2, -1, 0, 1, 2, 3, 4, 5, 6\}$，则生成的模糊查询表如表 8-13 所示。

表 8-13 模 糊 查 询 表

U		EC												
		-6	-5	-4	-3	-2	-1	0	1	2	3	4	5	6
E	-6	-6	-6	-6	-6	-6	-5	-5	-4	-3	-2	0	0	0
	-5	-6	-6	-6	-6	-5	-5	-5	-4	-3	-2	0	0	0
	-4	-6	-6	-6	-5	-5	-5	-5	-3	-3	-2	0	0	0
	-3	-5	-5	-5	-5	-4	-4	-4	-3	-2	-1	1	1	1
	-2	-4	-4	-4	-4	-4	-4	-4	-2	-1	0	2	2	2
	-1	-4	-4	-4	-3	-3	-3	-3	-1	2	2	3	3	3
	0	-4	-4	-4	-3	-3	-1	0	1	3	3	4	4	4
	1	-3	-3	-3	-2	-2	1	3	3	3	3	4	4	4
	2	-2	-2	0	0	1	2	4	4	4	4	4	4	4
	3	-1	-1	0	1	2	3	4	4	4	5	5	5	5
	4	0	0	1	2	3	4	5	5	5	5	6	6	6
	5	0	0	1	2	3	4	5	5	5	6	6	6	6
	6	0	0	1	2	3	4	5	5	6	6	6	6	6

模糊控制器的设计主要包括以下方面：确定模糊控制器的输入变量和输出变量；确定输入、输出的论域和 K_e、K_{ec}、K_u；确定各变量的语言取值及其隶属函数；总结专家控制规则及其蕴涵的模糊关系；选择推理算法；确定清晰化的方法；总结模糊查询表。

8.4　模糊控制的改进

模糊控制在设计时不需要建立被控制对象的数学模型，只要求掌握人类的控制经验，因此系统的鲁棒性强，尤其适用于非线性时变和滞后系统的控制。

但模糊控制也存在着一些缺点：在确立模糊化和逆模糊化的方法时，缺乏系统的方法，主要依靠经验和试凑，总结模糊控制规则有时会比较困难；若控制规则一旦确定，就不能进行在线调整，也不能很好地适应情况的变化；模糊控制器由于不具有积分环节，因而稳态精度不是很高。

针对上述的缺点，需要对模糊控制进行改进。

8.4.1　模糊比例控制器

为了解决模糊控制的离散性对控制质量的影响，在模糊控制查询表的两个离散级之间，插入按偏差量化余数的比例调节，使模糊控制量连续化，如下式：

$$u=\left(k_u U^* +\frac{\mu_H+\mu_L}{2}\right)+k_p \tag{8-63}$$

式中，k_p 为 $k_e e$ 的小数部分。

模糊比例控制器分为并联控制器和串联控制器两种。并联控制器又称为双模控制器，是由模糊控制器和 PI 控制器并联组成的。控制开关在系统误差较大时接通模糊控制器，来克服不确定性因素的影响；在系统误差较小时接通 PI 控制器来消除稳态误差，如图 8-11 所示。

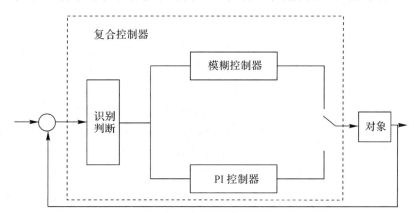

图 8-11　双模控制器

控制开关的控制规则如下式：

$$u=\begin{cases} FC, & |e|>A \\ PI, & |e|\leqslant A \end{cases} \tag{8-64}$$

将模糊控制器与 PI 控制器串接在一起即构成串联控制器，如图 8-12 所示。

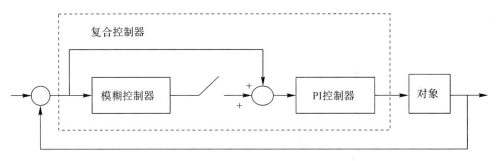

图 8 - 12　串联控制器

当 $|E| \geqslant 1$ 时，系统的误差 e 和模糊控制器的输出 u 的和作为 PI 控制器的输入，克服不确定性因素的影响，且有较强的控制作用；当 $|E| = 0$ 时，模糊控制器输出断开，仅有 e 加到 PI 控制器的输入，以消除稳态误差。

8.4.2　自校正模糊控制

针对普通模糊控制器的参数和控制规则在系统运行时无法在线调整、自适应能力差的缺陷，自校正模糊控制器可以在线修正模糊控制器的参数或控制规则，从而增强模糊控制器的自适应能力，提高控制系统的动静态性能和鲁棒性。自校正模糊控制器通常分为参数自校正模糊控制器和规则自校正模糊控制器。

对于参数自校正模糊控制器，需要研究量化因子 K_e、K_{ec} 和比例因子 K_u 对控制性能的影响。如果 E、EC、U 的论域和控制规则是确定的，那么模糊查询表也是确定的，即 E、EC 和 U 的关系是确定的，这样的关系可用如下所示的函数来表示：

$$\left. \begin{array}{l} U(k) = f[E(k), EC(k)] \\ E(k) = K_e e(k) \\ EC(k) = K_{ec} ec(k) \\ u(k) = K_u U(k) \end{array} \right\} \Rightarrow u(k) = K_u f[K_e e(k), K_{ec} ec(k)] \qquad (8 - 65)$$

在常规模糊控制器中，K_e、K_{ec} 和 K_u 固定，会给系统的控制性能带来一些不利的影响。在误差范围大时不能快速地消除误差，动态响应速度会受到限制；在误差范围小时存在一个调节死区，此时的控制输出为 0，但 e 的实际值可能并非为 0，将会导致系统的轨迹在 0 区附近发生振荡；当被控对象的参数发生变化或受到随机干扰的影响时，控制器不能很好地适应，会影响模糊控制的效果。为使系统性能不断改善，并适应不断变化的情况，以保证控制达到预期要求，需要对 K_e、K_{ec} 和 K_u 进行实时在线调整。

若 e 和 ec 较大，则应尽快消除误差，加快响应速度，此时需要降低 K_e 和 K_{ec}，加大 K_u。这是因为降低 K_e 和 K_{ec} 可以降低对 e 和 ec 输入变化的分辨率，使得 e 和 ec 的减少不至于使控制量减少太多。另外，加大比例因子 K_u 可以获得较大的控制量，使得响应加快。

若 e 和 ec 较小，则系统已经接近稳态，此时应提高系统的精度，并减少超调量。可加大 K_e 和 K_{ec}，同时降低 K_u。这是因为增大 K_e 和 K_{ec} 可以提高对输入变化的分辨率，使得控制器可以对微小的误差做出反应，提高稳态的精度。另外，降低 K_u 可以减小超调量。

根据上述参数自调整的原则和思想，可以设计一个模糊参数调整器，在线地根据误差 e 和误差变化 ec 来调整 K_e、K_{ec} 和 K_u 的取值。在不影响控制效果的前提下，可以取 K_e、K_{ec}

增加的倍数与输出的比例因子 K_u 减小的倍数相同。

对模糊参数调整器的设计，首先需要确定模糊控制器的输入变量和输出变量。该模糊参数调整器的输入与模糊控制器的输入相同，为误差 E 和误差变化 EC；输出为 K_e、K_{ec} 的增加倍数 N，也是 K_u 的减小倍数。

然后需要确定输入及输出的论域、语言取值及其隶属函数。设输入 E、EC 的论域为 E、EC$\in\{-6,-5,\cdots,-1,0,1,\cdots,5,6\}$，语言值定义为 $\{PB,PM,PS,ZO,NS,NM,NB\}$。E 和 EC 的隶属函数分布如图 8-13 所示。

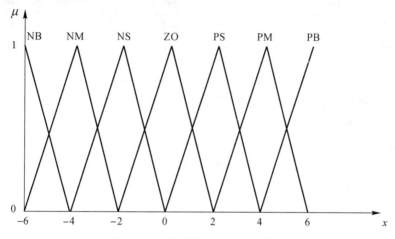

图 8-13 E、EC 的隶属函数分布

将 N 的论域定义为 $\{1/8,1/4,1/2,1,2,4,8\}$；将语言值定义为 $\{CH(高缩)、CM(中缩)、CL(低缩)、OK(不变)、AL(低放)、AM(中放)、AH(高放)\}$。$N$ 的隶属函数分布如图 8-14 所示。

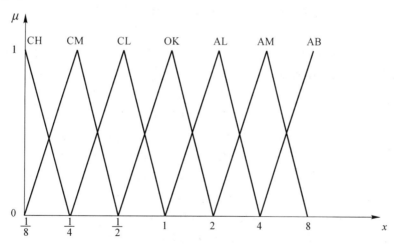

图 8-14 N 的隶属函数分布

接下来总结出专家控制规则及其蕴涵的模糊关系，即 N 的调整规则表如表 8-14 所示。

最后，根据规则表蕴涵的模糊关系，经过模糊推理和清晰化操作，可以总结出相应的模糊参数调整查询表。

表 8 - 14 N 的调整规则表

N		E							
		NB	NM	NS	NZ	PZ	PS	PM	PB
EC	NB	CH	CM	CL	OK	OK	CL	CM	CH
	NM	CM	CL	OK	OK	OK	OK	CL	CM
	NS	CL	OK	OK	AM	AM	OK	OK	CL
	ZO	OK	OK	AL	AH	AH	AL	OK	OK
	PS	CL	OK	OK	AM	AM	OK	OK	CL
	PM	CM	CL	OK	OK	OK	OK	CL	CM
	PB	CH	CM	CL	OK	OK	CL	CM	CH

参数自校正模糊控制器的调整步骤如下：

（1）以原始的 K_e 和 K_{ec} 对 e 和 ec 进行量化得到 E 和 EC；

（2）由 E、EC 通过模糊参数调整查询表得出调整倍数 N；

（3）令 $K_e' = K_e \times N$，$K_{ec}' = K_{ec} \times N$，$K_u' = K_u / N$；

（4）利用调整后的 K_e'、K_{ec}' 对 e 和 ec 重新量化；

（5）用重新量化的 E 和 EC 通过模糊控制表得出控制量 U；

（6）用比例因子 K_u' 乘以 U 得到控制量 u。

除了对参数进行校正外，还可以对规则进行校正，构成规则自校正模糊控制器。模糊控制要有较好的效果，其前提是必须要具备较为完善和合理的控制规则。但控制规则和查询表都是在人工经验的基础上设计出来的，难免带有某些主观因素，使得控制规则往往在某种程度上显得精度不高或不够完善，并且当对象的动态特性发生变化或受到随机干扰时，都会影响到模糊控制的效果。因此，需要对模糊控制规则和查询表进行及时修正。

对于一个二维模糊控制器，当输入变量误差 E、误差变化 EC 和输出控制量 U 的论域等级划分相同时，则其控制查询表可近似归纳为

$$\begin{cases} U = (E + EC)/2, & E \text{ 和 } U \text{ 的极性相同} \\ U = -(E + EC)/2, & E \text{ 和 } U \text{ 的极性相反} \end{cases} \quad (8-66)$$

在上式中引入一个调整因子，则得到一种带有调整因子的控制规则，如下式所示：

$$\begin{cases} U = \langle \alpha E + (1-\alpha)EC \rangle, & E \text{ 和 } U \text{ 的极性相同} \\ U = \langle -[\alpha E + (1-\alpha)EC] \rangle, & E \text{ 和 } U \text{ 的极性相反} \end{cases} \quad (8-67)$$

式中，α 为调整因子或加权因子，其反映了误差 E 和误差变化 EC 对控制输出量 U 的加权程度，通过调整 α 的取值，可以达到改变控制规则的目的。

在实际控制中，模糊控制系统在不同的状态下，对控制规则中的误差 E 与误差变化 EC 的调整程度会有着不同的要求。对二维模糊控制系统来说，当误差较大时，控制系统的主要任务是消除误差，以加快响应速度，即对误差的调整应该大些；当误差较小时，此时系统接近稳态，控制系统的主要任务是使系统尽快稳定，以减小系统的超调，这就要求误差变化在控制规则中的作用要大一些，即对误差变化的调整应该大些。由此，在不同的误差范围内，可以通过对调整因子的改变来实现控制规则的自调整。

对于 α 的调整主要有分段法和函数法。分段法是将误差的取值范围划分为若干段，每一段都对应着一个调整因子 α，α 的取值随误差的增大而增大，如下式所示：

$$\alpha=\begin{cases} \alpha_1, & |E|\leqslant A_1 \\ \alpha_2, & A_2<|E|\leqslant A_2 \\ \vdots \\ \alpha_{n-1}, & A_{n-2}<|E|\leqslant A_{n-1} \\ \alpha_n, & |E|>A_{n-1} \end{cases} \qquad (8-68)$$

式中，调整因子 α 的取值范围是 $0\leqslant\alpha_1\leqslant\alpha_2\leqslant\cdots\leqslant\alpha_n\leqslant1$。

函数法是定义如下式所示的函数 $\mu_G(e)$，并令调整因子 $\alpha=1-\mu_G(e)$。

$$\mu_G(e)=\exp(-ke^2),(k>0) \qquad (8-69)$$

当误差大时，则 α 取值较大，系统能够尽快消除误差；当误差小时，则 α 取值较小，系统能够尽快趋于稳态。即可根据模糊目标的隶属函数来调节 α 的大小，从而达到调整控制规则的目的。

8.4.3　变结构模糊控制

控制系统在实际运行的过程中，往往会在不同的工作状态下运行，那么控制的规则、输入输出的论域均不同。如果在整个工作过程中，仅用一种单一结构的模糊控制器则不能达到良好的控制效果。为此，可将工作过程分为几个状态，对不同的状态分别设计出不同的模糊控制器。系统在运行时，可根据系统误差和误差变化率等状态特征，识别出系统所处的状态，并切换到所需的模糊控制器。变结构模糊控制器的原理如图 8-15 所示。

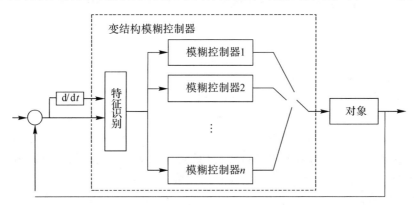

图 8-15　变结构模糊控制器原理图

8.5　算 法 实 例

8.5.1　模糊逻辑控制工具箱

Matlab 模糊逻辑控制工具箱为模糊逻辑控制系统提供了有效的分析和设计手段。一个典型的模糊逻辑控制系统主要由模糊规则、模糊推理算法、输入量的模糊化方法、输出量的去模糊化方法、输入与输出语言变量(语言值及其隶属度函数)组成。利用 Matlab 模糊逻辑控制工具箱构造一个模糊推理系统的过程：首先，建立一个模糊推理系统对应的数据文件，其后缀为".fis"，用于对该模糊系统进行存储、修改和管理；然后确定输入输出语言变量及其语言值；接下来确定各语言值的隶属度函数，包括隶属度函数的类型和参数；然后确定模糊规则；最后确定各种模糊运算的方法，包括模糊推理方法、模糊化与去模糊化方法等。

Matlab 模糊逻辑控制工具箱把模糊推理系统的各部分作为一个整体，并以文件的形式对模糊推理系统进行建立、修改和存储等管理功能。下面将介绍该工具箱提供的有关模糊推理系统管理的函数及其功能。

（1）创建新的模糊推理系统函数 newfis。

newfis 函数用于创建一个新的模糊推理系统，其特征可以由函数的参数指定。其调用格式为：

$$a = newfis(fisName, fisType, andMethod, orMethod, impMethod, aggMethod, defuzzMethod)$$

其中，fisName 是模糊推理系统的名称；fisType 是模糊推理系统的类型；andMethod 是"与运算"操作符；orMethod 是"或运算"操作符；impMethod 是模糊蕴涵方法；aggMethod 是各条规则推理结果的综合方法；defuzzMethod 是去模糊化方法；a 是返回值，即为模糊推理系统对应的矩阵名称。在 Matlab 的内存中，模糊推理系统的数据是以矩阵的形式存储的。

（2）从磁盘中加载模糊推理系统函数 readfis。

readfis 函数用于从磁盘读出存储的模糊推理系统。其调用格式为

$$fismat = readfis('filename')$$

（3）获得模糊推理系统的属性函数 getfis。

利用函数 getfis 可以获取模糊推理系统的部分或全部特性。其调用格式为

$$getfis(a)$$
$$getfis(a, 'fisprop')$$
$$getfis(a, 'vartype', varindex)$$
$$getfis(a, 'vartype', varindex, 'varprop')$$
$$getfis(a, 'vartype', varindex, 'mf', mfindex)$$
$$getfis(a, 'vartype', varindex, 'mf', mfindex, 'mfprop')$$

其中，fisprop 是要设置的 FIS 特性字符串；vartype 是指定语言变量的类型；varprop 是要设置的变量域名字符串；varindex 是指定语言变量的编号；mf 是隶属函数的名称；mfindex 是隶属函数的编号；mfprop 是要设置的隶属函数域名的字符串。

（4）将模糊推理系统以矩阵形式保存在内存中的数据写入磁盘文件函数 writefis。

writefis 函数可以将模糊推理系统的数据写入磁盘文件。其调用格式为

$$writefis(fismat)$$
$$writefis(fismat, 'filename')$$
$$writefis(fismat, 'filename', 'dialog')$$

其中，fismat 为矩阵名称。

（5）以分行的形式显示模糊推理系统矩阵的所有属性函数 showfis。

showfis 函数的调用格式为

$$showfis(fismat)$$

其中，fismat 为模糊推理系统在内存中的矩阵表示。

（6）设置模糊推理系统的属性函数 setfis。

setfis 函数的调用格式为

    a＝setfis(a, ′fispropname′, ′newfisprop′)

    a＝setfis(a, ′vartype′, varindex, ′varpropname′, newvarprop)

    a＝setfis(a, ′vartype′, varindex, ′mf′, mfindex, …, ′mfpropname′, newvarprop)

（7）绘图表示模糊推理系统的函数 plotfis。

plotfis 函数的调用格式为

    plotfis(fismat)

其中，fismat 为模糊推理系统对应的矩阵名称。

（8）将 mamdani 型模糊推理系统转换成 sugeno 型模糊推理系统的函数 mam2sug。函数 mam2sug 可将 mamdani 型模糊推理系统转换成零阶的 sugeno 型模糊推理系统，得到的 sugeno 型模糊推理系统具有常数隶属度函数，其常数值由原来的 mamdani 型系统得到的隶属度函数的质心确定，并且其前件不变。该函数的调用格式为

    sug_fismat＝mam2sug(mam_fismat)

专家的控制知识在模糊推理系统中以模糊规则的形式表示。为了直接反映人类自然语言的模糊性特点，在模糊规则的前件和后件中引入语言变量和语言值的概念。语言变量分为输入语言变量和输出语言变量两种，输入语言变量是对模糊推理系统输入变量的模糊化描述，通常位于模糊规则的前件中。输出语言变量是对模糊推理系统输出变量的模糊化描述，通常位于模糊规则的后件中。语言变量具有多个语言值，每个语言值对应一个隶属度函数。语言值构成了对输入和输出空间的模糊分割，模糊分割的个数即为语言值的个数。另外，语言值对应的隶属度函数也决定了模糊分割的精细化程度。

Matlab 模糊逻辑控制工具箱提供了向模糊推理系统添加或删除模糊语言变量及其语言值的函数。

（1）向模糊推理系统添加语言变量函数 addvar。

addvar 函数的调用格式为

    a＝addvar(a, ′vartype′, ′varname′, varbounds)

其中，vartype 是指定语言变量的类型；varname 是指定语言变量的名称；varbounds 是指定语言变量的论域范围。

（2）从模糊推理系统中删除语言变量 rmvar。

rmvar 函数的调用格式为

    fis2＝rmvar(fis, ′vartype′, varindex)

    [fis2,errorstr]＝rmvar(fis, ′vartype′, varindex)

其中，fis 为矩阵名称，vartype 用于指定语言变量的类型，varindex 是语言变量的编号。

当一个模糊语言变量正被当前的模糊规则集使用时，则无法删除该变量。当一个模糊语言变量被删除后，Matlab 模糊逻辑控制工具箱将会自动修改模糊规则集。

Matlab 模糊工具箱提供了不同类型的模糊隶属度函数，用以生成不同情况下的隶属函数。

（1）生成 π 形隶属度函数 pimf( )。

π 形函数是一种基于样条的函数，该函数的调用格式为

    y＝pimf(x, params)

$$y = \text{pimf}(x, [a\ b\ c\ d])$$

其中，x 指定函数的自变量范围；[a b c d]决定函数的形状，a、b 分别对应曲线下部的左右两个拐点，b 和 c 分别对应曲线上部的左右两个拐点。其函数图像如图 8-16 所示。

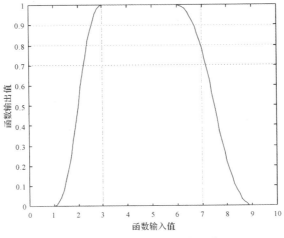

图 8-16　π 形隶属度函数图像

（2）生成双边高斯形隶属度函数 gauss2mf( )。

该函数的曲线由两个中心点相同的高斯形函数的左、右半边曲线组合而成，其调用格式为

$$y = \text{gauss2mf}(x, [\text{sig1 c1 sig2 c2}])$$

其中，参数 sig1、c1、sig2、c2 分别对应左、右半边高斯函数的宽度与中心点，并且 c2>c1。其函数图像如图 8-17 所示。

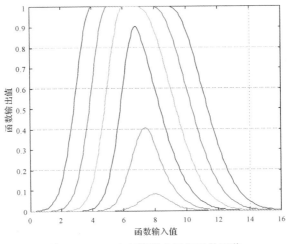

图 8-17　双边高斯形隶属度函数图像

（3）生成高斯形隶属度函数 gaussmf( )。

gaussmf 函数的调用格式为

$$y = \text{gaussmf}(x, [\text{sig c}])$$

其中，c 决定了函数的中心点；sig 决定了函数曲线的宽度 σ。高斯形函数的形状由 sig 和 c 两个参数决定，其函数表达式为

$$y = e^{-\frac{(x-c)^2}{\sigma^2}} \tag{8-70}$$

式中，x 用于指定变量的论域。其函数图像如图 8-18 所示。

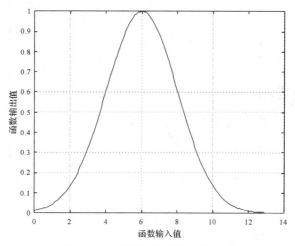

图 8-18　高斯形隶属度函数图像

（4）生成钟形隶属度函数 gbellmf( )。

gbellmf 函数的调用格式为

　　　y＝gbellmf(x, params)

其中，参数 x 指定变量的论域范围；[a b c]指定钟形隶属度函数的形状，其函数表达式如下式所示：

$$y = \frac{1}{1 + \left| \dfrac{x-c}{a} \right|^{2b}} \tag{8-71}$$

其函数图像如图 8-19 所示。

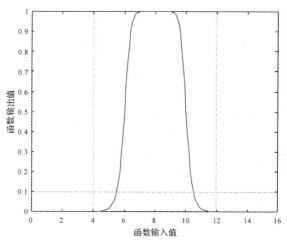

图 8-19　钟形隶属度函数图像

（5）生成 S 形隶属度函数 smf( )。

smf 函数的调用格式为

　　　y＝smf(x, [a b])

其中，x 指定变量的论域范围；[a b]指定 S 形隶属度函数的形状。其函数图像如图 8-20 所示。

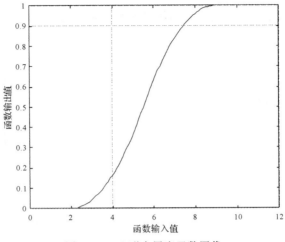

图 8-20　S 形隶属度函数图像

（6）生成梯形隶属度函数 trapmf( )。

trapmf 函数的调用格式为

$$y = trapmf(x, [a\ b\ c\ d])$$

其中，x 指定变量的论域范围；[a b c d]指定梯形隶属度函数的形状，其对应的函数表达式如下式所示：

$$f(x,a,b,c,d)=\begin{cases} 0, & x<a \\ \dfrac{x-a}{b-a}, & a\leqslant x\leqslant b \\ 1, & b<x<c \\ \dfrac{d-x}{d-c}, & c\leqslant x\leqslant d \\ 0, & d<x \end{cases} \qquad (8-72)$$

其函数图像如图 8-21 所示。

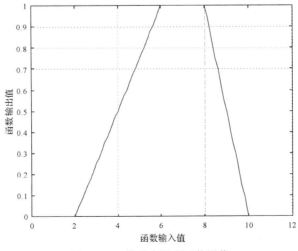

图 8-21　梯形隶属度函数图像

（7）生成三角形隶属度函数 trimf( )。

trimf 函数的调用格式为

$$y = \text{trimf}(x, \text{params})$$

$$y = \text{trimf}(x, [a\ b\ c])$$

其中，x 指定变量的论域范围；[a b c]指定三角形函数的形状，其表达式为

$$f(x,a,b,c,d) = \begin{cases} 0, & x \leqslant a \\ \dfrac{x-a}{b-a}, & a \leqslant x \leqslant b \\ \dfrac{d-x}{d-c}, & c \leqslant x \leqslant d \\ 0, & c \leqslant x \end{cases} \tag{8-73}$$

其函数图像如图 8-22 所示。

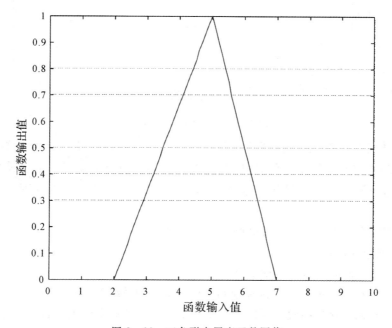

图 8-22 三角形隶属度函数图像

（8）生成 Z 形隶属度函数 zmf( )。

zmf 函数的调用格式为

$$y = \text{zmf}(x, [a\ b])$$

Z 形函数是一种基于样条插值的函数，两个参数 a 和 b 分别定义样条插值的起点和终点；参数 x 指定变量的论域范围，其表达式为

$$f(x,a,b,c,d) = \begin{cases} 1, & x \leqslant a \\ 1 - 2\left(\dfrac{x-a}{b-a}\right)^2, & a \leqslant x \leqslant \dfrac{a+b}{2} \\ 2\left(\dfrac{x-b}{b-a}\right)^2, & \dfrac{a+b}{2} \leqslant x \leqslant b \\ 0, & b \leqslant x \end{cases} \tag{8-74}$$

其函数图像如图 8-23 所示。

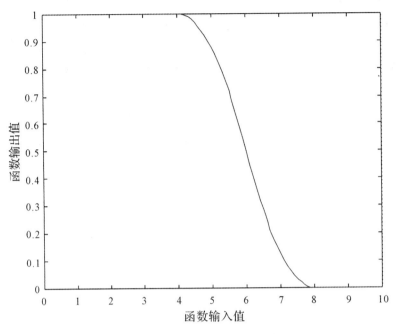

图 8-23　Z 形隶属度函数图像

在模糊推理系统中，模糊规则是以模糊语言的形式描述人类的经验和知识，规则能否正确地反映人类专家的经验和知识，能否准确地反映对象的特性，直接决定着模糊推理系统的性能。Matlab 模糊逻辑控制工具箱为用户提供了有关模糊规则建立和操作的函数。

（1）向模糊推理系统添加模糊规则函数 addrule( )。

addrule 函数的调用格式为

　　　　fisMat2＝addrule(fisMat1, rulelist)

其中，参数 fismat1 和 fismat2 为添加规则前后模糊推理系统对应的矩阵名称；rulelist 是以向量的形式给出需要添加的模糊规则，若模糊推理系统有 m 个输入语言变量和 n 个输出语言变量，则向量 rulelist 的列数为 $m+n+2$，其行数是任意的。在它的每一行中，前 m 个数字表示各输入变量对应的隶属度函数的编号，后 n 个数字表示输出变量对应的隶属度函数的编号，第 $m+n+1$ 个数字是该规则适用的权重，取值是在 0～1 之间，一般设定为 1；第 $m+n+2$ 个数字为 0 或 1 两个值之一，若为 1 则表示模糊规则前件的各语言变量之间是"与"的关系，若为 0 则表示是"或"的关系。

例如，系统 fismat 有两个输入和一个输出，其中两条模糊规则分别为

　　　　IF x is X1 and y is Y1 THEN z is Z1

　　　　IF x is X1 and y is Y2 THEN z is Z2

则可采用下述的 Matlab 命令来实现以上的两条模糊规则：

　　　　rulelist＝[1 1 1 1 1；1 2 2 1 1]；

　　　　fisMat＝addrule(fisMat, rulelist)

（2）解析模糊规则函数 parsrule( )。

函数 parsrule 对给定的模糊语言规则进行解析并添加到模糊推理系统矩阵中，其调用格式为

　　　　fisMat2＝parsrule(fisMat1，txtRuleList，ruleFormat，lang)

txtRuleList 为待解析定义规则的文本，函数返回添加了相应规则列表 ruleFormat 的一个 FIS 结构。

（3）显示模糊规则函数 showrule( )。

showrule 函数的调用格式为

　　　　showrule(fisMat，indexList，format，lang)

本函数用于显示指定的模糊推理系统的模糊规则，模糊规则可按详述方式、符号方式和隶属度函数编号方式进行显示。fisMat 是模糊推理系统矩阵的名称，indexList 是规则编号，format 是规则显示方式。

在建立好模糊语言变量及其隶属度的值，并构造完成模糊规则之后，即可执行模糊推理计算。模糊推理的执行结果与模糊蕴涵操作的定义、推理合成规则、模糊规则前件部分的连接词 and 的操作定义等有关，因而有多种不同的算法。Matlab 模糊逻辑控制工具箱中提供了有关对模糊推理计算与去模糊化的函数。

（1）执行模糊推理计算函数 evalfis( )。

该函数用于计算已知模糊系统在给定输入变量时的输出值，其调用格式为

　　　　output＝evalfis(input，fisMat)

（2）执行输出去模糊化函数 defuzz( )。

defuzz 的调用格式为

　　　　out＝defuzz(x，mf，type)

其中，参数 x 是变量的论域范围；mf 为待去模糊化的模糊集合；type 是去模糊化的方法。

（3）生成模糊推理系统的输出曲面并显示函数 gensurf( )。

gensurf 函数的调用格式为

　　　　gensurf(fisMat)

　　　　gensurf(fisMat，inputs，outputs)

　　　　gensurf(fisMat，inputs，outputs，grids，refinput)

其中，fisMat 为模糊推理系统对应的矩阵；inputs 为模糊推理系统的一个或两个输入语言变量的编号；output 为模糊系统的输出语言变量的编号；grids 用于指定 x 和 y 坐标方向的网络数目；当系统输入变量多于两个时，参数 refinput 用于指定保持不变的输入变量。

在 Matlab 中，可以通过编程实现模糊逻辑控制，也可以使用模糊逻辑控制工具箱的图形用户界面工具建立模糊推理系统。模糊逻辑控制工具箱主要有 5 个主要的 GUI 工具，包括模糊推理系统编辑器(FIS)、隶属度函数编辑器、模糊规则编辑器、模糊规则观察器、模糊推理输入输出曲面视图。这些图形化工具之间是动态连接的，在任何一个给定的系统中都可以使用某几个或者全部 GUI 工具。

基本模糊推理系统编辑器提供了利用图形界面(GUI)对模糊系统的高层属性的编辑、修改功能，包括输入输出语言变量的个数和去模糊化方法等。在基本模糊编辑器中，用户可以通过菜单选择激活其他几个图形界面编辑器，如隶属度函数编辑器、模糊规则编辑器等。在 Matlab 的命令行窗口键入 fuzzy 命令，即可启动 FIS 编辑器，如图 8-24 所示。

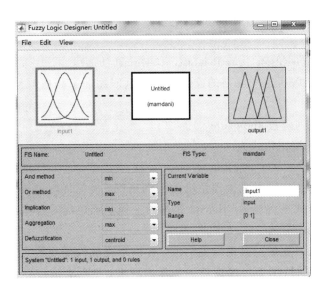

图 8-24　FIS 编辑器图形界面

由图 8-24 可以看出，在窗口的上半部以图形框的形式列出了模糊推理系统的基本组成部分，包括输入模糊变量（input1）、模糊规则（mamdani 型或 sugeno 型）和输出模糊变量（output1）。窗口下半部分的左侧列出了模糊推理系统的名称（FIS name）、类型（FIS type）和一些基本属性，包括"与"运算（And method）、"或"运算（Or method）、蕴涵运算（Implication）、模糊规则的综合运算（Aggregation）以及去模糊化（Defuzzification）等。窗口下半部分的右侧列出了当前选定的模糊语言变量（Current Variable）的名称、类型及其论域范围。

在 Matlab 命令行窗口输入 mfedit，可以激活隶属度函数编辑器。该编辑器提供了对输入输出语言变量各语言值的隶属度函数类型、参数进行编辑和修改的图形界面工具，如图 8-25 所示。在该图形界面中，窗口上半部分为隶属度函数的图形显示，下半部分为隶属度函数。

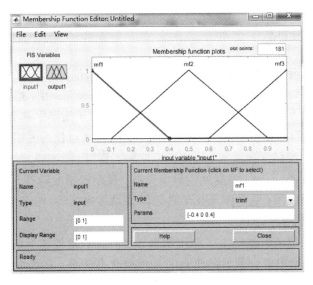

图 8-25　隶属度函数编辑器图形界面

　　在 Matlab 命令窗口输入 ruleedit 可以激活模糊规则编辑器。该编辑器提供了添加、修改和删除模糊规则的图形界面，如图 8-26 所示。在模糊规则编辑器中提供了一个文本编辑窗口，用于规则的输入和修改，模糊规则的形式有语言型（verbose）、符号型（symbolic）和索引型（indexed）。

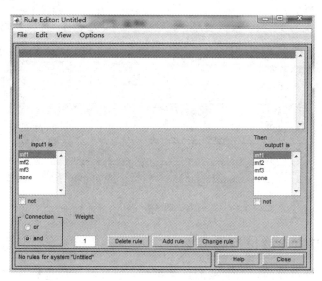

图 8-26　模糊规则编辑器图形界面

　　在 Matlab 命令窗口输入 ruleview，可以激活模糊规则浏览器。该浏览器以图形形式描述了模糊推理系统的推理过程，如图 8-27 所示。

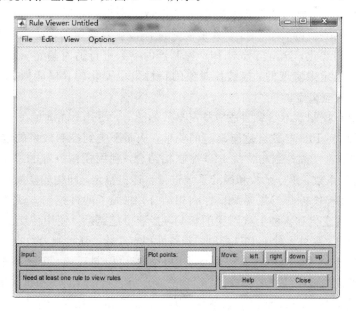

图 8-27　模糊规则浏览器图形界面

　　在 Matlab 命令窗口输入 surfview，可以打开模糊推理的输入输出曲面视图窗口。该窗口以图形的形式显示模糊推理系统的输入输出特性曲面，如图 8-28 所示。

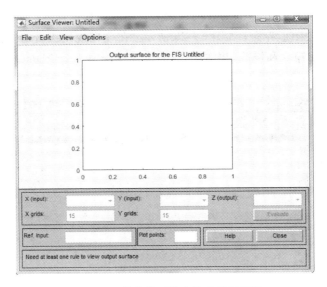

图 8-28　模糊推理输入输出界面视图

8.5.2　模糊 PID 水箱液位控制系统

液位控制是以液位作为被控参数的控制系统，通过对液位进行控制调节，使其达到所要求的控制精度，在工农业生产的各个领域都有着广泛的应用。随着控制理论与技术的迅速发展，PID(P：比例；I：积分；D：微分)控制以其结构简单、容易实现和控制效果好的特点，逐渐成为过程控制领域不可或缺的基本控制单元。由于大多数控制过程是非线性的，因此，PID 控制器的参数与系统所处的稳态工作情况密切相关，而且大多数的工业生产过程的特性是随时间变化的，而 PID 参数是根据过程参数来整定的，过程特性的变化可能导致系统控制性能的恶化，这就需要对 PID 控制器的参数进行适时整定。传统的 PID 整定更多的是依靠人工整定来实现的，当被控对象的特性发生变化时，只能依靠人工重新整定参数，故不具有自适应整定的能力。

由于常规 PID 控制器不具有自适应整定参数的能力，使其不能满足在不同误差(e)、误差变化率(ec)下系统对 PID 参数自适应整定的要求，从而影响到控制效果的进一步提高。随着模糊数学的发展，将模糊控制与常规 PID 控制相结合，利用模糊推理的思想，根据不同 e 和 ec，对 PID 的比例系数、积分系数和微分系数进行自适应整定，即构成模糊自适应整定 PID 控制器。该控制器将模糊控制与常规 PID 控制相结合，兼顾了两种控制方式的优点。液位控制系统会受到液位的变化和各种干扰因素的影响，当液位超调后，使用传统的控制方法难以实现很好的控制效果。另外，对于 PID 控制，若条件稍有变化，则控制参数也需进行调整。模糊自适应整定 PID 控制普遍应用在非线性系统中，如液位控制系统，可获得较好的控制性能。该系统不仅能够发挥模糊控制的鲁棒性好、动态响应好、上升时间快和超调量小的特点，又具有 PID 控制器的动态跟踪品质和稳态精度。因此，在液位控制系统中采用模糊自适应整定 PID 控制，实现对 PID 控制参数的实时自适应调整，进一步完善了控制器的性能。

水箱液位控制系统是一种基于远程数据采集的过程控制装置，系统的主要目的是控制下水箱的液位，主要的干扰源是随机流入水箱中的水会使得水位上涨，可能超过警戒水位。同时，也需要让水位不低于某个值。

　　模糊参数自适应整定控制利用模糊控制方法将操作人员的调整经验作为知识存入计算机中，根据现场实际情况，计算机能自动调整参数。其工作原理是通过计算当前系统误差和误差的变化率，利用模糊规则进行模糊推理，查询模糊矩阵表进行参数调整。模糊 PID 控制器的系统框图如图 8-29 所示。

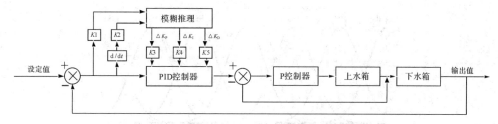

图 8-29　模糊 PID 参数自调整系统框图

　　由图 8-29 可见，该模糊控制由常规 PID 控制和模糊推理两部分组成，以误差 e 和误差变化率 ec 作为输入量，ΔK_P、ΔK_I 和 ΔK_D 作为输出量，在线实时调整 PID 参数。$K1$、$K2$、$K3$、$K4$、$K5$ 为比例因子。PID 参数模糊自适应整定是找出 PID 三个参数与误差 e、误差变化率 ec 之间的模糊关系，在运行中通过不断检测 e 和 ec，根据模糊控制原理来对三个参数进行在线修改，以满足不同 e 和 ec 时对控制参数的不同要求，而使被控对象有良好的动、静态性能。PID 参数调整的计算公式如下：

$$K_P = K'_P + \Delta K_P \tag{8-75}$$

$$K_I = K'_I + \Delta K_I \tag{8-76}$$

$$K_D = K'_D + \Delta K_D \tag{8-77}$$

式中：K'_P、K'_I、K'_D 为初始设定的 PID 参数；ΔK_P、ΔK_I、ΔK_D 为模糊控制器的 3 个输出；可以根据被控对象的状态自动调整 PID 的 3 个控制参数的值。

　　在 Matlab/Simulink 中搭建模糊 PID 水箱液位控制系统仿真模型如图 8-30 所示。在系统运行的过程中，在误差 e 和误差变化率 ec 模糊化后，可通过模糊控制决策表实时地查出 ΔK_P、ΔK_I、ΔK_D，然后按照式(8-75)、式(8-76)和式(8-77)分别乘以各自的比例系数，最后得到 K'_P、K'_I、K'_D，即可计算出实时的 PID 控制参数。

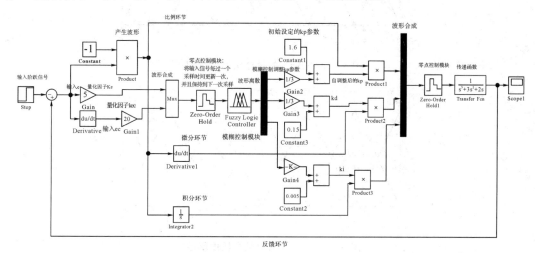

图 8-30　模糊 PID 控制系统仿真模型图

e、ec、ΔK_P、ΔK_I、ΔK_D 的模糊集合的论域均为$\{-6,-5,-4,-3,-2,-1,0,1,2,3,$
$4,5,6\}$，模糊集合为$\{NB,NM,NS,O,PS,PM,PB\}$。选取的隶属度函数形状分别如图
8-31、图8-32、图8-33、图8-34、图8-35所示。

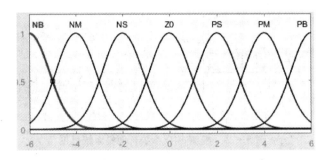

图 8-31　e 的模糊隶属度函数图

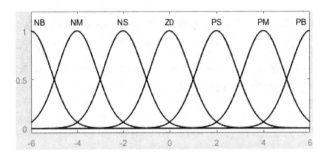

图 8-32　ec 的模糊隶属度函数图

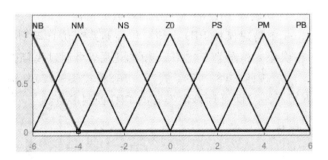

图 8-33　ΔK_P 的模糊隶属度函数图

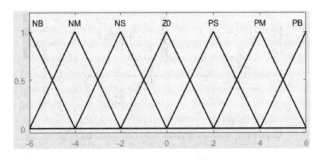

图 8-34　ΔK_I 的模糊隶属度函数图

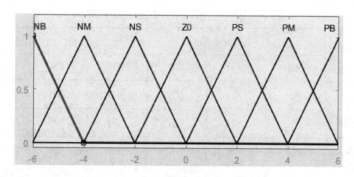

图 8-35　ΔK_D 的模糊隶属度函数图

根据专家和工程技术人员的经验，建立的模糊控制规则如表 8-15、表 8-16 和表 8-17所示。

表 8-15　　ΔK_P 的模糊控制规则表

ΔK_P		ec						
		NB	NM	NS	O	PS	PM	PB
e	NB	PB	PB	PM	PM	PS	ZO	ZO
	NM	PB	PB	PM	PS	PS	ZO	NS
	NS	PM	PM	PM	PS	ZO	NS	NS
	ZO	PM	PM	PS	ZO	NS	NM	NM
	PS	PS	PS	ZO	NS	NS	NM	NM
	PM	PS	ZO	NS	NM	NM	NM	NB
	PB	ZO	ZO	NS	NM	NM	NB	NB

表 8-16　　ΔK_I 的模糊控制规则表

ΔK_I		ec						
		NB	NM	NS	O	PS	PM	PB
e	NB	NB	NB	NM	NM	NS	ZO	PS
	NM	NB	NB	NM	NS	NS	ZO	PS
	NS	NB	NM	NS	PS	ZO	PS	PM
	ZO	NM	NS	NS	ZO	PS	PM	PM
	PS	NM	NS	ZO	PS	PS	PM	PB
	PM	NS	ZO	PS	PS	PM	PB	PB
	PB	NS	ZO	PS	PM	PM	PB	PB

表 8-17　　ΔK_{D} 的模糊控制规则表

ΔK_{D}		ec						
		NB	NM	NS	O	PS	PM	PB
e	NB	NS	NS	NB	NB	NB	NS	NS
	NM	NS	NS	NB	NB	NS	NS	ZO
	NS	ZO	NS	NS	NB	NS	NS	ZO
	ZO	ZO	NS	NS	NS	NS	NS	ZO
	PS	ZO	ZO	ZO	ZO	ZO	ZO	ZO
	PM	PB	PS	PS	PS	PS	PS	PB
	PB	PB	PS	PS	PS	PS	PS	PB

当被控对象的传递函数取为式

$$G(s) = \frac{1}{s^3 + 3s^2 + 2s} \tag{8-78}$$

时，下水箱液位 PID 控制动态响应曲线如图 8-36 所示，该曲线也在一定程度上反映了控制器的控制规律。

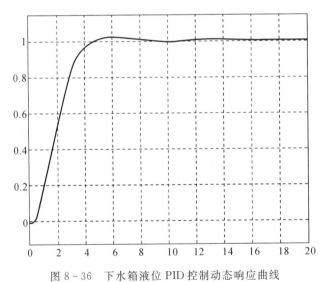

图 8-36　下水箱液位 PID 控制动态响应曲线

由图 8-36 可知，在初始阶段，$e>0$，$ec<0$，当 e 很大时，使系统的输出趋向稳态值的速度应越快越好，即以消除偏差为主，此时应取较大的 K_{I}，较小的 K_{P} 和较大的 K_{D}。当 e 很小时，为使系统的超调量减小和保证一定的响应速度，应取较小的 K_{I} 和 K_{P}，并且 K_{D} 的取值应适中。当接近输出设定值 1 时，若 e 很小，为使系统具有较小的超调量，K_{P} 要增大，K_{I} 值要减小，K_{D} 值要选取适中。离开输出设定值 1 后，$e<0$，系统向 e 变大的方向变化，此时 K_{P} 值应减小，K_{I} 值应增大，K_{D} 值应选取适中。当 $e=0$，ec 较小时，为使系统有良好的稳态性能，K_{P} 值和 K_{I} 值应选取适中。同时为了避免系统在输出设定值附近出现振荡，

并考虑系统的抗干扰性能，K_D 的取值应根据 ec 值的变化而确定。最终得到的模糊 PID 控制因子分别为 $K_P=1.675$，$K_I=0.00495$，$K_D=0.1531$。

该种模糊 PID 控制器可对参数进行自适应整定，产生的超调量较小，并且响应速度比较快。动态控制效果明显优于普通的 PID 控制和模糊控制，综合了两类控制的优点，具有很好的控制效果，并广泛应用于实际工程领域。

8.6 小 结

本章阐明了以下几个问题：

（1）模糊数学概述，包括模糊数学的基本概念，模糊集合，模糊关系，模糊矩阵及其运算，模糊逻辑推理。

（2）模糊逻辑控制理论，包括模糊逻辑控制系统的结构和原理，精确量与模糊量的相互转换方法，论域、量化因子和比例因子的选取。

（3）模糊控制器的结构和设计，包括模糊化接口，模糊控制规则库，模糊推理与清晰化接口，模糊查询表。

（4）对模糊控制存在的问题进行的改进，包括添加模糊比例控制器，自校正模糊控制，变结构模糊控制。

（5）Matlab 模糊逻辑控制工具箱介绍。

（6）模糊 PID 控制器的基本工作原理，利用 Matlab/Simulink 搭建水箱液位控制系统的仿真模型，检验模糊 PID 控制器的效果。

习 题

1. 简述事物清晰性和模糊性的概念。
2. 集合有哪些表示方法？
3. 模糊集有哪些表示方法？
4. 模糊集有哪些运算规律？
5. 模糊集运算具有哪些基本性质？
6. 隶属函数的确定有哪些方法？
7. 模糊统计实验包括哪些基本要素？
8. 简述模糊关系的定义和具有的性质。
9. 什么是模糊传递关系？模糊传递关系需满足的充要条件是什么？
10. 简述模糊矩阵的概念。
11. 模糊矩阵运算具有哪些性质？
12. 证明对于 $\forall \boldsymbol{R} \in \boldsymbol{\mu}_{n \times n}$，有 $r(\boldsymbol{R})=\boldsymbol{R} \cup \boldsymbol{I}$。
13. 简述模糊矩阵合成的概念。
14. λ 的截矩阵具有哪些性质？
15. 模糊命题具有哪些特点？
16. 简述求公式析取范式和合取范式的步骤。

17. 求主合取范式的方法和步骤是什么?

18. 简述模糊算子的概念。

19. 简述模糊推理的概念、方式和分类。

20. 简述模糊逻辑控制系统的原理。

21. 对于模糊逻辑控制,必须要解决的三个问题分别是什么?

22. 模糊控制器的设计包括哪些方面?

23. 常见的模糊控制语句及其对应的模糊关系有哪些?

24. 模糊控制中的量化因子和比例因子如何进行选取?

25. 模糊控制器的基本结构由哪几部分组成?

26. 模糊化接口的设计可分为哪几个步骤?

27. 隶属函数曲线形状对控制性能有什么影响?

28. 隶属函数曲线的分布对控制性能有什么影响?

29. 模糊控制规则的生成有哪几种方法?

30. 去模糊化的方法有哪些?

31. 简述模糊控制器的工作流程。

32. 常规模糊控制存在哪些缺点?

33. 简述模糊比例控制器的工作原理。

34. 简述自校正模糊控制的工作原理。

35. 简述变结构模糊控制的工作原理。

36. Matlab 模糊逻辑控制工具箱有哪些有关模糊推理系统管理的函数?

第九章 专家系统

专家系统是人工智能领域的一个重要分支，最早起源于 20 世纪 60 年代末，Mitchell Jay Feigenbaum 等人研制成功了第一个专家系统 DENDRAL。经过数十年的发展，专家系统已被应用到工业、农业、医疗、教育、军事等众多领域，取得了较大的经济和社会效益，实现了专家系统从理论研究转化为实际应用，从一般思维方法探讨转化为专门知识运用的重大突破，成为了人工智能应用研究中最活跃，也最有成效的一个重要领域。本章首先介绍专家系统的特点与分类；然后叙述专家系统的结构，包括概念结构、实际结构、网络与分布式结构；接下来说明专家系统的一般设计步骤；最后讲解专家系统的开发，包括专家系统的开发工具和开发步骤。

9.1 专家系统概述

专家系统是一种具有大量专门知识与经验的智能计算机系统。它是把专门领域中人类专家的知识和思考解决问题的方法、经验和诀窍组织整理并存储在计算机中，不但能模拟相关领域专家的思维过程，而且能让计算机如同人类专家那样智能地解决实际问题。狭义地讲，专家系统就是人类专家智慧的拷贝，是人类专家的某种化身；广义地讲，专家系统是指那些具有专家级水平的知识系统。从功能上讲，专家系统是一个在某个领域具有专家水平解题能力的程序系统。从结构上讲，专家系统是由一个存放专门领域的知识库、一个能够获取和运用知识的机构组成的解题程序系统。

1968 年，世界上第一个由质谱分析仪数据解释化合物分子结构的专家系统 DENDRAL 在美国斯坦福大学研发成功，标志着专家系统的诞生。20 世纪 60 年代末，麻省理工学院开始研究用于解决复杂微积分运算和数学推导的专家系统 MACSYMA，卡内基-梅隆大学在同一时期也开发了一个用于语音识别的专家系统 HEARSAY。1974 年，匹兹堡大学研制成功了内科疾病诊断咨询系统 INTERNIST，并在以后对其不断完善，使之发展成为专家系统 CADUCEUS。1976 年，专家系统 MYCIN 在美国斯坦福大学开发成功，首次使用了知识库的概念，并在不确定性的表示和处理中采用了可信度的方法。20 世纪 80 年代，专家系统的研发开始向着商业化的方向发展。20 世纪 90 年代，CLIPS 专家系统开发工具面世，可快捷地开发出专用的专家系统。进入 21 世纪，专家系统已成为人工智能领域最重要的一个分支，广泛应用在工农业生产、航空航天、分子化学、医学、金融等诸多行业。

9.1.1 专家系统的特点

专家系统是人类专家智能的模拟、延伸和扩展，是可以信赖和利用的高水平智能助手和有效工具，可具有一个或多个专家的知识和经验，具有专门知识的启发性，能以接近于人类专家的水平在特定领域工作，并注重特定问题的求解。专家系统能够高效、准确和迅速地工作，突破了时间和空间的限制，程序可永久保存并复制。专家系统能进行有效推理，具有透明性，能以可理解的方式解释推理过程。另外，其具有自学习的能力，能够总结规律，并扩充和完善系统自身。

专家系统具有专家水平的专业知识，能根据不确定的知识进行有效地推理，相比其他推理过程，该推理具有启发性、灵活性、透明性、交互性等特点。专家系统具有的知识越丰富、质量越高，解决问题的能力就越强。由于问题的求解过程是一个推理过程，因此专家系统必须具有一个推理机构，能够根据用户提供的已知事实，运用知识库中的知识进行有效的推理。专家系统除了能够利用大量的专业知识外，还必须利用经验的判断知识来对求解的问题做出多个假设，并依据某些条件选定一个假设，使得推理能够继续进行下去。知识库与推理机既相互联系，又相互独立。当知识库需要进行适当的修改和更新时，只要推理策略没有变化，那么推理机的部分就可以不变，使得系统容易扩充，具有较大的灵活性。专家系统能够解释本身的推理过程和回答用户提出的问题，以便让用户能够了解推理的过程，提高对专家系统的信赖度。专家系统的交互性指的是，一方面它需要与领域专家或知识工程师进行对话以获取知识；另一方面它也需要不断地从用户处获得所需的已知事实并回答出用户的询问。领域专家解决问题的方法大多都是经验性的，这些经验性的知识表示往往是不够精确的，要解决的问题本身所提供的信息往往也是不确定的。

同一般的计算机应用系统（如数值计算、数据处理系统）相比，专家系统善于解决不确定性的、非结构化的、没有算法解或虽有算法解但在现有的机器上无法解决的问题。专家系统不像传统计算机软件系统那样使用固定的算法来解决问题，而是依靠知识和推理来解决问题，因此其是一种基于知识的智能问题求解系统。专家系统在系统结构上强调知识与推理的分离，具有很好的灵活性和可扩充性。从处理对象上看，一般计算机应用系统处理的是数据，而专家系统处理的是符号。专家系统还具有解释功能，在运行的过程中，一方面能回答用户提出的问题，另一方面还能对最后的结论输出或问题处理的过程作出解释。有些专家系统还具有自我学习的能力，可不断对自己的知识进行扩充、完善和提炼。另外，专家系统不像人那样受到精神、环境和情绪因素的影响，可始终如一地以专家级的高水平求解问题。

虽然专家系统具有人类专家所不及的各种优良特性，比如精确度高、处理速度快、不受空间和环境的限制，在一定程度上延伸和扩大了人类专家的问题求解能力，但专家系统缺乏人类的感官意识，只能进行重复性的工作，难于学习新的知识，且更多地包含的是技术性的知识，通常无法从经验中进行学习。

9.1.2　专家系统的分类

可根据不同的方面对专家系统进行分类：按照输出结果进行分类，专家系统可分为分析型和设计型；按照知识表示进行分类，专家系统可分为产生式、一阶谓词逻辑、框架、语义网等；由于知识有确定性和不确定性之分，故专家系统按照知识分类可分为精确推理型和不精确推理型；按照采用的技术分类，专家系统可分为符号推理专家系统和神经网络专家系统。

海耶斯-罗斯等人按照专家系统的特性及处理问题的类型，将专家系统分为解释型、预测型、诊断型、设计型、规划型、监视型、控制型、调试型、教学型、修理型等类型，这也是目前最常用的专家系统分类方法。

　　解释型专家系统是通过对过去和现在已知状况的分析，推断未来可能发生的情况。该种类型的专家系统数据量大，常出现不准确、有错误和不完全的现象。系统能从不完全的信息中得出解释，并能对数据做出某些假设。推理过程可能较复杂和较长，因而要求系统具有对自身的推理过程作出解释的能力。解释型专家系统可应用在语音理解、图像分析、系统监视、化学结构分析和信号解释等领域，如卫星云图分析、集成电路分析、DENDRAL 化学结构分析、ELAS 石油测井数据分析、染色体分类、PROSPECTOR 地质勘探数据解释等。

　　预测型专家系统的任务是通过对过去和现在已知状况的分析，推断未来可能发生的情况。系统处理的数据随时间变化，而且可能是不准确和不完全的。系统需要有适应时间变化的动态模型，能够从不完全和不准确的信息中得出预报，并达到快速响应的要求。该种类型的专家系统可应用在气象预报、军事预测、人口预测、交通预测、经济预测和农业产量预测等领域，如对恶劣天气情况的预报以及对农作物病虫害的预报等。

　　诊断型专家系统的任务是根据观察到的数据推断出某个对象机能失常或故障的原因。该系统能够了解被诊断对象或客体各组成部分的特性及它们之间的联系；能够区分一种现象及其所掩盖的另一种现象；能够向用户提出测量的数据，并从不确切信息中得出尽可能正确的诊断。该系统可应用在医疗诊断、机械故障诊断和材料失效诊断等领域。

　　设计型专家系统的任务是根据设计要求，求出满足设计问题约束的目标配置。该系统善于从多方面的约束中得到符合要求的设计结果；善于分析各种子问题，并处理好子问题之间的相互作用；能够试验性地构造出可能设计，并易于对所得到的设计方案进行修改；能够使用已被证明是正确的设计来解释当前新的设计，但该系统需要检索较大的可行解空间。该系统可应用在数字与集成电路设计、土木建筑工程设计、计算机结构设计、机械产品设计和生产工艺设计等领域。

　　规划型专家系统的任务在于寻找出某个能够达到给定目标的动作序列或步骤。该系统所要规划的目标可能是动态的，也可能是静态的，因此需要对未来动作进行预测。由于所涉及的问题可能很复杂，这就要求系统能够抓住重点，处理好各子目标之间的关系和不确定的数据信息，并通过试验性动作得出可行规划。该系统可应用在机器人规划、交通运输调度、工程项目论证、通信与军事指挥、农作物施肥方案规划等领域。

　　监视型专家系统的任务在于对系统、对象或过程的行为进行不断观察，并把观察到的行为与其应当具有的行为进行比较，以发现异常情况并发出警报。该系统具有快速反应的能力，并在造成事故之前及时发出警报；系统发出的警报应具有较高的准确性，在不需要发出警报时不能发出假警报；系统能够随着时间和条件的变化而动态地处理其输入信息。该系统可用于核电站的安全监视、防控监视与警报、国家金融财政的监控、传染病疫情的监视、农作物病虫害监视与警报等领域。

　　控制型专家系统能够自适应地管理一个受控对象或客体的全面行为，使之满足预期的要求。该系统能够解释当前的情况，预测未来可能发生的情况，诊断可能发生的问题及其原因，据此不断修正计划，并控制计划的执行，具有解释、预报、诊断、规划和执行等多种功能。该系统可应用在空中交通管制、商业管理、机器人控制、作战管理、生产过程控制和生产质量控制等领域。

　　调试型专家系统可对失灵的对象给出处理意见和方法。该系统同时具有规划、设计、预报和诊断等功能,可用于新产品或新系统的调试,也可用于对被检修设备的调整、测量和试验。

教学型专家系统可根据学生的特点,以最适当的教学方法对学生进行教学。该系统同时具有诊断和调试等功能,并且具有良好的人机界面。如麻省理工学院开发的 MACSYMA 符号积分与定理证明系统即为教学型专家系统。

修理型专家系统可对发生故障的对象(系统或设备)进行处理,使其恢复正常的工作,具有诊断、调试、计划和执行等功能。如美国贝尔实验室的 ACI 电话和有线电视维护修理系统都是修理型专家系统。

目前还有一种较为流行的分类方法是按照专家系统的体系结构进行分类,可分为集中式专家系统、分布式专家系统、神经网络专家系统、符号系统与神经网络相结合的专家系统。

集中式专家系统是一类对知识及推理进行集中管理的专家系统。该系统又可根据系统知识库与推理机构的组织形式进一步划分为层次式结构、深-浅双层结构、多层聚焦结构、黑板结构等。分布式专家系统是指知识库或推理机分布在一个计算机网络上的一类专家系统,知识库和推理机在逻辑和物理上都采用一种分布结构,其各机构之间通过计算机网络实现互联,并在求解问题的过程中相互协作和通信。神经网络专家系统是采用人工神经网络技术进行建造,以神经网络为体系结构实现知识表示和求解推理。符号系统与神经网络相结合的专家系统是将符号处理系统与神经网络有机结合起来用于专家系统的知识表示和推理求解。

9.2 专家系统的结构

9.2.1 概念结构

专家系统的概念结构如图 9-1 所示,一个完整的专家系统一般由知识库、推理机、综合数据库、知识获取机构、解释机构和人机接口组成。

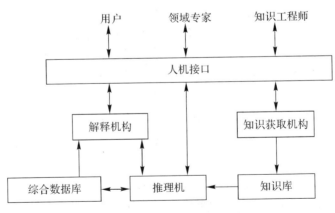

图 9-1 专家系统的概念结构

专家系统的工作过程是根据知识库中的知识和用户提供的事实进行推理,不断由已知的前提推出未知的结论,即中间结果,并将中间结果放到数据库中,作为已知的新事实进行推理,从而把求解的问题由未知状态转换为已知状态。在专家系统的运行过程中,会不断地通过人机接口与用户进行交互，向用户作出提问，并向用户作出解释。

知识库用来存放领域专门知识，其中包含事实性知识和启发性知识两个部分。事实性知识是指一些公共定义和事实，一般可从书本或常识中获取，比较容易获得。启发性知识是指专家从实践中获得的经验，其条理性较差，使用的范围比较窄，但效果非常显著。知识库与传统的数据库有着一些区别：知识库一般是被动的，而知识库则更具有创造性；数据库中的事实是固定的，而知识库则总是在不断补充新的知识。

推理机的功能是模拟领域专家的思维过程，控制并执行对问题的求解。推理机能够根据当前已知的事实，利用知识库中的知识，按照一定的推理方法和控制策略进行推理，直至得出相应的结论为止。采用的推理方法有精确推理和不精确推理两种：精确推理中必须把知识表示成必需的因果关系，推理的结论可以是肯定的，也可以是否定的；在不精确性推理中，知识具有一定的不确定性，得出的结论也可能是不确定的，但会存在一个确定因子，当确定因子超过某个阈值时，结论便可成立。控制策略主要是指推理方向的控制和推理规则的选择策略。

综合数据库又称为"黑板""动态数据库"，主要用于存放用户提供的初始事实、问题描述及系统运行过程中得到的中间结果、最终结果等信息。在求解问题的开始，数据库即为初始数据库，用来存放用户提供的初始事实。数据库的内容随着推理过程的进行而不断变化，推理机会根据数据库的内容从知识库中选择合适的知识进行推理并将得到的中间结果存放到数据库中。数据库中具有相应的数据库管理系统，负责对数据库中的知识进行检索维护。

知识获取机构是为专家系统获取相应的知识，建立起健全、完善、有效的知识库，以满足求解领域问题的需要。知识获取通常是由知识工程师与专家系统中的知识获取机构共同完成，知识工程师负责从专家处抽取知识，并采取适当的方法将知识表达出来，而知识获取机构负责将知识转换为计算机可存储的内部形式，然后将其存放在数据库中。在存储过程中，要对知识进行一致性和完整性的检测。

解释机构用来回答用户所提出的问题。它由一组程序组成，能够跟踪并记录推理的过程，当用户提出的问题需要给出解释时，可根据问题的要求分别作出相应的处理，最后把解答用约定的形式通过人机接口输出给用户。

人机接口是专家系统与领域专家、知识工程师、一般用户之间进行交互的界面，由一组程序和相应的硬件部分组成，用于完成输入和输出工作。知识获取机构通过人机接口与领域专家及知识工程师进行交互，并通过人机接口输入专家知识，对知识库进行更新、完善和扩充；推理机通过人机接口与用户进行交互，在推理的过程中，系统根据需要会不断地向用户提问，以得到相应的事实数据，在推理结束时会通过人机接口向用户显示结果；解释机构通过人机接口与用户进行交互，向用户解释推理过程，并回答用户的问题。人机交互目前有菜单方式和命令语言方式两种。菜单方式指的是系统把有关功能以菜单的形式列出供用户选择，一旦某个条目被选中，系统可直接执行相应的功能，或者显示下一级菜单供用户做进一步的选择。命令语言方式是指系统按照功能定义一组命令，当用户需要系统做某种工作时只需输入相应的命令，包括获取知识命令、提交问题命令、请求解释命令、知识检索命令等。

9.2.2 实际结构

概念结构只是专家系统的概念模型，或者是只强调知识和推理这一主要特征的专家系统结构。但专家系统是一种用以解决实际问题的计算机应用系统，而实际问题往往是错综复杂的，可能需要进行多次、多路或多层的推理才能解决，因而知识库也可能是多块或多层的，即构成多层(多块)式专家系统结构，如图 9-2 所示。

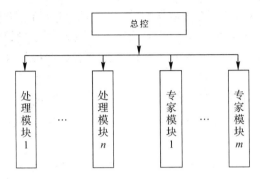

图 9-2　专家系统的实际结构

9.2.3 网络与分布式结构

在网络环境下，专家系统也可以设计成网络结构，如客户机/服务器(C/S)结构，如图 9-3 所示，或浏览器/服务器(B/S)结构，如图 9-4 所示，B/S 结构的专家系统也称为网上专家系统。分布式结构是一种适用于分布式计算环境的专家系统。例如多学科、多专家联合作业，就可以设计成分布式结构，也称为分布式专家系统。

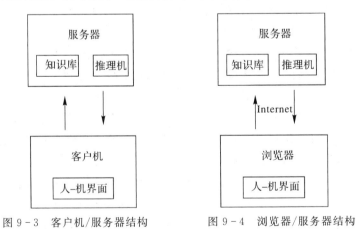

图 9-3　客户机/服务器结构　　　　图 9-4　浏览器/服务器结构

9.3　专家系统的设计

根据专家系统的特点，在设计过程中应遵循专门任务、原型设计、专家合作、用户参与、辅助工具的原则。专门任务原则是指专家系统的设计应面向专家知识与经验有效的场合，面向专业性的专门任务。原型设计原则是指专家系统采用"最小系统观点"进行系统的原型设计，并进行逐步修改、扩充与完善。专家合作原则是指领域的专家与知识工程师相互合作。用户参与原则是指用户应参与到专家系统的设计与开发，有助于人—机接口设计及系统的运行和评价。辅助工具原则是指采用专家系统开发工具进行辅助设计，并借鉴已有的系统经验，以提高设计效率。

建立专家系统的一般步骤包括系统总体分析与设计、知识获取、知识表示、知识描述语言设计、系统功能模块设计（包括知识库设计、知识库管理系统设计、推理机设计、解释模块设计、总控与界面设计、其他功能模块设计）、编程与调试、测试与评价、运行与维护，如图9-5所示。

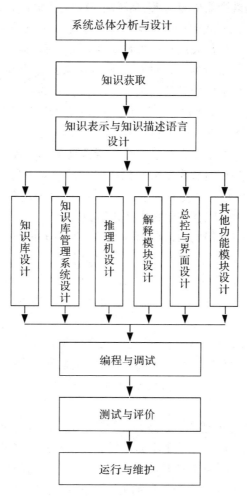

图9-5 建立专家系统的一般步骤

知识获取与知识表示的设计是一切工作的起点，当知识表示和知识描述语言确定后，各项设计可同时进行。对于一个实际的专家系统，在系统分析阶段应首先确定系统中哪里需要专家知识，专家知识的作用是什么，以及系统中各专家模块的输入与输出分别是什么。在系统投入运行后，其知识库还需不断扩充、更新、完善和优化。对系统评价的主要指标是其解决问题的能力是否达到了专家水平。

知识获取是专家系统建立的关键步骤，获取方式有人工获取、半自动获取和自动获取三种。人工获取是计算机人员（或知识工程师）与领域专家合作，对有关领域知识和专家知识进行挖掘、搜集、分析、综合、整理和归纳，然后以某种表示形式存入知识库。半自动获取是利用某种专门的知识获取系统，采用提示、指导和问答的方式，辅助专家提取、归纳有关知识，并自动记入知识库。自动获取分为两种形式：一种是系统本身具有的一种机制，使得系统在运行过程中能够不断地总结经验，并修改和扩充自己的知识库；另一种是开发专门的机器学习系统，让机器自动地从实际问题中获取知识并填充知识库。

　　知识表示和知识描述语言设计是根据所获得知识的特点，选择或设计某种知识表示形式，并为这种表示形式设计相应的知识描述语言。所谓知识描述语言，就是指知识的具体语法结构形式。知识描述语言既要面向人、面向用户，又要面向知识表示、面向机器，还要面向推理、面向知识运用。这就要求知识描述语言既能为用户提供一种方便、易懂的外部知识表达形式，又能将这种外部表示转换为容易存储、管理、运用的内部形式。

　　知识库是专家系统的核心，知识库的质量直接关系到整个系统的性能和效率。因此，知识库涉及知识的组织和管理。知识的组织决定了知识库的结构，知识的管理包括知识库的建立、删除、重组和维护，以及知识的录入、查询、更新和优化等，另外还包括知识的完整性、一致性、冗余性检查与安全保护等方面的工作。知识库的设计主要指的是设计知识库的结构，也就是知识的组织形式。专家系统中所涉及的知识库，一般分为层次结构模式和网状结构模式。设计知识库时首先要将知识按照某种原则进行分类，然后分块分层组织存放，如按元知识、专家知识、领域知识等分层组织，而每一块和每一层还可以再进行分块和分层。这样一来，整个知识库就呈树状或网状结构。

　　知识库管理系统设计包括知识操作功能设计、知识检查功能设计、知识库操作设计。知识操作功能包括知识的添加、删除、修改、查询和统计等。这些功能可采用两种方法实现：一种是利用屏幕窗口，通过人机对话的方式实现知识的增加、删除、修改和查询；另一种方法是通过全屏幕编辑，使得用户直接使用键盘按照知识描述语言的语法格式来编辑知识。

　　知识的检查包括对知识一致性、完整性、冗余性等方面的检查。知识的一致性就是知识库中的知识必须是相容的、无矛盾的。知识的完整性指的是知识中的约束条件构成完整性约束。知识的冗余性检查就是检查知识库中的知识是否存在重复、包含、环路等现象。

　　知识库操作包括知识库的建立、删除、分解和合并等。知识库的分解与合并实现的是对知识库的重组，这是因为随着系统的运行，可能会发现原有的知识组合存在不合理的现象，就需要进行重新组合，即需要使用知识库的分解与合并的功能。

　　推理机是与知识库相对应的专家系统的另一个重要组成部分。推理机的推理是基于知识库中的知识进行的，所以推理机必须与知识库及其知识相适应和配套。具体来说，推理机必须与知识库的结构、层次以及其中知识的具体表示形式等相协调、相匹配，否则推理机将无法与知识库接轨。除此之外，对推理机本身而言，还应考虑推理的方式、方法和控制策略等。可供选择的推理方式有正向推理、反向推理、双向推理、精确推理、不精确推理、串行推理、并行推理、单调推理、非单调推理等。可供选择的推理方法有归纳总结法、自然演绎法等。可供选择的控制策略有深度优先搜索、广度优先搜索等。之后，可对推理机的算法进行设计。对于一个基于规则的系统来说，推理机相当于产生式系统中的执行控制部件，因此，产生式系统所采用的算法也就是推理机的算法。另外，专家系统一般要求具备解释功能，因此在推理机的设计中还应考虑其解释机制。

人机界面对于一个实用的专家系统来说至关重要。一个专家系统一般有两个人机界面：一个是面向系统开发和维护者的人机界面；一个是面向最终使用者的人机界面。前一个界面是由开发工具所提供的，后一个界面则是专家系统自身的一部分。由于图形用户界面的广泛使用，目前专家系统的开发界面已达到相当高的水平。而专家系统的使用界面相对来说还比较落后，这是源于"人机对话"功能的复杂性。

9.4　专家系统的开发

9.4.1　专家系统的开发工具

专家系统的开发工具一般分为 AI 计算机和纯软件开发工具两种。AI 计算机是一类专门为人工智能应用而设计的计算机系统，具有很强的符号处理及推理能力，主要用于科学研究。

纯软件开发工具包括普通程序设计语言、人工智能程序设计语言、专家系统外壳、组合开发工具、辅助开发工具、专家系统开发工具。普通程序设计语言即面向问题设计的语言，如 C 语言、BASIC 语言等。普通程序设计语言的灵活性、适应性好，但符号处理能力较弱，要求开发人员具有很强的人工智能理论基础和独立构建推理机的能力。人工智能程序设计语言是一种面向 AI 的通用程序设计语言，如 LISP、PROLOG、C++、Pascal、Python、H5 等。开发人员须自行设计合适的知识表示形式，构造推理机，以建立人机接口及其他的辅助设施。其优点是程序设计具有针对性，程序质量较高；缺点是编程的工作量较大，逻辑设计过程比较烦琐，难度大，并且开发周期长。专家系统外壳又称为骨架系统，通常是在已经获得成功的专家系统的基础上，抽出其特定领域的专家知识，保留其具有通用性的知识表示框架、推理机制及支持工具，并经过适当的改造后而形成的。骨架系统保留了原有专家系统的基本结构，开发者只需要按照所提供的知识表示，将另一领域的专门知识填入到骨架系统，并对有关方面做出适当的解释，即可产生新的专家系统，如 EMYCIN、MYCIN、KAS、PROSPECTOR、EXPERT 等。该开发工具的优点是简化了建立专家系统的工作，缩短了研制的周期；缺点是许多骨架系统在表达复杂知识及灵活控制推理过程等方面存在较大的局限性。组合开发工具通常为用户提供多种可选知识表达方法及推理机制，能够处理不同领域和不同种类的问题，并与骨架系统合称为知识人工语言。但在数据存取和搜索方面，相比骨架系统，组合开发工具能够提供更多的控制。辅助开发工具不是通用语言，而是一个初级的开发环境，其主要任务是从一类任务中分离出知识工程中所用的技术，并构成描述这些技术的多种类型的推理机制和多种任务的知识库的预构件，以及建立使用这些预构件的辅助设施。辅助开发工具是由一些程序模块组成，用来帮助专家系统建造者开发应用系统，如 AGE、TEIRESIAS、ROUGET、TIMM、EXPERTEASE、SEEK、MORE、ETS 等。专家系统开发工具除了具备上述知识工程语言的功能外，还能够提供辅助编程的调试工具、知识库编辑工具，以及旨在提高系统性能的输入输出工具、推理解释工具等，如 OPS、ART 等。专家系统开发工具按其实现技术可分为基于规则的工具、基于框架的工具、归纳工具、基于混合知识表示的工具等。

9.4.2 专家系统的开发步骤

专家系统的开发分为识别、概念化、形式化、实施、测试与评估五个阶段，如图 9-6 所示。

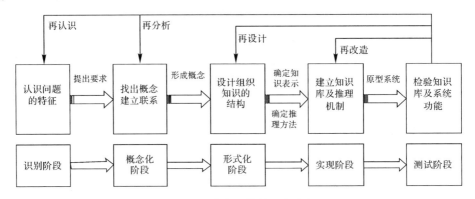

图 9-6 专家系统的开发阶段

识别阶段包括认识问题本身、所需开发资源(知识源、经费、计算机硬件等)、构造专家系统的目标等。概念化阶段是将已定义、已识别的重要概念抽象出来，并弄清楚这些概念之间的关系，同时决定需要研究什么概念、关系和控制机制来解决领域问题。在此阶段需要对各概念进行定义和说明，并画出它们之间的关系图，以确定因果关系。在该阶段结束时，应建立一个使用通用文字描述的专家系统，包括知识库和推理策略等。形式化阶段是用一些形式化的方法来表示关键概念和关系，通常是将已概念化的知识表示成某些工具或专用语言提供的形式。在该阶段，知识工程师需要初步确定所用的工具(或语言)和知识表示。实施阶段是知识工程师将已形式化的领域知识转化成计算机程序，实现所需要的内容、形式和综合。在这一阶段，要解决的是编程中存在的问题和工具(或语言)功能的适当扩充。若实施起来很困难，则需要重新考虑形式化或重新选取适当的工具(或语言)。测试与评估阶段主要针对的是系统结论的质量、用户界面的方便性、系统的效率等。可执行大量的算例，然后让多个专家进行评估。若发现存在概念遗漏、因果关系错误、结构不合理等问题，则应视具体情况而重新返回到各个不同的研制阶段，重新形成概念，并采取精炼推理规则，修改控制流等措施等。

9.5 小　　结

本章阐明了以下几个问题：

(1) 专家系统概述，包括专家系统的特点、专家系统的分类。

(2) 专家系统的结构，专家系统一般分为概念结构、实际结构、网络与分布式结构。

(3) 专家系统的设计，包括系统总体分析与设计、知识获取、知识表示、知识描述语言设计、系统功能模块设计(包括知识库设计、知识库管理系统设计、推理机设计、解释模块设计、总控与界面设计、其他功能模块设计)、编程与调试、测试与评价、运行与维护。

(4) 专家系统的开发，介绍了专家系统的开发工具和专家系统的开发步骤。

习　题

1. 与人类专家相比，专家系统具有什么特点？

2. 按照专家系统的特性及处理问题的类型，可将专家系统分为哪几类？简述各种类型专家系统的任务。

3. 按照专家系统的体系结构，可将专家系统分为哪几类？

4. 根据专家系统的概念结构，一个完整的专家系统一般由哪些部分组成？简述每一部分的作用。

5. 专家系统在设计过程中应遵循哪些原则？

6. 建立专家系统的一般步骤包括哪些？

7. 专家系统的开发工具有哪些？

8. 专家系统的开发分为哪些阶段？

参 考 文 献

[1] 温正，孙华克. MATLAB 智能算法[M]. 北京：清华大学出版社，2017.

[2] 郁磊，史峰，等. MATLAB 智能算法 30 个案例分析[M]. 2 版. 北京：航空航天大学出版社，2015.

[3] 刘惠，郭冬梅，等. 医学影像和医学图像处理[M]. 北京：电子工业出版社，2013.

[4] 蔡自兴. 人工智能及其应用[M]. 5 版. 北京：清华大学出版社，2016.

[5] 王万森. 人工智能原理及其应用[M]. 4 版. 北京：电子工业出版社，2017.

[6] 王万良. 人工智能及其应用[M]. 3 版. 北京：高等教育出版社，2016.

[7] 马少平，朱小燕. 人工智能[M]. 北京：清华大学出版社，2004.

[8] 迈克尔·帕拉斯泽克，等. MATLAB 机器学习：人工智能工程实践[M]. 2 版. 北京：机械工业出版社，2020.

[9] 李兵. 模糊 PID 液位控制系统的设计与实现[D]. 合肥：合肥工业大学，2006.

[10] 邹蕾，张先锋. 人工智能及其发展应用[J]. 信息网络安全，2012(02)：11-13.

[11] 常成. 主动配电网自愈系统智能控制终端的研究[D]. 贵阳：贵州大学，2017.